T0209370

Sebastian Horndasch

Bachelor nach Plan

Dein Weg ins Studium: Studienwahl, Bewerbung, Einstieg, Finanzierung, Wohnungssuche, Auslandsstudium

2., vollst. überarbeitete und aktualisierte Auflage

Sebastian Horndasch

Bachelor nach Plan

Dein Weg ins Studium: Studienwahl, Bewerbung, Einstieg, Finanzierung, Wohnungssuche, Auslandsstudium

2., vollst. überarbeitete und aktualisierte Auflage

Mit 8 Abbildungen und 27 Tabellen

Sebastian Horndasch
E-Mail: Sebastian@horndasch.net

Die erste Auflage erschien 2008 unter dem Titel »Bachelor nach Plan. Studieneinstieg, Bewerbung und Finanzierung« im W. Bertelsmann Verlag.

ISBN 978-3-642-12850-9 Springer-Verlag Berlin Heidelberg New York

Bibliografische Information der Deutschen Nationalbibliothek
Die Deutsche Nationalbibliothek verzeichnet diese Publikation in der Deutschen Nationalbibliografie; detaillierte bibliografische Daten sind im Internet über http://dnb.d-nb.de abrufbar.

Dieses Werk ist urheberrechtlich geschützt. Die dadurch begründeten Rechte, insbesondere die der Übersetzung, des Nachdrucks, des Vortrags, der Entnahme von Abbildungen und Tabellen, der Funksendung, der Mikroverfilmung oder der Vervielfältigung auf anderen Wegen und der Speicherung in Datenverarbeitungsanlagen, bleiben, auch bei nur auszugsweiser Verwertung, vorbehalten. Eine Vervielfältigung dieses Werkes oder von Teilen dieses Werkes ist auch im Einzelfall nur in den Grenzen der gesetzlichen Bestimmungen des Urheberrechtsgesetzes der Bundesrepublik Deutschland vom 9. September 1965 in der jeweils geltenden Fassung zulässig. Sie ist grundsätzlich vergütungspflichtig. Zuwiderhandlungen unterliegen den Strafbestimmungen des Urheberrechtsgesetzes.

SpringerMedizin
Springer-Verlag GmbH
ein Unternehmen von Springer Science+Business Media
springer.de

© Springer-Verlag Berlin Heidelberg 2010

Produkthaftung: Für Angaben über Dosierungsanweisungen und Applikationsformen kann vom Verlag keine Gewähr übernommen werden. Derartige Angaben müssen vom jeweiligen Anwender im Einzelfall anhand anderer Literaturstellen auf ihre Richtigkeit überprüft werden.

Die Wiedergabe von Gebrauchsnamen, Warenbezeichnungen usw. in diesem Werk berechtigt auch ohne besondere Kennzeichnung nicht zu der Annahme, dass solche Namen im Sinne der Warenzeichen- und Markenschutzgesetzgebung als frei zu betrachten wären und daher von jedermann benutzt werden dürfen.

Planung: Joachim Coch, Heidelberg
Projektmanagement: Michael Barton, Heidelberg
Lektorat: Daniela Böhle, Berlin
Umschlaggestaltung: deblik Berlin
Fotonachweis Überzug: © shutterstock
Satz und Digitalisierung der Abbildungen: Fotosatz-Service Köhler GmbH – Reinhold Schöberl, Würzburg

SPIN: 12832705

Gedruckt auf säurefreiem Papier 26/2126 – 5 4 3 2 1 0

Vorwort

Liebe Leserin, lieber Leser,

Du möchtest studieren, bist Dir aber nicht sicher, wo und was genau? Vielleicht hast Du schon grobe Vorstellungen, weißt aber nicht, wie Du Dich bei den vielen Möglichkeiten entscheiden sollst? So geht es den meisten.

Auch ich, der Autor dieses Buches, habe damals lange mit meiner Entscheidung gehadert. Ich hatte mir damals mehrere Studienführer gekauft – doch keiner half mir wirklich. Sie waren an vielen Stellen zu langatmig (und langweilig) und an anderen fehlten wichtige Details. Dies hat sich bis heute nur wenig geändert. Aus diesem Grund habe ich dieses Buch geschrieben – um einen Studienführer zu schaffen, der Abiturienten genau die Informationen gibt, die sie brauchen. Und zwar aus einer studentischen Perspektive, denn als ich mit der Arbeit begann, war ich selbst noch Student.

Mit diesem Buch möchte ich für Dich Ordnung in das Chaos verschiedener Möglichkeiten bringen. Denn mein Anspruch ist kein geringerer als Dir alle Informationen zu liefern, die Du für die Wahl und die Organisation Deines Studiums brauchst. Dabei habe ich größten Wert auf gute Recherche und verständliche Darstellung gelegt.

Im Vordergrund des Buches steht das Suchen und Finden des für Dich passenden Studiengangs. Ich zeige Dir, wie und wo Du an die richtigen Informationen kommst. Ich beschreibe alle Studienrichtungen und stelle Dir zahlreiche unbekannte Studiengänge vor. Ich helfe Dir dabei, die guten von den schlechten Programmen zu unterscheiden. Außerdem lernst Du, wie Du Dich für einen Studiengang bewirbst. So findest Du den für Dich besten Studiengang – und hast sehr gute Chancen, auch einen Platz zu erhalten.

Auf den ersten Blick mag das Hochschulsystem kompliziert erscheinen. In diesem Buch zeige ich Dir, wie der Bachelor aufgebaut ist und wie das System grundsätzlich funktioniert. Dabei konzentriere ich mich auf für Dich relevante Fragen. Was ist zum Beispiel der Unterschied zwischen Universitäten, Fachhochschulen und Berufsakademien – und welche Hochschulform ist die richtige für Dich? Hier findest Du die Antworten. Und falls Du Dich für ein Studium im Ausland interessierst, erhältst Du hier die wichtigsten Fakten über die beliebtesten Länder.

Nur einer von zehn Studenten finanziert sein Studium komplett über seine Eltern. Alle anderen empfangen BAföG, arbeiten, erhalten Stipendien oder nehmen Kredite auf. In diesem Buch findest Du umfangreiche Informationen zu all diesen Themen – von der Jobsuche zum BAföG, von Stipendien bis zu verschiedenen Kreditmodellen. Gerade dieses Thema wird in vielen Büchern auf wenigen Seiten abgehandelt – doch dafür ist es viel zu wichtig. Ich habe mich entschlossen, in die Tiefe zu gehen.

Zum Studium gehört auch Dein persönliches Wohlbefinden. Daher zeige ich Dir, wie Du den für Dich passenden Studienort wählst und wie Du an eine Wohnung kommst. Außerdem beschreibe ich sinnvolle Dinge, die Du vor, während oder nach Deinem Studium machen könntest wie Freiwilligenarbeit, Sprachkurse oder ausgedehnte Reisen.

Da man nie genug Informationen haben kann, enthält das Buch zu jedem Thema viele interessante Links sowie Buchtipps. So kannst Du jederzeit Dein Wissen erweitern.

Ich hoffe, dass Dir dieses Buch helfen wird. Ich wünsche Dir viel Spaß bei der Lektüre und vor allem viel Erfolg bei der Wahl des richtigen Studiums.

Dein

Sebastian Horndasch

Inhaltsverzeichnis

1

Einleitung

Liebe Leserin, lieber Leser, ...

... herzlichen Glückwunsch! Dazu, dass Du kurz vor der Hochschulreife stehst oder sie bereits erlangt hast. Und dazu, dass Du ernsthaft über ein Studium nachdenkst. Denn glaube mir: Studieren ist eine gute Idee.

Viele ehemalige Studenten schwärmen von ihrer Studienzeit als dem besten Abschnitt ihres Lebens. Natürlich romantisieren sie es ein wenig – denn das Studium besteht auch aus Prüfungsstress und Momenten der Unsicherheit. Und doch ist Studentenleben eine einmalige Zeit, die Du nicht verpassen solltest. Du bist jung, Du bist frei und Du kannst Dich selbst neu erfinden – wenn Du möchtest. Du wirst neue Freundschaften schließen, neue Dinge lernen und auf eigenen Beinen stehen. Deine Studienzeit wird Dich ein Leben lang prägen.

Viele angehende Studenten haben Angst, dass sie nach dem Studium keinen Job finden. Doch lass Dich nicht verängstigen. Noch immer findet so gut wie jeder Absolvent einen Job. Auch wenn es keine Beschäftigungsgarantien gibt, solltest Du daran denken, dass Angst kein guter Ratgeber ist.

Ich rate Dir: Think big! Höre auf Deine Träume. Es ist zwar wichtig, auch die Berufsperspektive im Kopf zu haben, aber verbieg Dich nicht. Denn es ist Dein Leben. Du solltest ein Studium nur wählen, wenn Du auch davon überzeugt bist. Und keine Angst vor unkonventionellen Entscheidungen! Du hast ein Programm gefunden, mit dem abgesehen von Dir niemand etwas anfangen kann? Sehr gut, bewirb Dich, wenn Du davon überzeugt bist!

Und selbst wenn Du falsch liegen solltest, verlierst Du vielleicht ein oder zwei Jahre – lebensentscheidend ist das deshalb noch lange nicht. Weichen lassen sich umstellen. Auch wenn Dir Berufsberater etwas anderes sagen, findest Du auch mit Lücken im Lebenslauf eine gute Stelle.

Ich rufe Dir also zu: Plane gut, aber mach Dich nicht verrückt. Und freue Dich auf das, was kommt!

Zu diesem Buch

Ziel dieses Buches ist es, Dir alle Informationen zu geben, die Du zur Studienentscheidung brauchst – oder Dir zumindest zu sagen, wo Du sie finden kannst. Das Buch erklärt Dir das System Hochschule und was es mit all den Fremdwörtern auf sich hat. Ich beschreibe, was Du studieren kannst, helfe Dir beim Suchen der richtigen Hochschule und gebe Dir Tipps zum Finden einer Wohnung. Außerdem lernst Du, wie Du Dich finanzieren kannst – dies ist wahrscheinlich eines der wichtigsten Themen.

Dabei habe ich viele Hilfen eingebaut, die Dir das Lesen erleichtern sollen:

- Orientieren kannst Du Dich unter anderem am **Fahrplan**, den Du direkt nach dieser Einleitung findest.
- Im Text sind eine große Menge Schnellfinder eingebaut (▶ S. XY). Damit kannst Du schnell zu der Stelle in dem Buch springen, an der Du mehr zum jeweiligen Thema erfährst.
- Wichtige Stichworte sind im Text **hervorgehoben**.
- Besondere Tipps habe ich gekennzeichnet, damit Du sie nicht überliest.
- Am Ende der meisten Unterkapitel findest Du eine kurze Zusammenfassung.
- Infoboxen klären Dich über spannende Details und aktuelle Entwicklungen auf.
- Falls Du ein Fachwort nicht verstehst, kannst Du ins Wörterbuch ganz am Ende schauen.
- Die Kapitel sind unabhängig voneinander lesbar. Damit kannst Du Dich ausschließlich mit den für Dich relevanten Teilen beschäftigen.

Ich habe alle Informationen und Links gewissenhaft überprüft. Doch das Hochschulwesen befindet sich im Umbruch und Internetseiten können sich ändern. Und jeder kann Fehler machen: Solltest Du merken, dass ein Detail nicht stimmt oder ein Link nicht mehr existiert, würde ich mich sehr über eine Email an info@horndasch.net freuen. Auch Rückfragen beantworte ich im Rahmen des Möglichen gerne.

Sebastian Horndasch

Zum Autor

Sebastian Horndasch trat 2001 sein Bachelorstudium in Staatswissenschaften an der Universität Erfurt an und gehörte damit zu den ersten Bachelorstudenten Deutschlands. Nach einem Erasmussemester in Madrid entschied er sich, auch seinen Master im Ausland durchzuführen: Er hat einen Abschluss in Entwicklungsökonomie von der Universität Nottingham. Nach Abschluss seines Studiums zog es ihn nach Paris, wo er die erste Auflage von »Bachelor nach Plan« und »Master nach Plan« verfasste. Nach zweieinhalb Jahren in einer britischen Unternehmensberatung zog es ihn 2010 an die Universität zurück: Er promoviert derzeit im Bereich Volkswirtschaftslehre. Daneben ist er als Lehrbeauftragter, als Referent auf Fachmessen und als Autor aktiv.

Fahrplan

2.1 Fortschrittdiagramm für gute Planer

Die Entscheidung für ein bestimmtes Studienfach an einer bestimmten Hochschule ist nicht leicht. Du wirst viele Dinge abwägen: Welches Fach und welche Universität passen zu mir? Was möchte ich später machen? **Wo werde ich glücklich?**

Bei diesen Fragen und vielen weiteren wird Dir dieses Buch helfen. Und keine Angst: Mit ein wenig guter Planung ist es nicht schwer, das für Dich passende Studium zu finden. Die nachfolgende Tabelle zeigt Dir, was Du in etwa wann erledigt haben solltest. Denn je früher Du Dein Studium planst, desto genauer wirst Du später wissen, was Dich am meisten weiterbringt und welches Studium Dich wirklich glücklich macht.

Vielleicht liest Du diese Zeilen und denkst, verdammt, ich habe nur noch ein paar Wochen, bis ich mich einschreiben muss. Viele Dinge wie Hochschulbesuche wirst Du nicht mehr schaffen. In diesem Fall gibt es nur einen Rat: **Nicht verzweifeln, durchatmen, ran an die Arbeit und das Beste draus machen.** So mancher hat auch in wenigen Tagen den für ihn idealen Studiengang gefunden. Und außerdem kannst Du im Notfall später noch wechseln.

Hier also für Dich zwei Zeitpläne: Einer beginnt im Sommer ein Jahr vor Beginn Deines Studiums – und einer zwei Wochen vor Einschreibeschluss. Der liegt bei **zulassungsbeschränkten Studiengängen meist am 15. Juli (▶** Kap. 8**)** und bei **zulassungsfreien wenige Tage bis Wochen vor Semesterbeginn.** Bitte beachte, dass sich Termine auch ändern können. Das Einhalten von Bewerbungsfristen ist essentiell, informiere Dich also noch einmal selbst, bevor Du Dich bewirbst.

Zeitpunkt	Was Du als guter Planer erledigen solltest		
	Allgemein		Fristen, Termine
August, ein Jahr vor Studienbeginn	Überlege Dir, ob Du ins Ausland (▶ S. 43) gehen möchtest – denn dort sind Bewerbungsfristen häufig früher.	Überlege Dir, ob Du überhaupt studieren möchtest – und informiere Dich über Alternativen (▶ S. 203).	Künstler, Designer und Architekten sollten beginnen, an ihrer Mappe zu arbeiten.
September	Informiere Dich über das Hochschulsystem (▶ S. 9).	Sammle Deine Gedanken durch ein Brainstorming (▶ S. 70).	
Oktober	Überlege Dir, welche Studienrichtungen etwas für Dich sein könnten. Überlege erst für Dich alleine, dann mache dafür Selbsttests (▶ S. 76) und rede mit Berufsberatern (▶ S. 78) sowie Studenten (▶ S. 74) und natürlich mit Freunden und Familie (▶ S. 74).		
November		Gehe auf Hochschulmessen (▶ S. 79) und besuche die Hochschule(n), die in Deiner engeren Wahl sind (▶ S. 80).	
Dezember			
Januar			Die Bewerbungsfristen in einigen europäischen Ländern beginnen bereits!
Februar			Künstler, Designer und Architekten sollten in diesem Monat ihre Mappen abgeben (▶ S. 86).
März			

Zeitpunkt	Was Du als guter Planer erledigen solltest		
	Allgemein		Fristen, Termine
April	Teste mit Hilfe von Rankings (▶ S. 122) und anderen Kriterien (▶ S. 121), ob Deine Wunschhochschule(n) auch gut ist/sind.	Überlege Dir, welcher Studienort zu Dir passt (▶ S. 225).	
Mai	Erstelle eine Checkliste, welche Unterlagen Du einreichen musst.		Die Bewerbungsfristen für viele Privathochschulen (▶ S. 26) laufen ab.
Juni		Mache Dir über die Finanzierung (▶ S. 159) Deines Studiums Gedanken.	
Juli	Stelle Deine BAföG-Unterlagen (▶ S. 180) zusammen, sobald Du Deine Zulassung zur Hochschule hast.		15. Juli: Bewerbungsschluss für die Stiftung für Hochschulzulassung (▶ S. 144) und die meisten örtlich zulassungsbeschränkten Studiengänge (▶ S. 146). 31. Juli: Ablauf der Frist für die Nachreichung von Dokumenten bei der Stiftung für Hochschulzulassung.
August	Suche Dir eine Wohnung (▶ S. 213).	BAföG-Unterlagen zusammenstellen und spätestens zu Semesterbeginn einreichen (▶ S. 180).	Am 12. und 14. August verschickt die Stiftung für Hochschulzulassung (▶ S. 144) erste Zusagen. Mitte August sollten die Zusagen von anderen zulassungsbeschränkten Studiengängen kommen. Ende August: Einige Vorbereitungskurse beginnen, beachte die Anmeldefristen!
September		Umzugszeit (falls Du nicht zuhause bleibst)! Erkunde Deine neue Gegend. Es gibt viel Neues zu sehen!	1. September: Semesterbeginn an einigen FHs und Privatunis. 2. und 23. September: Stiftung für Hochschulzulassung verschickt Ablehnungen. September: Nachrück- und Losverfahren beginnen (▶ S. 146).
Oktober	Verpasse zu Beginn Deines Studiums keinesfalls die Einführungstage (▶ S. 17). Und die Einführungspartys!		1. Oktober: Offizieller Semesterstart an den meisten Hochschulen Mitte Oktober: Fürs Losverfahren bei der Stiftung für Hochschulzulassung bewerben! Mitte Oktober: Vorlesungsbeginn
November und danach	Viel Spaß beim Studium! Und denke in Momenten der Unsicherheit daran: Alle anderen kochen auch nur mit Wasser.		Falls Du noch keinen Studienplatz hast: Bleibt bei den Verlosungsrunden für zulassungsbeschränkte Studiengänge am Ball.

2.2 Fortschrittsdiagramm für die Entscheidung in letzter Minute

Falls es nun sprichwörtlich fünf Minuten vor zwölf ist, also entweder Anfang Juli und kurz vor Ablauf der Fristen für zulassungsbeschränkte Studiengänge oder Mitte/Ende September für zulassungsfreie, hast Du nur noch für die **unverzichtbarsten Schritte** Zeit. Welche das sind? Hier siehst Du es.

Tage bis zum Ablauf der letzten Bewerbungsfrist	Was Du in letzter Minute tun solltest
14	Kaufe dieses Buch!
13	Mache Internetselbsttests (▶ S. 76). So findest Du am schnellsten heraus, welche Studiengänge Dir liegen könnten.
12	Schränke die Suche ein: Uni oder FH (▶ S. 20)?
11	Überlege Dir, ob Du bereits einen ungefähren Berufswunsch hast (▶ S. 113). Falls Du keinen hast, ist das auch okay. Schränke Deine Suche auf ein oder zwei Studienrichtungen (▶ S. 83) ein.
10	Geh auf www.hochschulkompass.de – dort findest Du eine Datenbank mit allen Studiengängen.
9	Studiere Hochschulrankings (▶ S. 122) – welche Hochschule ist gut und welche nicht?
8	Überlege Dir, in welcher Art Stadt Du studieren möchtest (▶ S. 225). Diese Wahl ist fast so wichtig wie das Studium selbst!
7	Erstelle eine Liste mit den fünf besten Möglichkeiten – und diskutiere sie mit Eltern, Freunden und sonstigen Vertrauten (▶ S. 74).
6	Falls Deine Eltern nicht zahlen können: Denke einen Moment über die Finanzierung Deines Studiums nach (▶ S. 159). Aber nicht zu lange, denn das Thema ist kompliziert und Du kannst es noch später klären.
5	Falls zulassungsbeschränkt: Entscheide Dich für drei Programme. Falls zulassungsfrei: Eines reicht.
4	
3	Besorge Dir alle erforderlichen Unterlagen – das sind einige!
2	Schicke die Unterlagen ab! Achte darauf, dass Du nichts vergisst. Es zählt normalerweise das Datum des Posteinganges, nicht des Abschickens!
1	
0	Puh, geschafft!
Nach Ablauf	Auf Zusage warten.
Sobald die Zusage da ist	Auf Wohnungssuche gehen (▶ S. 213). BAföG-Antrag (▶ S. 180) nicht vergessen. Auf die Suche nach einem Studentenjob gehen (▶ S. 167). Viel Spaß beim Studium haben!

Das System

3

»Das System« – klingt abschreckend. Und zugegeben, ganz unkompliziert ist es nicht. Doch keine Angst, die für Dich wichtigen Dinge sind nicht schwer zu verstehen. Und mit diesem Buch hältst Du die richtige Anleitung in der Hand.

Das Hochschulsystem ist in erster Linie anders als das, was Du bisher kennst. Die Schule war im Grunde einfach zu verstehen, Du hattest einen Stundenplan und musstest Dich nur zwischen verschiedenen Leistungskursen oder Modulen entscheiden.

An der Hochschule hast Du dagegen **viel mehr Freiheit**. Du stellst Dir Deinen Stundenplan zu großen Teilen selbst zusammen, kannst Kurse schwänzen und entscheidest selbst, ob Du Deine »Hausaufgaben« (die meist aus dem Lesen unendlicher Mengen Bücher bestehen) machst oder nicht – überprüft wird es in der Regel nicht.

Dieses Kapitel erklärt Dir, **was der Bachelor überhaupt ist**, welches die Alternativen sind und was der Unterschied zwischen Universitäten, Fachhochschulen und Berufsakademien ist.

Sicher hast Du von der vielen **Kritik am Bachelor** gehört. Vielleicht haben Dir Deine Lehrer, Eltern, Berufsberater oder Freunde gesagt, dass Du Pech hast, nicht mehr die alten Studiengänge studieren zu können. Dass der Bachelor nicht viel wert, dafür aber ein großer Stress sei. Wie so häufig in der Welt sind diese Warnungen nicht ganz falsch. Sie sind aber auch meilenweit von der Realität entfernt. Du wirst zur Kritik an Bachelor und Master ein eigenes Unterkapitel (► S. 35) finden.

Buchtipp:
Armin Himmelrath, Britta Mersch: Bachelor-Basics & Master-Plan, BW Bildung und Wissen, 2008, 151 Seiten, 16,80 €

Ein Hinweis: In einem allgemeinen Studienführer wie diesem ist nicht genug Platz, um auf jedes Detail des Bachelors und alle Probleme der Studienreform einzugehen. Ein sehr gutes Buch, in dem alle Aspekte von Bachelor und Master im Detail erklärt und diskutiert werden, trägt den etwas verqueren Titel »Bachelor-Basics und Master-Plan«. Es stammt von dem Journalisten Armin Himmelrath und es sei Dir ans Herz gelegt, falls Du Dich mit dem Thema Hochschulreform näher beschäftigen möchtest.

@ Hochschulrektorenkonferenz:
www.hochschulrektorenkonferenz.de

Falls nicht anders angegeben, stammen alle in diesem Kapitel verwandten Statistiken aus der Reihe *Statistiken zur Hochschulpolitik* der Hochschulrektorenkonferenz. Die Statistiken erscheinen einmal pro Semester und sind über die Website der Hochschulrektorenkonferenz abrufbar.

3.1 Wie es zum Bachelor kam – Der Bologna-Prozess

Alles begann an der **Università di Bologna**, die im 11. Jahrhundert gegründet wurde und damit eine der ältesten Universitäten Europas ist. An diesem traditionsreichen Ort kamen 1999 die Wissenschaftsminister von 29 europäischen Ländern zusammen, um die europäische Hochschulpolitik von Grund auf zu reformieren und anzugleichen.

Und das war nötig: Vorher gab es in Europa ein **Chaos an verschieden Abschlüssen**, ein Wechsel ins Ausland war schwer und gegenseitig anerkannt wurden Abschlüsse nicht immer. Das heißt, dass ein Arzt mit deutschem Abschluss nicht ohne weiteres in Großbritannien arbeiten konnte und umgekehrt. Gleiches galt für Architekten, Ingenieure und viele andere. Die Ausbildungszeiten für verschiedene Berufe unterschieden sich extrem voneinander. Daneben war es schwierig, sein Studium in einem europäischen Land zu beginnen und in einem anderen weiterzuführen. Falls beispielsweise ein Student einer deutschen Hochschule ins Ausland wechseln und dort sein Studium beenden wollte, stieß er auf große Widerstände. Aufgrund dieser Hürden ließen es die meisten gleich bleiben.

Mittlerweile haben sich **46 Länder** angeschlossen, von A wie Albanien bis Z wie Zypern. Dazu gehören alle Mitgliedstaaten der EU sowie viele weitere Länder:

Albanien, Andorra, Armenien, Aserbaidschan, Belgien, Bosnien und Herzegowina, Bulgarien, Dänemark, Deutschland, Estland, Finnland, Frankreich, Georgien, Griechenland, Irland, Island, Italien, Kroatien, Lettland, Liechtenstein, Litauen, Luxemburg, Malta, Mazedonien, Moldau, Montenegro, Niederlande, Norwegen, Österreich, Polen, Portugal, Rumänien, die Russische Föderation, Schweden, Schweiz, Serbien, Slowakische Republik, Slowenien, Spanien, Tschechische Republik, Türkei, Ukraine, Ungarn, Vatikan, Vereinigtes Königreich und Zypern.

Das Ziel des Prozesses ist nichts Geringeres als »die **Schaffung des europäischen Hochschulraums**«. Konkret bedeutet dies, dass die Studienstrukturen innerhalb Europas angeglichen werden. In Deutschland werden Diplom, Magister und Staatsexamen schrittweise auf die neuen Studienabschlüsse Bachelor und Master umgestellt. Zudem wird die Doktorandenausbildung europaweit angeglichen. Zur Überwachung und Erweiterung des Bologna-Prozesses treffen sich die europäischen Bildungsminister alle zwei Jahre.

Der noch längst nicht abgeschlossene Bologna-Prozess wurde nichts anderes als die **größte Reform**, die das im 19. Jahrhundert eingeführte moderne deutsche Hochschulwesen jemals umgesetzt hat.

Die wichtigsten Ziele des Bologna-Prozesses

- Schaffung eines Systems vergleichbarer Abschlüsse mit Bachelor- und Masterstudiengängen nach angelsächsischem Vorbild
- Schaffung eines einheitlichen europäischen Leistungspunktesystems (ECTS) (▶ S. 13), das die alten Seminarscheine ablöst
- Einführung von Doppelabschlüssen (▶ S. 45) und Anerkennung von Studienleistungen zwischen den europäischen Hochschulen
- Erarbeitung gemeinsamer Kriterien für die Qualitätssicherung der Studienreform, also der Akkreditierung (▶ S. 31)
- Einführung von Notenauszügen (Diploma Supplements) als Element des Abschlusszeugnisses. Dieses muss Informationen über die genauen Inhalte des Studiums enthalten.
- Vereinheitlichung des Doktorstudiums
- Förderung des lebenslangen Lernens
- Verbesserte Lehre und Betreuung
- Abbau soziale Hemmnisse beim Bildungszugang

Viele der Ziele sind sehr konkret, zum Beispiel die Einführung von Bachelor und Master oder die Vergabe von Notenauszügen. Andere Dinge wie die Förderung von lebenslangem Lernen oder der Abbau sozialer Hemmnisse sind dagegen absichtlich vage gehalten.

Die Bologna-Vereinbarung ist übrigens nicht völkerrechtlich bindend: Anders als zum Beispiel bei der Einführung des Euros ist die Umsetzung freiwillig. Aus diesem Grund gibt es teils immense **Unterschiede in der praktischen Umsetzung** (▶ S. 16).

Als Zielmarke für die Vollendung des Prozesses hatten sich die Staaten ursprünglich das Jahr 2010 gesetzt, diese Marke wurde aber inzwischen auf das Jahr **2020** verlegt. Dies hat zwei Gründe: Zum einen wurden immer mehr Elemente zum Bologna-Prozess hinzugefügt, unter anderem die Vereinheitlichung des Promotionsstudiums. Dadurch wurde es unmöglich, die Zielmarke in allen Bereichen zu erreichen. Zum anderen haben es einige Staaten schlicht nicht geschafft, den Bologna-Prozess bis Ende des Jahres 2010 zu vollenden, womit eine Verlängerung der Deadline unausweichlich wurde. Damit fügt sich der Bologna-Prozess ideal ins moderne Studium ein, da auch hier Deadlines häufig Verhandlungssache sind.

3.2 Der Bachelor – eine Einführung

Wenn Du nicht Medizin, Jura sowie (in einigen Bundesländern) Lehramt oder Kunst studierst, wird Dein erster Hochschulabschluss aller Wahrscheinlichkeit nach »Bachelor of X« heißen. Denn beim Bachelor handelt es sich inzwischen um *den* Standardabschluss für alle Studiengänge, von wenigen Ausnahmen abgesehen.

Kurz zusammengefasst

- **Der Bachelor dauert meist drei, manchmal auch vier Jahre.**
- **Es zählen in der Regel von Anfang an alle Prüfungen für Deine Endnote.**
- **Am Ende hast Du einen international vergleichbaren und anerkannten Abschluss, mit dem Du Dein Studium überall auf der Welt mit einem Master fortsetzen oder einen Beruf ergreifen kannst.**
- **Der Bachelor hat sich inzwischen europaweit als Standard durchgesetzt.**

Es gibt sowohl **Ein-Fach-Bachelorprogramme** als auch **Zwei-Fach-Bachelor** mit Hauptfach und Nebenfach oder zwei gleichwertigen Hauptfächern. Ein-Fach-Bachelor sind vor allem in naturwissenschaftlichen Fächern gängig, Zwei-Fach-Bachelor eher in den Geisteswissenschaften. Manchmal kannst Du auch wählen, ob Du ein Zusatzfach oder ein rein »disziplinäres« Studium bevorzugst, zum Beispiel bei den Wirtschaftswissenschaften.

In jedem Semester musst Du Veranstaltungen belegen, also Seminare und Vorlesungen. Jedes Seminar und jede Vorlesung bringen Dir **Leis-**

tungspunkte (siehe Kasten). Pro Semester solltest Du insgesamt auf 30 Leistungspunkte kommen. Um den Bachelortitel zu erhalten, musst Du in der Regel insgesamt 180 Leistungspunkte erbringen. Es können aber auch 210 oder 240 sein – und damit dreieinhalb oder vier Jahre Studium. Die Entscheidung liegt bei der Hochschule.

Für den möglicherweise anschließenden Master erbringen die Studenten zwischen **60 und 120 Leistungspunkten**, studieren also ein bis zwei Jahre. In der Praxis sind fast alle Universitätsmaster auf zwei Jahre ausgelegt, an Fachhochschulen finden sich dagegen alle Varianten. Falls Du einen **Doktor** machen möchtest, soll dies nach den neuen Regeln drei bis vier Jahre dauern (▣ Abb. 3.1).

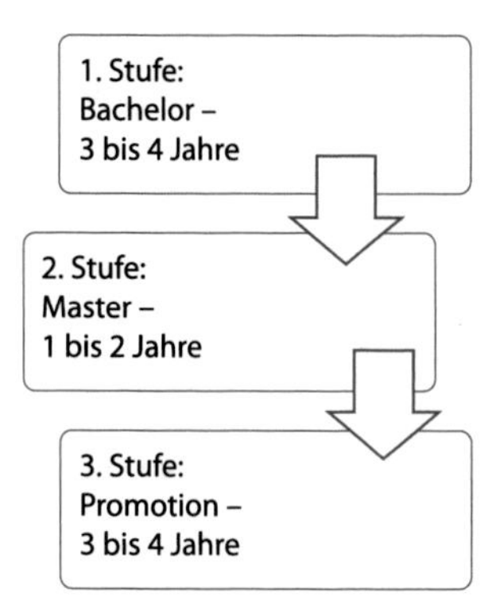

▣ **Abb. 3.1. Studienablauf**

Leistungspunkte

Für jedes Seminar, jede Vorlesung erhältst Du heute Leistungspunkte nach dem European Credit Transfer System (ECTS). Das ECTS besagt, dass hinter jedem Leistungspunkt ein Arbeitseinsatz von 25 bis 30 Stunden stehen muss – die Kultusministerkonferenz hat sich für Deutschland darauf verständigt, dass es immer 30 sind. Das ECTS gilt europaweit. Damit kannst Du Deine im Auslandssemester in Paris erworbenen Punkte einfach zu Hause anrechnen lassen.

Als Teil des ECTS wurde ein gemeinsamer Notenschlüssel eingeführt: Die Noten A bis E für bestandene Kurse sowie FX und F für nicht bestandene. Diese Noten bewerten nicht die absolute, sondern die relative Leistung. Das heißt, dass die besten 10 Prozent die Note A bekommen, die darauf folgenden 25 Prozent die Note B, die dann folgenden 30 Prozent die Note C und so weiter. FX steht für knapp nicht bestandene Kurse und F für deutlich gescheiterte Kurse. Damit entfallen komplizierte Umrechnungstabellen und Hochschulen haben einen allgemeingültigen Schlüssel.

Ein Problem beim ECTS ist, dass 30 Stunden Arbeit pro Leistungspunkt absurd sind. Rechnen wir das mal durch: Du erbringst pro Semester 30 Leistungspunkte, jeder einzelne davon kostet Dich 30 Stunden. Damit wären wir bei 900 Stunden. Wenn man knapp sieben Wochen Urlaub im Jahr kalkuliert, wären wir bei 40 Stunden pro Woche, von Anfang des Semesters bis weit in die Semesterferien hinein. Wahnsinn, denkst Du? In der Tat, das wäre es. Wenn es stimmen würde. Doch sei beruhigt, diese Zahl wird in der Realität kaum jemals erreicht – außer man zählt die Anwesenheit im Hochschulcafé mit zur Arbeitszeit.

In der Regel zählt beim Bachelor von Anfang an **jede einzelne Note zur Endnote**. Manche Hochschulen verzichten allerdings darauf, die Noten aus dem ersten oder sogar den ersten beiden Semestern für die Endnote zu werten. Dies ist sehr sinnvoll, denn dadurch wird Dir Zeit zur Orientierung gegeben sowie die Möglichkeit, aus Fehlern zu lernen. Der Autor beispielsweise hat auf seine erste Hausarbeit eine 4.0 erhalten, denn er

Tab. 3.1. Liste in Deutschland vergebener Bachelorabschlüsse

Abschluss	Fachbereich
Bachelor of Arts (BA)	Geisteswissenschaften, Sportwissenschaften, Sozialwissenschaften, Wirtschaftswissenschaften, künstlerisch angewandte Studiengänge
Bachelor of Science (BSc)	Naturwissenschaften, Mathematik, Medizin, Agrar-, Forst-und Ernährungswissenschaften, Wirtschaftswissenschaften, Ingenieurswissenschaften
Bachelor of Engineering (BEng)	Ingenieurswissenschaften
Bachelor of Fine Arts (BFA)	Freie Kunst
Bachelor of Music (BMus)	Musik
Bachelor of Laws (LL.M.)	Jura

verstand weder Thema noch Wesen einer Hausarbeit (»Herr Horndasch, das ist eigentlich keine Hausarbeit und damit eine 5. Aber ich will mal nicht so sein«). Und er war froh, dass in seinem Bachelor in Erfurt das erste Jahr nicht für die Endnote zählte.

Das Bachelorstudium sollte im Vergleich zu den alten Abschlüssen **stärker an Berufsleben und Praxis orientiert** sein. Dies hat sich bedingt bewahrheitet – in der Kürze des Studiums bleibt selten Zeit für mehr Praxis. Auch Praktika sind zumindest an Universitäten nur selten Pflicht geworden.

Es gibt eine Reihe von staatlich festgelegten und anerkannten Abschlüssen. Diese richten sich in erster Linie nach dem Fachbereich (Tabelle 3.1).

Wie Du siehst, gibt es in einigen wenigen Fachbereichen – nämlich Wirtschaftswissenschaften und Ingenieurswissenschaften – **zwei Abschlussarten**. Du kannst in beiden Fächern einen BSc machen, in Wirtschaft aber auch einen BA und in Ingenieurswissenschaften einen BEng. Dabei soll der BSc wissenschaftlicher ausgerichtet sein, während der BA beziehungsweise der BEng praktischer ausgerichtet sind.

An einigen Hochschulen wird auch ein **Bachelor of Laws** (LL.B.) vergeben. Dies ist der im Angelsächsischen gängige Bachelorabschluss für Juristen; der Master heißt dementsprechend Master of Laws (LL.M.).

Der Bachelor wird an einigen Hochschulen lateinisch »Baccalaureus« genannt. Ein Bachelor of Arts heißt dann »Baccalaureus Artium«, ein Master of Arts »Magister Artium«. Lass Dich von diesen Bezeichnungen nicht verwirren: Es ist Hochschulen freigestellt, den englischen oder den lateinischen Titel zu vergeben. Rechtlich und inhaltlich macht das keinen Unterschied.

Der Bachelor ist im Vergleich zum alten System **stärker strukturiert**. Du musst deutlich mehr Pflichtveranstaltungen besuchen und wirst am Ende jedes Semesters Prüfungen ablegen müssen. Wie viel Wahlfreiheit Dir bleibt, hängt jedoch sehr stark vom jeweiligen Programm ab: Viele Hochschulen haben ihre Bachelorstudiengänge sehr stark strukturiert, andere wiederum lassen ihren Studenten sehr viel Freiraum. Mehr zu diesem Thema findest Du in der Sektion »Kritik am Bachelor« (► S. 35).

Das Wichtigste auf einen Blick

- **Der Bachelor dauert drei bis vier Jahre.**
- **Die Abschlüsse sind international vergleichbar.**
- **Der Bachelor ist im Vergleich zu früher verschulter.**
- **Prüfungsleistungen sind durch das ECTS-System europaweit vergleichbar.**

3.3 Stand der Umsetzung

In Deutschland ist die Umstellung auf die neuen Studiengänge weit fortgeschritten. Im Wintersemester 2009/10 gab es 5 680 Bachelor- und 4 750 Masterstudiengänge – damit waren ganze 79 Prozent aller grundständigen Studiengänge am neuen System ausgerichtet (Abb. 3.2).

Dass »nur« 79 Prozent der Studiengänge im Jahre 2009 zu Bachelor und Master führten, heißt nicht, dass der Rest Diplom und Magister waren. Im Gegenteil, nur noch 6,1 Prozent der Studiengänge für Erstsemester führten zu den alten Abschlüssen. Der Rest der angebotenen Programme hatte staatliche oder kirchliche Abschlüsse wie das Staatsexamen (► S. 29). Dieses wird nach wie vor in fast allen medizinischen Studiengängen (► S. 97) sowie bei Jura (► S. 105) vergeben. Auch ein nicht geringer Teil der Lehramtsstudiengänge schließt noch immer mit dem Staatsexamen ab.

Deutschland hat damit – wie in der ursprünglichen Erklärung von Bologna vereinbart – bis zum Jahre 2010 seine Studiengänge weitgehend auf Bachelor und Master umgestellt (Tabelle 3.2).

Regional ist die Umsetzung übrigens sehr unterschiedlich gelaufen. Während Niedersachsen, Berlin, Bremen und Brandenburg mit der Um-

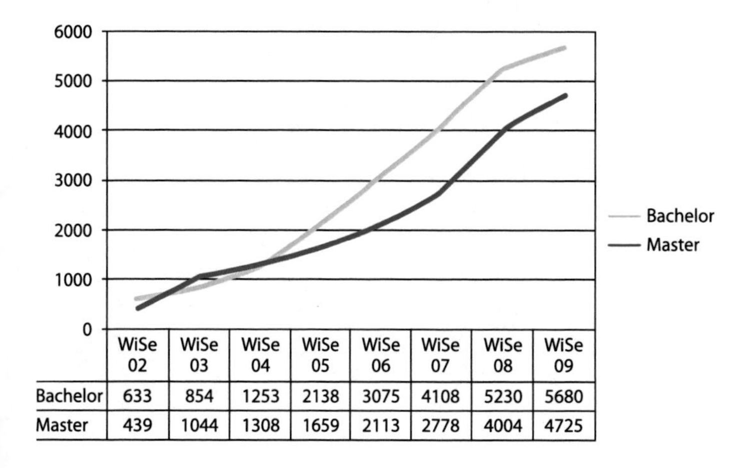

	WiSe 02	WiSe 03	WiSe 04	WiSe 05	WiSe 06	WiSe 07	WiSe 08	WiSe 09
Bachelor	633	854	1253	2138	3075	4108	5230	5680
Master	439	1044	1308	1659	2113	2778	4004	4725

Abb. 3.2. Entwicklung des Studienangebots in den Jahren 2002 bis 2009. (Quelle: Hochschulrektorenkonferenz, Statistiken zur Hochschulpolitik 2/2009)

Tab. 3.2. Stand der Umsetzung in den unterschiedlichen Fachbereichen

Fach	Studienangebot Bachelor und Master Wintersemester 2009/10 in %
Regionalwissenschaften	95,1
Wirtschaftswissenschaften	94,3
Agrar- Forst- und Ernährungswissenschaften	93,7
Ingenieurswissenschaften	92,9
Politikwissenschaften	87,7
Sozialwissenschaften	87,3
Rechtswissenschaften	82,6
Mathematik, Naturwissenschaften	79,6
Medizin, Gesundheitswissenschaften	75,7
Sprach- und Kulturwissenschaften	65,6
Kunst und Musik	48,7

Quelle: Hochschulrektorenkonferenz, Statistiken zur Hochschulpolitik 2/2009

stellung schnell vorangegangen sind und bereits vor Jahren fertig waren, halten Bayern, das Saarland und Mecklenburg-Vorpommern die Rote Laterne der langsamsten Länder.

Viele Elemente der Hochschulreform sind derzeit noch offen. So ist es unklar, ob Jura, Medizin und Lehramt komplett umgestellt werden. Auch die **Anzahl an Masterstudienplätzen** ist offen. Klar ist, dass nur diejenigen Studenten einen Master machen sollen, die sich wissenschaftlich vertieft weiterbilden möchten. Wie allerdings der Übergang geregelt wird und wie viel Prozent der Bachelorabsolventen einen Master machen werden, ist völlig unklar und von Studiengang zu Studiengang verschieden.

Ausblick: Die Umsetzung in anderen Ländern

Europaweit sind die Unterschiede in der Umsetzung der Bologna-Reform immens. Skandinavien, Polen und die Niederlande (▶ S. 50) haben den Prozess so gut wie abgeschlossen. Die Reform wurde in diesen Regionen früh angegangen. Dementsprechend konnten frühzeitig Erfahrungen gesammelt und der Prozess behutsam geplant werden. Italien hat verkündet, dass es den Prozess ebenfalls abgeschlossen hat, tatsächlich ist die Umsetzung aber noch uneinheitlich.

▼

Großbritannien (▶ S. 46) hatte bereits vor Bologna ein Bachelor/Mastersystem. Daher wurden bisher kaum Anstrengungen unternommen, sich weiter anzupassen. Allerdings dauert in Großbritannien der Bachelor drei Jahre und der Master ein Jahr, was im Widerspruch zu Bologna steht, nach dem Bachelor und Master zusammen fünf Jahre dauern sollen. Es ist unklar, ob Großbritannien sein System anpassen wird.

Von allen EU-Ländern war Spanien eines der langsamsten, die ersten Bachelorprogramme wurden erst zum Wintersemester 2008/09 eingeführt. Auch Portugal und Griechenland haben schleppend reagiert und erreichen wie Spanien die Zielmarke 2010 nicht.

Deutschland hat im internationalen Vergleich sehr früh mit der Umsetzung begonnen, dann aber eine lange Pause eingelegt. Erst um 2005 hat der Reformzug richtig Fahrt aufgenommen. Dadurch ist Deutschland bei der Umsetzung ins Mittelfeld gerutscht.

Bei allen Unterschieden lässt sich jedoch eine europaweite Angleichung der Studienstruktur eindeutig erkennen.

Das Wichtigste auf einen Blick

- **Deutschland war in der Umsetzung etwas zögerlich, hat das Ziel 2010 aber erreicht.**
- **Bayern, das Saarland und Mecklenburg-Vorpommern sind die Schlusslichter.**

3.4 Wie läuft ein Studium grundsätzlich ab?

Dein Studium beginnt in der Regel Ende September oder Anfang Oktober mit den **Einführungstagen** für Erstsemestler. An diesen Tagen lernst Du mit anderen Neustudenten den Campus, die Hochschule sowie die Verwaltung kennen und erfährst, wie Du einen Stundenplan erstellst sowie das Vorlesungsverzeichnis zu verstehen hast. Daneben besuchst Du einen Haufen Kennenlernpartys. Die Einführungstage solltest Du Dir in keinem Fall entgehen lassen, denn sie sind eine großartige Gelegenheit, neue Leute kennen zu lernen und einen grundsätzlichen Eindruck von den Abläufen an der Hochschule zu erhalten.

Nachdem Du die ersten Tage hinter Dich gebracht hast, musst Du Dir einen **Stundenplan** zusammenstellen. Dabei gibt es Pflichtmodule, die Du belegen musst, Wahlpflichtmodule, von denen Du zwischen mehreren wählen kannst, sowie Wahlmodule, bei denen Dir die Belegung völlig frei steht. Dies klingt komplizierter als es ist: Meist sind die Auflagen recht klar formuliert. Außerdem kannst Du Dir Rat bei Studenten höherer Semester oder bei Tutoren suchen.

Doch was ist überhaupt ein **Modul**? Es besteht immer aus mehreren Veranstaltungen, die inhaltlich zusammengehören und die gemeinsam belegt werden müssen. Ein Beispiel wäre das Modul »Allgemeine Psychologie« aus dem ersten Semester des Psychologiestudiums, das aus den Vorlesungen »Wahrnehmung« und »Grundlagen der Kognitionspsychologie« sowie einem Seminar bestehen könnte. Ein Modul ist grundsätzlich meist eine Mischung aus Vorlesungen und Seminaren; je nach Studienrichtung kommen noch Tutorien, die zur Nachbearbeitung des Vorlesungsstoffes dienen, oder auch Laborpraktika hinzu.

Bei **Vorlesungen** handelt es sich, wie der Name sagt, um eine Form des Lernens, in dem der Professor vor den Studenten steht und zu einem Thema referiert. Dies kann mitunter einschläfernd sein, doch Mitschreiben hilft, wach zu bleiben und sich später an das Gesagte zu erinnern.

Seminare sind dagegen eine interaktive Form des Lernens, in denen sich Referate und Diskussionen abwechseln. Seminare sind oft in der Teilnehmerzahl begrenzt. Gerade an großen Hochschulen stehen oft nicht genügend Seminarplätze für alle Studierenden eines Moduls zur Verfügung. Daher solltest Du Dich früh in den für Dich interessanten Seminaren anmelden.

Ein **Tutorium** ist eine Übung, in der der bereits gelernte Stoff wiederholt und vertieft wird. Tutorien werden häufig von Studenten höherer Semester oder von Doktoranten gelehrt. Das **Laborpraktikum** ist eine praktisch angelegte Veranstaltung, die im Labor stattfindet.

Je nach Studienrichtung solltest Du auf etwa 15 bis 20 so genannte **Semesterwochenstunden** kommen. Dies sind die Stunden, die Du pro Woche in Vorlesungen und Seminaren verbringst. Dies klingt nach wenig, doch Vorsicht: Vor- und Nachbereitung der Veranstaltungen kosten viel Zeit.

Wie bitte? Sommerferien bis Oktober?

An den meisten deutschen Hochschulen beginnt die Vorlesungszeit im Winter Mitte Oktober. Bis dahin haben Studenten Zeit für Urlaub, Arbeit, Praktika, Sprachkurse und Hobbys. International gesehen ist diese Regelung reichlich extravagant: Denn fast überall beginnen die Vorlesungen nach den Sommerferien zwischen Anfang und Ende September und enden vor Weihnachten. Das Sommersemester beginnt analog meist im März und nicht wie hierzulande im April.

Dieser Unterschied ist ein Problem: Auslandssemester beginnen teilweise, bevor die letzten Nachholklausuren geschrieben sind, deutsche Professoren können nicht zu manchen internationalen Kongressen reisen, da sie in der Vorlesungszeit liegen, und Studenten müssen Ende des Sommersemestern während der wärmsten Zeit für Klausuren büffeln, anstatt am Badesee zu liegen. Es wäre also vielen geholfen, würde die freie Zeit nach vorne geschoben werden.

Langfristig streben die deutschen Hochschulen tatsächlich an, die Vorlesungszeiten internationalen Standards anzupassen. Eine gute Idee, doch solche Entscheidungen brauchen natürlich sehr viel Zeit. Daher sind einige Hochschulen schon einmal vorgeprescht: Die

▼

Uni Mannheim sowie die private Zeppelin Universität in Ludwigshafen beginnen ihre Vorlesungszeit bereits im September – wodurch die dortigen Studiengänge zeitlich zwar mit dem Rest der Welt, jedoch nicht mehr mit denen im Rest der Republik kompatibel sind. Womit sich die Katze in den Schwanz beißt.

In Seminaren herrscht **Präsenzpflicht**, so dass Du nur wenige Male pro Semester unentschuldigt fehlen darfst. Dies gilt auch für viele Vorlesungen, nur dass hier die Kontrolle aufgrund des großen Publikums schwieriger ist. Falls Du zu häufig fehlst, musst Du das Seminar im schlimmsten Fall wiederholen, was zu einer Verlängerung Deines Studiums führen kann.

Gegen Ende jedes Semesters stehen **Prüfungen** an. Je nach Studium und Hochschule rackerst Du Dich im Akkord an sieben oder acht Prüfungen ab. Wenn Du Glück hast, werden die Prüfungen nach Modulen gebündelt. Wenn Du eine Prüfung nicht bestehst, musst Du sie je nach Studiengang wiederholen oder die gesamte Veranstaltung noch einmal besuchen.

Hilfe bei Problemen

Bei **Problemen und Fragen** zum Studium kannst Du Dich (je nach Fragestellung) an folgende Institutionen wenden:

- die Zentrale Studienberatung (die je nach Hochschule auch anders heißen kann),
- die Fachstudienberatung Deines Studienganges,
- den Fachschaftsrat, der sich aus Vertretern Deines Faches zusammensetzt,
- einen Professor oder – falls Deine Hochschule ein Mentorensystem hat – Deinen Mentor,
- das Prüfungsamt für alle Fragen im Zusammenhang mit Noten und Prüfungen,
- das Studentensekretariat (das ebenfalls manchmal anders heißt) in Verwaltungsfragen und
- die Studentenwerke, die psychologische Beratung und Betreuung anbieten.

Das Wichtigste auf einen Blick

- **Das Studium beginnt mit den Einführungstagen, die Du nicht verpassen solltest.**
- **Das Studium ist in Module aufgeteilt, die aus mehreren zusammenhängenden Veranstaltungen bestehen.**
- **Meist herrscht Präsenzpflicht.**
- **Bei Fragen und Problemen gibt es viele Ansprechpartner – nutze also die Hilfsangebote, wenn Du sie brauchst!**

3.5 Hochschularten

In Deutschland gibt es **zwei Typen** von Hochschulen, nämlich die Fachhochschule (FH) und die Universität. Die Abschlüsse beider Einrichtungen sind einander formal weitgehend gleichgestellt. Auch das Studium läuft ähnlich ab. Der Hauptunterschied liegt darin, dass Universitäten mehr Forschung betreiben und dementsprechend wissenschaftlicher lehren. FHs dagegen sind in der Regel stärker an der Praxis orientiert. Zwar betreiben auch FH-Professoren Forschung, doch sie haben dafür deutlich weniger Zeit und Geld.

Neben Uni und FH soll Dir auch die Berufsakademie vorgestellt werden. Bei ihr handelt es sich nicht um eine Hochschule im klassischen Sinne. Allerdings kannst Du auch an einer Berufsakademie einen praxisorientierten Bachelor studieren, an den Du dann einen Master an einer FH oder Uni anschließen kannst.

3.5.1 Die Universität

Die ersten Universitäten entstanden im Mittelalter. Das Wort »Universität« kommt aus dem Lateinischen, wo es soviel wie Gemeinschaft der Lehrenden und Lernenden bedeutet. Die Universität heutiger Prägung, nämlich mit der Einheit von Forschung und Lehre, gibt es seit 1810, als die Berliner Universität nach den Ideen von **Humboldt** eingerichtet wurde. Erst seit Humboldt werden Studenten durchgehend von Lehrenden ausgebildet, die gleichzeitig forschen. Was damals revolutionär war, ist heute weltweit Standard – so sollte sichergestellt werden, dass Studenten eine Lehre auf höchstem Niveau und anhand aktueller wissenschaftlicher Erkenntnisse erhalten.

Universitäten haben drei Hauptmerkmale:

- die Gemeinschaft der Lehrenden und Lernenden,
- das Recht zur Selbstverwaltung sowie
- das Recht, akademische Grade verleihen zu dürfen.

Praktisch bedeutet ein Studium an der Uni viel **Theorie**. Einige Fächer wie Medizin, Jura, Philosophie, Geschichte und Politik werden nur an der Uni angeboten. Viele andere Fächer wie BWL, Maschinenbau, Architektur oder Informatik gibt es auch an der FH. Ein Bachelor an einer Uni dauert in der Regel drei Jahre. Nur 4 Prozent der Studiengänge dauern sieben Semester und 1 Prozent dauert acht Semester.

Der Aufbau einer Uni ist kompliziert und von Ort zu Ort verschieden. Im Bild (■ Abb. 3.3) findest Du eine typische Hierarchie: Die Universität spaltet sich zunächst in Fakultäten auf, die sich wieder in Institute (oder auch Seminare) aufteilen. Am Ende stehen die Lehrstühle, die jeweils von einem Professor geleitet werden und an denen sich meist mehrere Mitarbeiter tummeln.

Neben der Hierarchischen Struktur hat jede Hochschule eine Menge Serviceeinrichtungen (■ Tabelle 3.3).

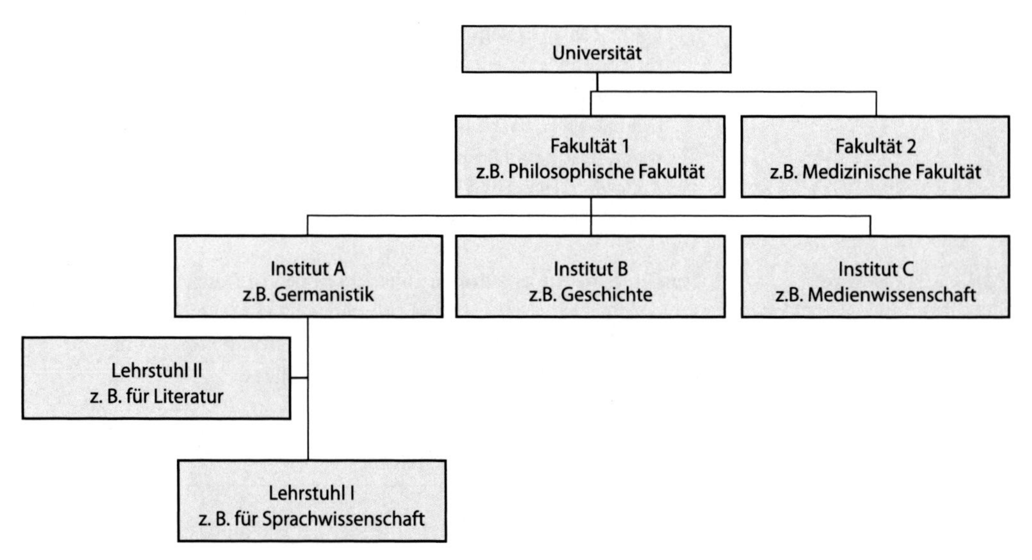

Abb. 3.3. Aufbau einer Universität

Tab. 3.3. Serviceeinrichtungen

Einrichtung	Zuständig für…
Studentensekretariat	...die Verwaltung der Studenten. Hier immatrikulierst und exmatrikulierst Du Dich und regelst Probleme, die sich um Kurse und Punkte drehen.
Akademisches Auslandsamt	...alle Fragen zum Ausland, vor allem in Hinblick auf Auslandssemester.
Universitätsbibliothek	...Bücher und Fachzeitschriften. Außerdem ist die Bibliothek der beliebteste Lernort für die meisten Studenten.
Sportzentrum	...Sport. Hochschulsport ist meist günstiger als Sport im Verein oder im Fitness-center; außerdem sind die Angebote direkt vor Ort.
Rechenzentrum	...Computer. Viele Studiengänge erfordern die Arbeit mit Spezialprogrammen, die Unsummen kosten. Im Rechenzentrum nutzt Du sie gratis.
Karriereservice	...Fragen zu Praktika, Bewerbungen und Jobs. Ein guter Karriereservice organisiert Seminare für Studenten und veranstaltet Karrieremessen.
Studentenwerk	...Mensen, Studentenwohnheime, BAföG. Das Studentenwerk ist meist unabhängig von der Uni.
Campuscafé(s)	...Deinen täglichen Kaffeedurst. Meist privat oder von Studenten betrieben, ist die Wichtigkeit eines guten Cafés für Dein Wohlbefinden nicht zu unterschätzen.

Neben normalen Universitäten gibt es eine Reihe von Spezialunis. Dies sind unter anderem technische Universitäten, die ihren Schwerpunkt auf technische Fächer legen, oder musikalische und künstlerische Universitäten. Auch die Bundeswehr hat ihre eigene Universität.

Solltest Du in Erwägung ziehen, einen Doktor zu machen oder eine forschungsbezogene Karriere anzustreben, ist die Universität die richtige Wahl. Zwar kannst Du auch mit einem Abschluss von einer FH promovieren, doch dies ist deutlich schwerer. Auch Arbeitgeber in theorielastigeren Branchen sehen lieber Universitätsabsolventen. Außerdem verdienen Universitätsabsolventen im Durchschnitt etwas mehr Geld als Fachhochschulabsolventen.

@ Hochschulkompass: http://www.hochschulkompass.de/

@ Studis-Online: http://www.studis-online.de unter dem Link »Studienwahl«; »Hochschularten«

Ausführliche Informationen zu Hochschulen in Deutschland sowie zum Unterschied zwischen FH und Uni findest Du unter anderem bei »Studis Online«. Der Hochschulkompass der Hochschulrektorenkonferenz enthält eine Liste aller Hochschulen in Deutschland.

3.5.2 Die Fachhochschule

Im Vergleich zur Universität ist die Idee der Fachhochschule extrem jung: Mit ihrer Einführung wurde in den frühen 1970er-Jahren begonnen. Es sollten anwendungsorientierte Studiengänge geschaffen werden, die gleichzeitig wissenschaftliches Wissen vermitteln. Damit sollte die Lücke zwischen der praktischen Ausbildung und dem damals sehr theorielastigen Universitätsstudium gefüllt werden.

Die FH ist der Uni **rechtlich gleichgestellt**. Auch sie verwaltet sich selbst, vereinigt Forschung und Lehre und darf akademische Grade verleihen. Der Unterschied: Es wird viel weniger Forschung betrieben und viel mehr gelehrt. Außerdem kannst Du an Fachhochschulen nicht promovieren. Viele Fachhochschulen nennen sich inzwischen »University of Applied Sciences«. Das bedeutet dasselbe wie FH, klingt aber besser.

Allerdings: Überschätze die **Forschungsleistungen** von Fachhochschulen nicht. Während Professoren an Unis häufig nicht mehr als vier oder sechs Stunden pro Woche unterrichten, können es bei einen FH-Professoren leicht bis zu 20 Stunden sein. Da bleibt kaum Zeit für wirkliche Forschung, denn Veranstaltungen müssen auch vor- und nachbereitet werden. Die Forschung, die tatsächlich stattfindet, ist eher anwendungsbezogen und orientiert sich an den Bedürfnissen der Industrie.

Während Universitäten die gesamte Breite an Fachrichtungen anbieten, konzentrieren sich Fachhochschulen stärker auf technische Fächer, Wirtschaftswissenschaften, Naturwissenschaften sowie den sozialen Bereich. Im Gegensatz zur Universität musst Du für ein Studium an einer FH nicht zwangsläufig das Abitur haben: Es reicht die Fachhochschulreife (► S. 28).

Fachhochschulen haben deutlich schneller auf Bachelor und Master umgestellt als Universitäten. Dabei waren sie in ihrer Studienganggestaltung oft kreativer und haben vielfältigere Programme geschaffen. Unter anderem sind nur 46 Prozent der Bachelorstudiengänge sind sechssemestrig, der Rest dauert entweder sieben oder acht Semester (■ Abb. 3.4). Die unterschiedliche Dauer liegt vor allem an den häufig fest eingeplanten Praxis-

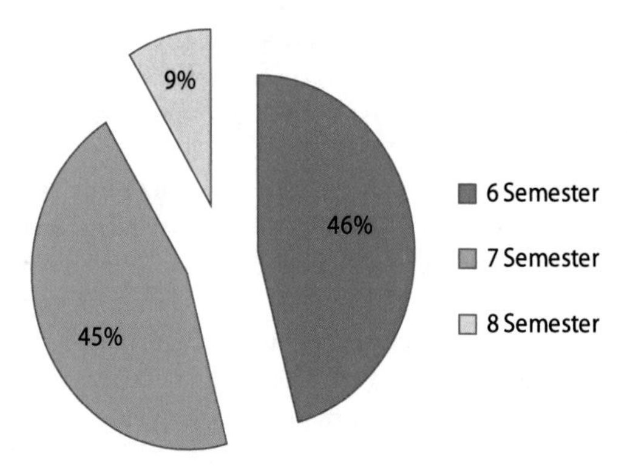

Abb. 3.4. Regelstudienzeit Bachelor an Fachhochschulen. (Quelle: Hochschulrektorenkonferenz, Statistiken zur Hochschulpolitik 2/2009)

semestern an der FH, in denen die Studenten ihr Wissen in einem Betrieb zur Anwendung bringen.

Auch in Hinblick auf ihre **internationale Ausrichtung** haben sich FHs deutlich schneller bewegt als Universitäten: Bereits 3,7 Prozent aller FH-Bachelor bieten einen Doppelabschluss (▶ S. 45) mit einer ausländischen Hochschule – bei Universitäten sind es mit 1,7 Prozent weniger als die Hälfte.

Wie bei den Universitäten gibt es viele spezialisierte Einrichtungen: Fachhochschulen für Sozialwesen, Fachhochschulen für Technik, Fachhochschulen für Wirtschaft, Pädagogische Hochschulen. Daneben gibt es die Fachhochschulen für öffentliche Verwaltung, wo Du zum Beamten im gehobenen öffentlichen Dienst ausgebildet wirst (nähere Informationen zu diesem Thema ▶ S. 116).

Eine Übersicht aller Fachhochschulen findest Du im Hochschulkompass. Viele gute Tipps hat auch »Studis Online«.

@ Hochschulrektorenkonferenz: www.hochschulkompass.de

@ Studis Online: www.studis-online.de

3.5.3 Eine halbe Hochschule: Die Berufsakademie

Die Berufsakademie ist eine Einrichtung, die ausschließlich **duale Studiengänge** (▶ S. 24) anbietet. Das heißt, dass Du gleichzeitig eine schulische und eine betriebliche Ausbildung machst – mehr zum dualen Studium an sich erfährst Du im folgenden Abschnitt.

Traditionell gleicht das Studium an der Berufsakademie eher einer **theorielastigen Ausbildung** als einem Hochschulstudium – daher haben Berufsakademien meist auch nicht den Status einer Hochschule. Unternehmen bilden hier junge Mitarbeiter mit hohem beruflichem Potential aus. Anders als an einer Hochschule ist das Studium an der Berufsakademie sehr praktisch angelegt. Man spezialisiert sich früh und bekommt nur eine begrenzte theoretische Unterfütterung.

Der Status der Berufsakademie hat sich allerdings in jüngerer Zeit geändert: Wurde früher noch der Titel »Diplom (BA)« vergeben, der im Hochschulbereich keine größere Bedeutung hat, erhalten Absolventen heute vielfach einen **Bachelor**. Um diesen vergeben zu dürfen, muss sich die Berufsakademie akkreditieren lassen – eine Hürde, die anders als für FHs und Universitäten nicht leicht zu nehmen ist. Ist die Berufsakademie nun akkreditiert, ist der jeweilige Bachelor dem Abschluss einer FH oder Uni hochschulrechtlich gleichgestellt.

Doch eine rechtliche Gleichstellung ist nicht automatisch auch eine faktische. Dies ist vor allem dann ein Problem, wenn Du als Berufsakademieabsolvent einen **Master** anstrebst. Berufsakademien selbst bieten keine Masterprogramme an. Viele Universitäten und Fachhochschulen lassen die Absolventen von Berufsakademien auflaufen und nehmen sie trotz Bachelor nicht oder nur bei herausragenden Noten in ihre Masterprogramme auf – denn die Berufsakademieausbildung gilt als zu praktisch angelegt. Wenn Du Dir also die Möglichkeit eines Masters offen lassen und trotzdem dual studieren möchtest, solltest Du Dir ein duales Studium an einer FH suchen – siehe nächsten Abschnitt. Dann studierst Du betriebsnah und hast trotzdem ohne Einschränkung die Möglichkeit zum Master.

In Baden-Württemberg wurden die Berufsakademien übrigens 2009 umbenannt und nennen sich nun »Duale Hochschule Baden-Württemberg«. Sie besitzen den Status einer Hochschule.

Eine Liste aller Berufsakademien findest Du auf der Internetseite »Studieren.de«.

@ Studieren.de: www.studieren.de/berufsakademien.0.html

Das Wichtigste auf einen Blick

- **Universitäten gibt es seit dem Mittelalter, sie sind stark forschungsbezogen.**
- **Die Fachhochschulen sind praktischer ausgerichtet.**
- **Berufsakademien erhalten mehr und mehr den Status einer Hochschule.**
- **Mit einem Berufsakademieabschluss hat man wenig Chancen auf einen Master.**

3.6 Duale Studiengänge – Theorie und Praxis vereint

Solltest Du Dich nicht zwischen einer **Ausbildung** und einem **Studium** entscheiden können, bist Du ideal für einen **dualen Studiengang** geeignet. Diese recht neue Ausbildungsform verbindet das Studium an einer Hochschule mit praktischer Arbeit in einem Betrieb – von Anfang an.

Du studierst duale Studiengänge an Fachhochschulen oder Berufsakademien und unterschreibst gleichzeitig einen **Ausbildungsvertrag** bei einem Unternehmen. Die **Firmen sponsern** Dir Dein Studium, dafür musst Du Dich verpflichten, nach Deinem Abschluss für einige Zeit bei der jeweiligen Firma zu bleiben. Theoretische Phasen wechseln sich im Studium mit Praktika in verschiedenen Unternehmensteilen ab. In manchen Fällen arbeitest Du auch während des Semesters immer einen Tag im Unternehmen und verbringst die regulären Semesterferien voll in der Firma – da gibt es viele verschiedene Modelle.

Während Deines Studiums beziehst Du meist bereits ein **Gehalt**, das zwischen 300 und 1 500 Euro liegen kann. Dafür musst Du aber einiges an **Stress** aushalten: Semesterferien bekommst Du nicht. Du hast lediglich die 25 bis 30 Tage Urlaub im Jahr, die jedem Arbeitnehmer zur Verfügung stehen. Auch die Dauer Deines Studiums ist vorgegeben. Gutes Zeitmanagement, hohe Belastungstoleranz und die Fähigkeit, trotz abendlicher Party am nächsten Tag konzentriert bei der Sache zu sein, sind Voraussetzung für ein erfolgreiches duales Studium.

Die Auswahl für einen dualen Studiengang ähnelt der **Bewerbung** für einen Job: Neben dem Verfassen umfangreicher Bewerbungsunterlagen musst Du verschiedene Tests und Gespräche erfolgreich meistern. Dabei zählen neben Fachwissen auch **soziale Kompetenz, Kommunikationsfähigkeit und kreatives Denken.**

Duale Studiengänge bieten Dir eine **praktische Ausbildung** – wenn Du eine wissenschaftliche Karriere anstrebst, bist Du hier falsch. Auch sind duale Studiengänge meist betriebswirtschaftlich oder technisch angelegt.

Die Wirtschaftskrise im Jahre 2009 hat eine Schwäche der dualen Studiengänge offengelegt: Solltest Du Deinen Ausbildungsvertrag mit Deinem Partnerunternehmen verlieren, hast Du nur wenige Wochen – in Baden-Württemberg sind es zum Beispiel acht – um Dir ein neues Unternehmen zu suchen. Hinfällig ist der Ausbildungsvertrag unter anderem, wenn das Unternehmen pleite geht und abgewickelt wird. So standen 2009 viele Studenten des insolventen Versandhauses Quelle vor dem Nichts. Von ihnen haben fast alle einen neuen Betrieb gefunden. Doch Studenten weniger großer und bekannter Unternehmen können so in kürzester Zeit ihren Studienplatz verlieren. Als Student eines dualen Studienganges begibst Du Dich in ein Abhängigkeitsverhältnis.

Für ein duales Studium sprechen **Praxisnähe**, die Finanzierung des Studiums sowie die Aussicht auf eine gute Position im entsprechenden Unternehmen. Der Nachteil liegt in der **geringen Flexibilität**. Ein Studiengangwechsel ist mit großen Hürden verbunden, auch können sich Berufsziele während des Studiums noch ändern – doch dann bist Du bereits für Deine ersten Berufsjahre festgelegt. Solltest Du Dich nicht für technische oder betriebswirtschaftliche Studiengänge interessieren, ist das duale Studium eh keine Alternative für Dich.

Informationen zu dualen Studiengängen findest Du unter anderem in der Datenbank »Ausbildung Plus« vom Bundesinstitut für Berufsbildung. Auch das Studentenportal »Studserv« hat Informationen. Weitere Details findest Du in der Datenbank »Studienwahl.de« – dort musst Du nach der Studienform »ausbildungsintegriertes Studium« suchen.

@ Ausbildung Plus: www.ausbildung-plus.de

@ Das Studentenportal: www.studserv.de unter dem Navigationspunkt »Studium > Duales Studium«

@ Studienwahl.de: www.studienwahl.de

Das Wichtigste auf einen Blick

- **Duale Studiengänge bieten finanzielle Sicherheit, denn das Studium wird finanziert.**
- **Die Studenten müssen hart arbeiten.**
- **Die Arbeitsmarktchancen sind hervorragend.**
- **Man legt sich früh fest und erschwert sich so einen möglichen Wechsel.**

3.7 Privathochschulen

Staatlich anerkannte Privathochschulen wachsen **wie Pilze aus dem Boden**. Waren es Ende 2007 noch 60 private Hochschulen in ganz Deutschland, gab es Anfang 2010 bereits 90 Privathochschulen – eine Steigerung von 50 Prozent innerhalb von zweieinhalb Jahren! Interessanterweise befinden sich ganze 50 Privathochschulen in Berlin, Baden-Württemberg oder NRW – die anderen 40 Schulen erstrecken sich über die restliche Bundesrepublik. Fast alle Privathochschulen haben den Status einer Fachhochschule (► S. 22). Privathochschulen konzentrieren sich häufig auf einzelne Fächergruppen, oftmals Betriebswirtschaftslehre oder Medien.

Die **Bandbreite** von Privathochschulen ist extrem: Einerseits gibt es hoch gelobte und qualitativ exzellente Hochschulen wie die Buccerius School of Law, die Jacobs University Bremen, die WHU Vallendar, die ESCP Europe oder die Hertie School of Governance. Andererseits tummeln sich am Markt viele private Institutionen, deren Qualität teils schlechter ist als die einer guten staatlichen Hochschule.

Es gibt viele qualitativ höchst mittelmäßige Anbieter, die vor allem darauf aus sind, an ihren Studenten viel Geld zu verdienen. Vor allem im Medienbereich und in der BWL haben sich viele Anbieter breitgemacht, die diejenigen Studenten abschöpfen wollen, die an der Aufnahme an einer guten staatlichen Hochschule gescheitert sind. Recherchiere vorher also gut, frage aktuelle Studenten und konsultiere Rankings. Ansonsten könntest Du am Ende auf einem teuren, aber wenig brauchbaren Abschluss sitzen.

Viele Privathochschulen erwecken den Eindruck, sie seien eine Universität, tatsächlich haben sie allerdings den Status einer Fachhochschule. Dies ist für Dich relevant, falls Du nach Deinem Bachelor an eine Universität wechseln oder gar promovieren möchtest. Dies ist zwar auch mit einem FH-Bachelor möglich, allerdings weniger leicht.

Privathochschulen in Nöten

Der Privathochschulsektor ist von Unsicherheit geprägt. So mussten 2009 zwei besonders ambitionierte Privathochschulen aus finanziellen Gründen schließen: die Private Hanseuniversität Rostock sowie die Private Hochschule Bruchsal. Beide Hochschulen starteten mit großen Versprechungen, für die sie auch entsprechende Studiengebühren verlangten. Nach der Pleite wurden die Studenten weitgehend von staatlichen Hochschulen übernommen und konnten sich ihre Kurse anrechnen lassen – doch die hohen Studiengebühren waren genauso futsch wie die in Aussicht gestellten phantastischen Arbeitsmarktchancen.

Auch die hoch angesehene Universität Witten-Herdecke, die erste Privatuniversität Deutschlands, geriet 2008/09 in Finanznöte: Aufgrund von angeblich nicht ordnungsgemäßer Geschäftsführung und Löchern im Konzept strich das Land NRW eine Förderzahlung von 4,5 Millionen Euro und verlangte die Rückzahlung von weiteren 3 Millionen – der Universität drohte die Insolvenz. Nach langen Verhandlungen konnte eine Lösung gefunden werden; die Universität blieb erhalten, muss aber massiv sparen und die Studiengebühren erhöhen. Dass die Lehrqualität darunter leiden wird, lässt sich wohl kaum vermeiden.

Diese Beispiele zeigen: Zwar stehen die meisten Privathochschulen finanziell solide dar, doch anders als staatliche Hochschulen können sie Pleite gehen.

Der Verband Privater Hochschulen bietet auf seiner Website einige Informationen. Das Informationsportal von E-Fellows stellt auf seiner Internetseite viele qualitativ hervorragende Privathochschulen vor.

@ Verband der Privaten Hochschulen e.V.: http://www.private-hochschulen.net/

@ E-Fellows: https://www.e-fellows.net

Das Wichtigste auf einen Blick

- **Die Anzahl privater Hochschulen ist in den vergangenen Jahren stark gestiegen.**
- **Es gibt einige extrem gute private Hochschulen.**
- **Das Geschäftsmodell vieler kleinerer Privathochschulen basiert in erster Linie im Ausnehmen ihrer Studenten.**
- **Privathochschulen können Pleite gehen.**

3.8 Was geht mit welchem Schulabschluss?

Es gibt exakt drei deutsche Schulabschlüsse, die Dich zum Studium berechtigen können: Das Abitur, die fachgebundene Hochschulreife sowie die Fachhochschulreife. Hinzu kommen ausländische Schulabschlüsse, die Dir ebenso ein Studium in Deutschland ermöglichen können. Von diesen Abschlüssen hängt ab, an welcher Art von Hochschulen Du welche Fächer studieren kannst.

Das Abitur: Das Abitur wird auch als »allgemeine Hochschulreife« bezeichnet. Hast Du das Abitur in der Tasche, kannst Du grundsätzlich jedes Fach an jeder Hochschule studieren, sei es Universität oder FH. Denn das Abitur ist eine uneingeschränkte Studienberechtigung. Ob Du für einen Studiengang genommen wirst, hängt natürlich von Deiner Abiturnote ab. Denn etwa die Hälfte aller Studiengänge ist auf irgendeine Weise per Numerus clausus (► S. 145) zulassungsbeschränkt. Mit einem Schnitt von 3,0 wirst Du in viele Studiengänge nur über Wartesemester oder durch Verlosungen kommen.

@ Bundesagentur für Arbeit: http://infobub.arbeitsagentur.de > BBZonline > Schulabschlüsse sind wichtig

Die fachgebundene Hochschulreife: Wie der Name bereits ausdrückt, berechtigt Dich eine fachgebundene Hochschulreife nur zum Studium bestimmter Fächer – dies allerdings sowohl an der Universität als auch an der FH. Eine fachgebundene Hochschulreife kann man auf vielen Wegen erreichen, unter anderem nach zwei Jahren Berufsoberschule und auf dem zweiten Bildungsweg. Weitere Informationen findest Du bei der Bundesagentur für Arbeit.

Die Fachhochschulreife: Solltest Du ein Jahr vor dem regulären Abitur die Schule verlassen, kannst Du die Fachhochschulreife – auch Fachabitur genannt – erlangen. Du musst dafür allerdings einen so genannten berufsbezogenen Abschnitt absolvieren. Der kann aus einem einjährigen Berufspraktikum oder einer zweijährigen Berufsausbildung bestehen. Danach kannst Du entweder an einer Fachhochschule oder einer Berufsakademie studieren. Die Pforte zur Universität bleibt Dir allerdings verschlossen.

@ Deutscher Akademischer Austauschdienst: www.daad.de

@ Studienkollegs: www.studienkollegs.de

Ausländischer Schulabschluss: Falls Du im Ausland einen Schulabschluss abgelegt hast, kommt es in Sachen Anerkennung auf Dein Herkunftsland an. Mit einer allgemeinen Hochschulreife aus einem europäischen Land solltest Du in Deutschland keine Probleme haben. Auch die Abschlüsse einiger außereuropäischer Länder sind uneingeschränkt anerkannt. Eine Liste dazu findest Du beim Deutschen Akademischen Austauschdienst (DAAD). Falls Dein Abschluss dort nicht aufgeführt ist, musst Du eine so genannte »Feststellungsprüfung« durchführen, die Deine Eignung zum Studium gesondert testet. Diese Prüfung findet an Studienkollegs statt, wo Du Dich auch auf die Prüfung vorbereiten kannst. Die Anmeldung im Studienkolleg läuft in der Regel an der Hochschule, an der Du studieren möchtest. Infos dazu findest Du auf der Website »Studienkollegs.de«.

Das Wichtigste auf einen Blick

- **Mit dem Abitur kannst Du grundsätzlich jedes Studium aufnehmen.**
- **Schulabschlüsse aus der EU sind uneingeschränkt anerkannt.**
- **Für Abschlüsse von außerhalb Europas ist möglicherweise eine gesonderte Prüfung nötig.**

3.9 Die anderen Abschlüsse: Staatsexamen, Diplom, Magister

Vor der Einführung des Bachelors gab es drei traditionelle Hochschulabschlüsse: Staatsexamen, Diplom und Magister. Von diesen dreien wird nur noch einer flächendeckend angeboten: Das Staatsexamen. Diplom und Magister sind dagegen so gut wie verschwunden. Du wirst sie nur noch an wenigen vereinzelten Hochschulen vorfinden. Zwar sind Letztere praktisch damit irrelevant, zum Verständnis der Diskussion um die Umstellung sollen sie hier wie das Staatsexamen dennoch beschrieben werden.

Das Staatsexamen

Das Staatsexamen ist der Regelabschluss in den Fächern Medizin, Tiermedizin, Pharmazie, Lebensmittelchemie sowie in manchen Bundesländern fürs Lehramt. Das Staatsexamen ermöglicht den Zugang zu **staatlich regulierten Berufen** wie Arzt, Apotheker oder Rechtsanwalt. In Studiengängen, die auf Staatsexamen studiert werden, kannst Du im Normalfall keine Nebenfächer wählen. Das erste Staatsexamen erhältst Du mit Ende Deines regulären Studiums. Es ist in etwa gleichbedeutend mit einem Master oder Diplom.

Im Unterschied zu anderen Studiengängen schließt sich an das erste Staatsexamen typischerweise eine praktische Ausbildungsphase an, die mit dem zweiten Staatsexamen endet. Diese Phase wird meist als Referendariat bezeichnet. Erst mit dem zweiten Staatsexamen ist es Dir erlaubt, den jeweiligen staatlich regulierten Beruf auszuüben.

Die **Regelstudienzeit** in Staatsexamensfächern unterscheidet sich: Beim Lehramt sind es 6-10 Semester, bei Jura 8-9 Semester und in der Medizin 10-12. Im Anschluss an das zweite Staatsexamen hast Du die Möglichkeit zu promovieren. Mit Staatsexamen abschließende Studiengänge bereiten immer auf bestimmte Berufe vor.

Das Diplom

Das Diplom, nun fast überall abgeschafft (siehe Box), existierte seit 1899 und war der traditionelle Abschluss in naturwissenschaftlichen und ingenieurswissenschaftlichen Fächern sowie in den Wirtschaftswissenschaften. Das Diplomstudium teilte sich in ein viersemestriges Grundstudium sowie in ein vier- bis sechssemestriges Hauptstudium auf. Im Diplomstudium konzentrierten sich die Studenten auf ein bestimmtes Fach, konnten also keine Nebenfächer wählen.

Auch Berufsakademien (▶ S. 23) vergaben Diplome, diese waren allerdings nicht gleichbedeutend mit einem Diplom von einer Universität. Bei den Abschlüssen wurde nach der Hochschulart unterschieden: Fachhochschulstudenten mussten ihr Diplom als »Diplom FH« bezeichnen, Absolventen von Berufsakademien nannten ihren Abschluss »Diplom BA«. Nur das Diplom von einer Universität erlaubte die Promotion. Die meisten Diplomstudiengänge hatten relativ klare Berufsbilder.

Diplom in Sachsen

Im Jahre 2010 war das Diplom nach langem Kampf vom Bachelor besiegt worden. Stolze Studienrichtungen wie das Ingenieurwesen mussten ihre Abschlüsse dem Bachelor zu Füßen legen. War ganz Deutschland besetzt? Nein! Ein von Unbeugsamen bevölkertes Bundesland hört nicht auf, dem Eindringling Widerstand zu leisten.

In Sachen Diplom sind die Sachsen in gewissem Sinne die Gallier Deutschlands. Denn einige Hochschulen in dem Land haben sich entschlossen, ihre Studiengänge nicht auf die neuen Abschlüsse umzustellen, zumindest in ingenieurwissenschaftlichen Fächern. An der Hochschule Zwittau/Görlitz kannst Du die Fächer Maschinenbau, Umwelttechnik, Wirtschaftsingenieurwesen und BWL weiterhin auf Diplom studieren. Auch einzelne technische Studiengänge an der TU Dresden gibt es weiterhin mit dem Diplom als Abschluss. Die Studiengänge sind modular aufgebaut und vergeben Leistungspunkte, so dass ein Wechsel zu Bachelor und Master möglich ist.

Möglich ist dies aufgrund einer deutschlandweit einmaligen Sonderregelung im sächsischen Hochschulgesetz. Falls Du also unbedingt auf Diplom studieren möchtest, ist Sachsen die richtige Adresse.

Der Magister

Beim Magister handelt es sich um den früheren Standardabschluss geisteswissenschaftlicher Fächer. Der Magister wurde schon im Mittelalter eingeführt und war damit der hierzulande älteste Abschluss, den Studierende erreichen konnten. Mit der Zeit hat sich seine Bedeutung allerdings verändert, denn damals galt er als gleichbedeutend mit einem Doktor.

Im Magisterstudium konntest Du im Gegensatz zum Diplom **mehrere Fächer** miteinander kombinieren. Entweder belegtest Du ein Hauptfach und zwei Nebenfächer oder zwei Hauptfächer. Dabei warst Du lediglich vom Angebot der jeweiligen Hochschule eingeschränkt. Die Nebenfächer mussten nicht geisteswissenschaftlicher Natur sein, man konnte auch etwas Künstlerisches oder Technisches wählen. Nur dasjenige Fach, in dem Studenten ihre Magisterarbeiten schrieben, musste geisteswissenschaftlich sein.

Die Regelstudienzeit betrug neun Semester und war damit ein Semester kürzer als ein volles Studium bis zum Master. Der Magister war für eine breite wissenschaftliche Beschäftigung mit verschiedenen Themenbereichen ausgelegt und hatte kein klares Berufsbild.

Das Wichtigste auf einen Blick

- **Das Staatsexamen bereitet auf staatlich regulierte Berufe vor und wird vorerst erhalten bleiben.**
- **Der Magister und das Diplom sind weitgehend abgeschafft, nur die Sachsen wehren sich unverdrossen.**

3.10 Akkreditierung

Eines der Ziele der Bologna-Reform war die Schaffung eines Systems zur Qualitätssicherung der Studienreform. Vorher wurde die Qualität von Studiengängen durch sehr umfassende Rahmenrichtlinien geregelt. Allerdings sollte den Hochschulen mit der Umstellung die Freiheit gegeben werden, eigene Studiengänge zu entwickeln und sich ein eigenes Profil zu verschaffen. Um trotz dieser komplizierten Lage die Qualität der Studiengänge zu sichern, wurde eine **Kontrollinstanz** geschaffen, die dafür sorgen sollte, dass die Studiengänge auch tatsächlich gewissen Mindeststandards entsprechen – die **Akkreditierung** (lat. Beglaubigung).

Bei der Akkreditierung geht es also in erster Linie um die **Sicherung von Qualitätsstandards**. Dazu wurde bereits 1992 von Bund, Ländern und Wirtschaft der Akkreditierungsrat gegründet, der Kriterien zur Akkreditierung von Studiengängen festlegt. Der Akkreditierungsrat wird von Länder- und Hochschulvertretern, Repräsentanten der Berufsverbände sowie studentischen Vertretern kontrolliert. Der Akkreditierungsrat bestimmt, wer in Deutschland als Akkreditierungsagentur auftreten und Studiengänge überprüfen und anerkennen (also *akkreditieren)* darf (◘ Abb. 3.5). Alternativ bieten sich internationale Akkreditierungsagenturen an. Die Agenturen dürfen nicht gewinnorientiert handeln und sind meist als gemeinnützige Vereine oder Gesellschaften organisiert.

In der Regel werden Studiengänge einzeln akkreditiert, neuerdings können sich auch Hochschulen als Ganzes akkreditieren lassen. Eine solche Prozedur ist aufwändig: Die Überprüfung eines einzelnen Studienganges kostet eine Hochschule bis zu 15 000 Euro und viel Arbeit. Denn immer wieder müssen Fragen beantwortet und Details verändert werden. Ist ein Studiengang akkreditiert, ist dieses Siegel **für fünf Jahre gültig** – danach muss das Verfahren wiederholt werden.

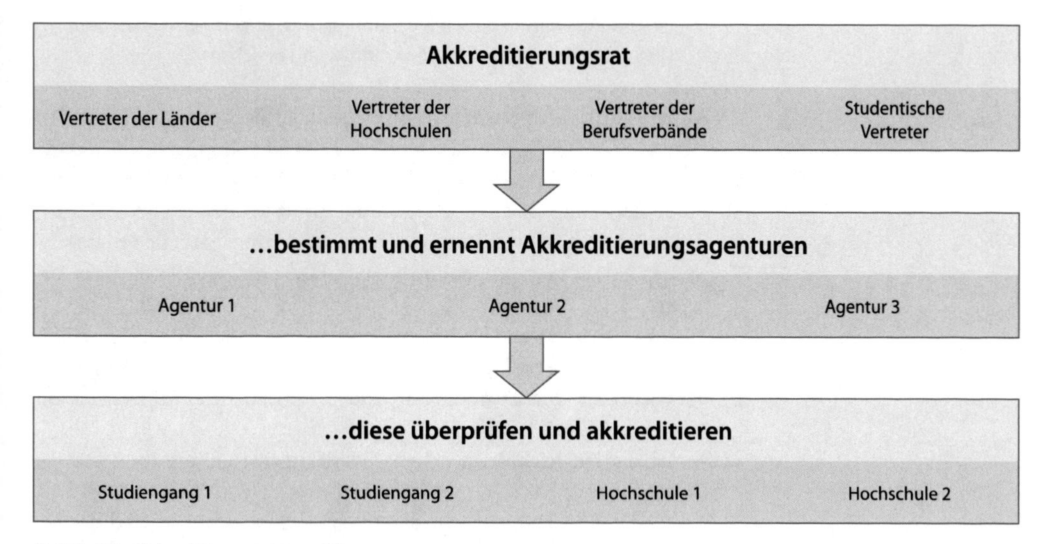

◘ **Abb. 3.5. Akkreditierungshierarchie**

Was heißt es also, wenn ein Studiengang akkreditiert ist? Ist ein Studiengang von einer durch den Akkreditierungsrat zugelassenen Agentur anerkannt, bedeutet dies, dass er bestimmte Kriterien in Lehre, Studierbarkeit und Vermittlung von Fachwissen erfüllt (siehe Kasten). Dies ist nicht mehr als eine Garantie, dass eine Reihe von **Mindeststandards** eingehalten werden – aber auch nicht weniger.

Was wird von Akkreditierungsagenturen geprüft?
- Die Akkreditierungsagenturen richten sich nach den vom Akkreditierungsrat vorgegebenen Kriterien. Diese sind unter anderem:
- ein hochschulinternes Konzept zur Qualitätssicherung,
- die Formulierung von Bildungszielen, die sich sowohl auf die wissenschaftliche Befähigung als auch auf direkte Arbeitsmarktfähigkeit beziehen,
- Erfüllen der gesetzlichen Vorgaben des Landes,
- Einführung von Modularisierung und dem Leistungspunktesystem (Credit Point System),
- personelle, sachliche und räumliche Durchführbarkeit sowie die Frage:
- Sind die Lehrveranstaltungen sinnvoll aufeinander abgestimmt?

Ob Dein Bachelorstudiengang akkreditiert ist oder nicht, sagt nichts über seine Gültigkeit aus, solange Du an einer staatlich anerkannten Fachhochschule oder Universität studiert hast. Und das gilt europaweit: Innerhalb der Europäischen Union muss Dein Bachelor genauso anerkannt werden wie in dem Land, in dem Du ihn abgelegt hast. Die einzige Ausnahme bilden Bachelorabschlüsse von Berufsakademien (▶ S. 23) – die sind nur mit Akkreditierung anerkannt.

Anfang 2010 waren **etwas über 50 Prozent** der Bachelor- und Masterstudiengänge in Deutschland akkreditiert. Das heißt natürlich nicht, dass die nicht akkreditierten Studiengänge nicht studierbar waren. Die überwiegende Zahl war schlicht noch nicht überprüft worden. Denn tatsächlich ist die Prüfung keine allzu große Herausforderung: Fast alle Programme werden akkreditiert. Im schlimmsten Fall stellt die Agentur ein paar Auflagen.

Was also tun, wenn Dein Wunschprogramm (noch) nicht akkreditiert ist? **Ruhe bewahren!** Denn die Akkreditierung ist weder der einzige noch der wichtigste Qualitätsindikator. Andere Fragen, die Du Dir stellen solltest, lauten beispielsweise:
- Ist die Hochschule in einem zuverlässigen Ranking (▶ S. 122) gut platziert?
- Sind andere Studiengänge derselben Fakultät bereits akkreditiert?
- Wie neu ist das Programm?

Du wirst einem neu geschaffenen Bachelorprogramm einer renommierten Hochschule auch ohne Akkreditierung trauen können. Andererseits solltest Du bei einem bereits mehrere Jahre bestehenden Programm an einer weniger renommierten Institution genauer hinschauen.

Bei Fachhochschulen und Universitäten ist die Akkreditierung so etwas wie ein gutes Extra: Nicht notwendig, aber gut zu haben. Ganz anders ist es bei Berufsakademien (▶ S. 23). Denn ein Bachelor von einer Berufsakademie ist nur anerkannt, wenn er auch akkreditiert ist. Achte bei einer Berufsakademie also genau darauf, ob Dein Studiengang von einer Akkreditierungsagentur erfolgreich überprüft wurde.

Welche Studiengänge akkreditiert sind, kannst Du schnell und unkompliziert auf der **Webseite des Akkreditierungsrates recherchieren.** Dort findest Du auch Verweise zu den zugelassenen Agenturen und erfährst, welche Agentur für Deinen Fachbereich Akkreditierungen vergibt.

@ Akkreditierungsrat: www.akkreditierungsrat.de

Das Wichtigste auf einen Blick

- Die Akkreditierung soll die Qualität von Studiengängen sicherstellen.
- Ein Bachelor von einer staatlich anerkannten Hochschule ist immer europaweit gültig, egal ob akkreditiert oder nicht.
- Die Standards der Akkreditierungsagenturen sind nicht sehr ehrgeizig, nur extrem schlechte Studiengänge werden nicht akzeptiert.
- Für einen Berufsakademiebachelor ist eine Akkreditierung wichtig.

3.11 Fernstudium

Gerade in wirtschaftswissenschaftlichen Fächern wird das Fernstudium in Deutschland immer beliebter. Es unterscheidet sich vom »normalen« Studium dadurch, dass Du die meiste Zeit nicht selbst an der Hochschule anwesend sein musst. Ein **Fernstudium** lohnt sich vor allem für Studenten, die nebenbei arbeiten oder aus privaten Gründen – zum Beispiel aufgrund von Kindern oder einem familiären Pflegefall – nicht mobil sind. Vielleicht hängst Du auch sehr an Deinem Heimatort und findest kein geeignetes Studium in unmittelbarer Nähe. Die Abschlüsse, die Du durch ein Fernstudium erlangen kannst, sind die gleichen wie im Präsenzstudium – rechtlich besteht kein Unterschied.

Für das Fernstudium haben viele Hochschulen einen so genannten **virtuellen Lernraum** geschaffen. In diesem können die Studenten sich live untereinander und mit Professoren austauschen. Materialien werden per Post geschickt oder man kann sie per Internet herunterladen.

Ganz auf Anwesenheit kann man allerdings nicht verzichten. In vielen Studiengängen wird **integriertes Lernern** praktiziert: Onlineseminare und virtuelle Gespräche ergänzen sich mit Veranstaltungen vor Ort. Prüfungen werden außerdem immer in der Hochschule abgehalten, um Schummeln zu verhindern.

Die **Betreuung** ist meist besser als im normalen Studium. Zwar siehst Du Deinen Professor nicht direkt vor Dir, allerdings hast Du systembedingt sehr intensiven Kontakt per Email, Post und Telefon. Das motiviert.

Im deutschsprachigen Raum ist die größte Hochschule für Fernstudiengänge die **Fernuniversität Hagen** mit etwa 50 000 Studenten. Sie verfügt anders als andere Anbieter über ein großes Netz an Studienzentren in Deutschland und international, in denen Du Dich informieren und auf Prüfungen vorbereiten kannst. International ist der bekannteste Anbieter die Open University, deren Kursangebot deutlich über das der Fernuniversität Hagen hinausgeht und deren Kurse auf Englisch abgehalten werden.

Daneben bieten immer mehr traditionelle Hochschulen Fernstudiengänge an. Dazu gehören auch große Namen wie die Bauhaus Universität Weimar, die Johann Wolfgang Goethe Universität Frankfurt oder die Technische Universität Dresden.

Es gibt auch viele private Anbieter. Doch Vorsicht: Gerade beim Fernstudium findet man einige unseriöse Angebote. Viele private Firmen versprechen ein volles Fernstudium, sind aber nicht staatlich anerkannt. Das heißt, dass der Abschluss, den die Studenten erhalten, nicht viel wert ist. Ob ein Anbieter anerkannt ist, kann man auf der Seite der Hochschulrektorenkonferenz feststellen – dort werden alle staatlich anerkannten Hochschulen gelistet, seien sie privat oder in öffentlicher Hand.

Doch nicht alle privaten Anbieter sind schlecht, im Gegenteil: Ein gutes Beispiel sind die AKAD-Hochschulen, die als seriös gelten. Infos zu vertrauenswürdigen Hochschulen findet man unter anderem bei der Arbeitsgemeinschaft für Fernstudien an Hochschulen.

@ Arbeitsgemeinschaft für Fernstudien an Hochschulen: www.ag-fernstudium.de

@ Fernuniversität Hagen: www.fernuni-hagen.de

@ Open University: www.open.ac.uk

@ Hochschulrektorenkonferenz: www.hochschulkompass.de

@ Akad: www.akad.de

Bei allen Vorteilen des Fernstudiums fehlt eine Sache doch: der **persönliche Kontakt** zu anderen Studenten. Zwar kennt man sich häufig über Onlineplattformen, das wirkliche Lernen zusammen kann das aber nicht ersetzen. Außerdem kannst Du ohne eine umfangreiche Universitätsbibliothek kaum Literaturrecherche betreiben und musst Dich mit dem begnügen, was Du hast.

Daneben ist das Studium nicht nur zur Vermittlung von Fachwissen da – Du lernst neue Leute kennen und wächst damit als Mensch. Dies ist im Fernstudium so nicht möglich. Bevor Du Dich für ein Fernstudium entscheidest, solltest Du also die Vor- und Nachteile gut abwägen.

Das Wichtigste auf einen Blick

- **Das Abschluss einer Fernhochschule ist dem einer normalen Hochschule gleichgestellt.**
- **Ein Fernstudium lohnt sich, wenn man aus beruflichen, körperlichen oder familiären Gründen nicht vor Ort studieren kann.**
- **Trotz vieler Onlineplattformen fehlt der direkte persönliche Austausch.**
- **Es gibt einige Neppangebote von Privatanbietern.**

3.12 Teilzeitstudium

Ein Studium ist (fast) ein **Vollzeitjob**: Du musst Seminare und Vorlesungen besuchen, Referate vorbereiten, Hausarbeiten und Essays schreiben, für Klausuren lernen, Bücher lesen und ausgedehnte Kaffeepausen mit Deinen Freunden machen. Zeitlich wird dies allerdings zum Balanceakt, wenn Du Dein Studium voll finanzieren musst oder zum Beispiel ein Kind zu versorgen hast. Und solche Situationen kommen durchaus häufig vor: De facto studieren etwa ein Viertel aller Studenten in Deutschland Teilzeit - auch wenn die meisten als Vollzeitstudenten eingeschrieben sind.

Schreibst Du Dich für ein Teilzeitstudium ein, musst Du exakt die **Hälfte der Leistungspunkte** pro Semester erbringen, also 15 ECTS-Punkte. Du hast größere Flexibilität in Sachen Prüfungen und Prüfungspflichten. Gleichzeitig werden Deine Studiengebühren halbiert, so Du sie überhaupt zahlen musst. Der Nachteil: Als Teilzeitstudent hast Du keinen BAföG-Anspruch (▶ S. 180). Außerdem ist es Dir an vielen Hochschulen nicht erlaubt, mehr als die 15 Punkte pro Semester zu erbringen, so dass Dein Bachelor locker sechs Jahre dauern kann.

Deutsche Hochschulen sind leider bisher wenig auf Studierende eingestellt, die nicht Vollzeit studieren können; nur etwa **2,5 Prozent aller Studiengänge** bieten diese Option. Die meisten Studenten in Zeitnot schlängeln sich daher irgendwie durch: Sie nehmen sich zwischenzeitlich Urlaubssemester, überziehen die Regelstudienzeit oder beuten sich selbst aus, indem sie die Nächte durcharbeiten.

International gesehen ist Deutschland in Sachen Teilzeitstudium daher leider noch ein Entwicklungsland. Vor allem in den USA, Großbritannien oder Australien ist die Möglichkeit, Teilzeit zu studieren, schon lange an den Universitäten verankert. Auch gibt es dort meist eine hervorragende universitäre Kinderbetreuung.

@ Suche nach Teilzeitstudiengängen: www.hochschulkompass.de

Das Wichtigste auf einen Blick

- **Als Teilzeitstudent verdoppelt sich Deine Studiendauer.**
- **Du hast keinen Anspruch auf BAföG.**
- **Anders als in den USA, England oder Australien bieten hierzulande nur wenige Hochschulen ein Teilzeitstudium an.**

3.13 Die Kritik am Bachelor – was ist dran?

Die **starke Kritik** am Bachelor wird nicht an Dir vorbei gegangen sein. Deine Lehrer sagen Dir vielleicht, dass der Bachelor Mist sei. Deine Eltern bedauern Dich, weil Du nicht wie sie auf Diplom oder Magister studieren kannst. Du liest in der Zeitung von gestressten Studenten, die das Arbeitspensum nicht schaffen. Du siehst die Bilder von Studentenprotesten, die eine Abschaffung das Bachelors fordern. Einige Studienanfänger treffen gar auf Professoren, die ihnen zur Begrüßung sagen, dass sie Pech hätten, nicht einige Jahre früher geboren zu sein, denn mit dem Bachelor sei ja beim besten Willen nichts anzufangen.

Dies zu hören ist sehr ernüchternd. Denn natürlich verunsichern diese Urteile. Doch lass Dir gesagt sein: Die Situation ist anders, als es die Pauschalurteile Dich glauben machen. Tatsächlich ist sie viel besser. Dieser Abschnitt soll Dir ein wenig Orientierung bieten, was aus Sicht des Autors an der Kritik dran ist, wo sie überzogen ist und was verbessert werden muss.

Das Kernproblem bei der Umstellung war und ist die **Unterfinanzierung** der deutschen Hochschulen. Wie bereits eingangs erwähnt, ist der Bologna-Prozess die umfassendste Reform, die das moderne deutsche Hochschulwesen jemals durchgemacht hat. Um eine Veränderung in dieser Größenordnung ohne beträchtliche Fehler umsetzen zu können, sind an jeder Hochschule viele Arbeitsstunden nötig. Dies ist ohne zusätzliches Personal kaum zu stemmen. Doch das gab es nur selten. Die Hochschulen mussten die Reform ohne zusätzliche Mittel neben dem sowieso schon herausfordernden Lehrbetrieb umsetzen. Dadurch konnte die Reform nicht mit der nötigen Gründlichkeit angegangen werden – und so entstanden zu Beginn viele Fehler. Sehr viele dieser Anfangsfehler sind jedoch mittlerweile behoben.

Allerdings sind generelle Aussagen zur Qualität von Bachelor und Master schwierig, denn die **Verantwortung** für die einzelnen Studiengänge liegt bei den Hochschulen. Zwar werden sie überwacht und müssen sich an einige Grundregeln halten, doch sie sind relativ frei darin, ihre Bachelorstudiengänge zu gestalten (oder zu verunstalten). Diese Freiheit haben einige Hochschulen in der Vergangenheit zum Schaden ihrer Studenten ausgenutzt. Und doch gibt es unendlich viele Beispiele von hochgradig gelungenen Studiengängen – und es werden immer mehr.

3.13.1 Das Hauptproblem: Die Studierbarkeit

Am meisten wird die Studierbarkeit kritisiert. Studenten klagen über **hohen Stress**, mangelnde Flexibilität, rigide Vorschriften und überfrachtete Lehrpläne. Tatsächlich handelt es sich hierbei um *das* Grundproblem bei vielen Bachelorstudiengängen. Zwar sind nicht alle Studiengänge überfrachtet, dennoch ist es ein guter Teil von ihnen.

Ein Problem dabei: Früher wurde der Bachelor häufig **fälschlich als Schmalspurstudium verurteilt**. Zeitungen schrieben, dass der Bachelor nur mehr eine Art »Ausbildung Plus« sei und die Absolventen nach so kurzer Zeit keinen angemessenen Kenntnisstand haben könnten. Diese inzwischen weitgehend verstummte Kritik hat bei den Hochschulen große Ängste ausgelöst. Daher wurde die Umstellung auf den Bachelor vielerorts überambitioniert angegangen – oft wurde schlicht der Stoff der vormaligen Diplom- oder Magisterstudiengänge mit wenigen Einschränkungen in neue Bachelorstudiengänge gegossen. Das war nicht immer im Sinne der Studierenden – und erst recht nicht im Sinne des Erfinders: Denn nach dem Geist von Bologna soll der Bachelor ein eigenständiger Abschluss *unterhalb* von Diplom und Magister sein.

Hinzu kamen **Eitelkeiten** einzelner Professoren: Zwischen vielen Professoren an Hochschulen herrscht ein intensiver Kampf um Geltung und Gelder. Jeder Professor hat ein bestimmtes Forschungsfeld, das ihn besonders interessiert. Bei der Umstellung der Studiengänge haben viele Professoren nun peinlichst darauf geachtet, dass ihr eigenes Interessengebiet Teil des Curriculums der neuen Bachelorstudiengänge werden müsse – und damit die Arbeitsbelastung weiter erhöht.

Auch die Modularisierung kann in bestimmten Fällen dazu führen, dass die Studierbarkeit leidet. Nämlich dann, wenn die Module über mehrere Semester gehen und damit die Flexibilität zum Beispiel für ein Auslandssemester einschränken.

Mitverantwortung für den schlechten Aufbau einiger Bachelorstudiengänge liegt auch bei den im vorigen Abschnitt beschriebenen **Akkreditierungsagenturen** (▶ S. 31) – denn diese haben in der Vergangenheit nur selten schlechte Bachelorprogramme verhindert, obwohl dies ihre Aufgabe gewesen wäre. Dies ist zu bedauern, denn eigentlich sollte es sich bei der Akkreditierung um eine Art Gütesiegel handeln. Mittlerweile hat der Akkreditierungsrat diese Probleme erkannt. Daher wird in jüngerer Zeit wird bei Akkreditierungen die Studierbarkeit deutlich besser überprüft. Und da sich Studiengänge alle fünf Jahre neu akkreditieren lassen müssen, werden diese Fehler der Anfangsphase bald überwunden sein.

Hinzu kommen kleinere Ärgernisse wie die Einführung von **Anwesenheitspflicht** in Seminaren und Vorlesungen. Gerade bei Letzteren ist dies nicht nötig und nimmt den Studierenden Flexibilität – denn dank PowerPoint und Lehrbüchern lassen Vorlesungen sich gut nacharbeiten.

Diese Punkte klingen zusammengenommen nach einer furchtbar schief gelaufenen Reform. Ist also die Kritik an einer Überforderung der Studierenden gerechtfertigt? Jein! Tatsächlich haben viele Hochschulen die Umstellung auf Bachelor und Master **gut gelöst**. Die eben beschriebenen Probleme gibt es, sie treffen aber nur auf einige Bachelorprogramme zu. Der Autor selbst gehörte zu den ersten Bachelorstudenten Deutschlands und hat ein Studium erlebt, das hochgradig flexibel war und trotz hohem Anspruch genug Zeit für die eingehende Beschäftigung mit interessanten Themen, Arbeit und den Kater nach einer durchzechten Nacht ließ.

Viele Hochschulen waren in der Lage, die Probleme der Studierbarkeit komplett zu vermeiden. Andere reformieren die Reform und gestalten das Bachelorstudium nach massiver Kritik so um, dass es wieder studierbarer wird.

Und speziell *Du* wirst höchstwahrscheinlich von einem schlecht studierbaren Bachelorstudium verschont bleiben– denn Du bist mit diesem Buch gut genug informiert, um schlecht gemachte Programme schlicht zu vermeiden.

3.13.2 Weitere Kritikpunkte

Der Bologna-Prozess wird aus vielen weiteren Gründen kritisiert. Unter anderem wird bemängelt, dass die Finanzierung der Hochschulen zu gering sei. Dies stimmt: Die **Betreuungsrelation** zwischen Lehrenden und Studierenden hat sich in den vergangenen Jahren kontinuierlich verschlechtert. Laut Bildungsbericht 2008 ist die Anzahl an Studenten, die sich einen Professor teilen müssen, an Universitäten zwischen 2000 und 2006 von 57 auf 62 gestiegen. An Fachhochschulen ist die Betreuung besser, doch auch hier gilt derselbe Trend: Von vormals 33 Studenten pro Professor stieg die Relation auf 41 pro Professor – ein Anstieg um 25 Prozent in sechs Jahren!

Die Bologna-Reform hat dieses Problem verschärft: Denn die Bachelorstudiengänge erfordern meist engeren Kontakt mit den Lehrenden. Bei schlechten Personalschlüsseln knirscht und knackt es dadurch natürlich an allen Ecken. Verbesserungen wurden in diesem Bereich trotz anderslautenden politischen Beteuerungen kaum erreicht.

Doch so berechtigt die Kritik an mangelnder Finanzierung ist, so wenig hat sie mit der Reform an sich zu tun. Schuld daran sind eher leere Kassen und (aus Hochschulsicht) falsche Prioritäten der Politik.

Ein weiterer Kritikpunkt ist die **begrenzte Zulassung zu Masterstudiengängen**. Viele Studenten fürchten, nicht zum Master zugelassen zu werden. Denn mit Einführung von Bachelor und Master muss man sich für einen Masterstudienplatz noch einmal neu bewerben. Wenn man schlechte Noten hat, kann es eng werden. Dieser Punkt ist allerdings bisher unproblematisch: Zum Zeitpunkt der Drucklegung haben so gut wie alle Bachelorabsolventen auch Plätze in Masterprogrammen gefunden. Tatsächlich blieben sogar viele Studienplätze unbesetzt – ein Mangel herrschte also nicht. Mit Stand 2010 ist diese Kritik also unberechtigt.

Einige Studenten erwarten **Nachteile auf dem Arbeitsmarkt** durch den Bachelor. Diese Befürchtung ist aber unbegründet: Laut einer Befragung von 35 000 Absolventen durch die Universität Kassel im Jahre 2007 suchen Bachelorabsolventen im Durchschnitt drei Monate nach einem Job – genauso lang wie bei Diplom- und Magisterabsolventen. Das Lohnniveau liegt bei Bachelorabsolventen allerdings niedriger als bei Berufseinsteigern mit Master

3.13.3 Erfolg mit kleinem Wermutstropfen: Die Internationalisierung

Durch Bachelor und Master wurde das Studium internationalisiert. Das deutsche Abitur und deutsche Bachelorabschlüsse sind nun europaweit ohne Wenn und Aber anerkannt. Ein Master im Ausland ist problemlos möglich, auch kannst Du mit Deinem Abschluss überall in Europa in Deinem Fachbereich arbeiten. Durch die Einführung der ECTS-Leistungspunkte wurde auch ein europaweit kompatibles Leistungsbewertungssystem eingeführt. War es vorher völlig unklar, wie man ein im

Ausland besuchtes Seminar zu bewerten hatte, gibt es nun klare Richtlinien.

In Sachen Internationalisierung ist die Umstellung ein klarer Erfolg – doch es gibt Wermutstropfen. Tatsächlich gehen derzeit weniger Studenten im Rahmen ihres Bachelors ins Ausland als während eines Magister- oder Diplomstudienganges. Der Rückgang liegt vor allem am der mangelnden Flexibilität in einigen Studiengängen – es wurde mitunter verpasst, die Studienordnungen entsprechend flexibel zu gestalten.

Die Abnahme der Auslandssemester hat allerdings noch einen anderen Grund: Viele Studenten planen einen Master im Ausland und sparen sich vor diesem Hintergrund den Erasmusaustausch. Andere legen ihr Auslandssemester in die Masterzeit. Außerdem hat die Zahl der Auslandspraktika zugenommen. Praktisch führt die Umstellung also nicht zu weniger Auslandsaufenthalten – sie sind nur anders.

3.13.4 Was gut lief: Die Erfolge

Die Reform hat viele Erfolge mit sich gebracht, die das Leben von Studenten ganz konkret erleichtern.

Der wichtigste Fortschritt ist die Möglichkeit, **neue Studiengänge** zu entwickeln. Nach dem alten System war es nur unter großem Aufwand möglich, einen neuen integrierten Studiengang zu schaffen. Im Kapitel »Was studieren?« (► S. 83) sind viele spannende neue Studiengänge aufgelistet, die sich von alten und überkommenen Fächeraufteilungen lösen. Warum sollte man nicht Volkswirtschaft und Philosophie zusammen denken wie beim Studiengang *Philosophy and Economics* in Bayreuth? Warum nicht den Pilotenschein mit einem Airlinemanagementstudium verbinden wie bei *Piloting* im Saarland? Ist es nicht sinnvoll, Bauingenieurwesen mit Umweltwissenschaften zu einem Studium zu vereinen wie bei *Infrastruktur und Umwelt* in Weimar? Alle diese Möglichkeiten wurden erst durch die offene Struktur von Bachelor und Master geschaffen. Denn mit dem Magister konnte man zwar mehrere Fächer gleichzeitig studieren, diese waren aber nicht aufeinander abgestimmt.

Bereits mehrfach erwähnt wurde die **Mobilität** – Du kannst mit Deinem Abitur oder Deinem Bachelorabschluss europaweit überall weiterstudieren. Dies eröffnet Dir auch die Möglichkeit, Dich im Master auf ein bestimmtes Thema zu spezialisieren. Im Vergleich zu den vielen, vielen Komplikationen der Vergangenheit ist dies ein Befreiungsschlag. Auch die **internationale Anerkennung** der Abschlüsse im Berufsleben ist ein großer Vorteil.

Daneben nimmt das **Leistungsprinzip** für Hochschulen immer mehr zu, denn sie konkurrieren verstärkt um die besten Studenten. Gab es früher kaum Anreize, die Dinge besser zu machen, müssen sich die Hochschulen nun stärker profilieren. Dies hat zu vielen interessanten Entwicklungen geführt – einige Hochschulen haben ihre Berufsberatung deutlich ausgebaut, andere setzen neue innovative Studienkonzepte um. Dieser Prozess läuft noch, hat aber schon zu vielen Verbesserungen geführt.

Durch die Reform wurde das Studium auch **praxisnäher**. Dies wird zwar von vielen kritisiert, andererseits führt es dazu, dass Studierende relevanteres Wissen beigebracht bekommen und dass alte Lehrpläne hinterfragt wurden.

Hinzu kommt die **Modularisierung**. Sie ist von vielen ungeliebt, bringt aber einen immensen Vorteil: Professoren müssen nun vernetzt denken und Veranstaltungen im Zusammenhang mit anderen Vorlesungen oder Seminaren anbieten. Denn Professoren sind häufig Einzelkämpfer und legen ihre Veranstaltungen traditionell nicht im Zusammenarbeit mit anderen Hochschullehrern an. Die nun erzwungene Zusammenarbeit ist für die Studenten von Vorteil.

3.13.5 Fazit

Der Bologna-Prozess ist eine der größten Umwälzungen, die das moderne europäische Hochschulwesen jemals durchgemacht hat. Gerade am Anfang dieser Reform hat es einige Probleme gegeben. Dies lag vielfach an **mangelnder Erfahrung**.

Doch bereits jetzt sind die großen **Erfolge** der Bologna-Reform deutlich sichtbar: mehr Möglichkeiten, mehr Internationalität, mehr Praxisnähe. Viele der Probleme wurden bereits angegangen. Doch dies ist ein langsamer Prozess und man kann nicht erwarten, dass innerhalb weniger Jahre alle Studiengänge glänzend organisiert sein werden. Denn dafür fehlt es auch an Personal.

So berechtigt die Kritik an mangelnder Finanzierung ist, so wenig hat sie mit der Reform an sich zu tun. Schuld daran sind eher leere Kassen und falsche Prioritäten der Politik. Eine mangelnde Betreuung oder überfüllte Seminare kann man nicht der Bologna-Reform anlasten.

Viele Kritikpunkte an der Reform haben nur wenig mit der Idee von Bachelor und Master an sich, sondern mit der **konkreten Ausgestaltung** zu tun. Wenn sich in den neuen Studiengängen Probleme zeigen, ist es an den Hochschulen, sie auch zu lösen. Bologna muss noch einen langen Weg zurücklegen.

Schon jetzt ist jedoch klar, dass die Vorteile der Reform die Nachteile weit übertreffen. Lass Dich nicht von den Schwarzsehern beeindrucken. Du hast nicht das Pech, einen Bachelor machen zu müssen. Du hast das Glück, einen Bachelor studieren zu können!

Und da Du dieses Buch gekauft oder in einer Bibliothek entliehen hast, wirst Du zu den besser informierten Studenten gehören. Schlecht organisierte Bachelorstudiengänge lassen sich vermeiden. Mit ein wenig Recherche wirst Du ein Programm finden, mithilfe dessen Du von den vielen **Chancen und Möglichkeiten** von Bachelor und Master profitierst und die Probleme vermeidest.

Das Wichtigste auf einen Blick

- **Der Bachelor bringt Dir bei aller Kritik sehr viele Vorteile.**
- **Die Studierbarkeit von Bachelor und Master ist gerade in der Anfangsphase vielerorts schlecht gelöst worden.**
- **In Sachen Internationalisierung wurden viele gute Schritte gegangen, es gibt aber noch Probleme.**
- **Die Studienabbrecherquote ist bisher nicht gesunken.**
- **Bachelorabsolventen haben gute Chancen auf dem Arbeitsmarkt.**
- **Zu den Erfolgen der Umstellung zählen die Schaffung neuer Studiengänge, die Internationalisierung, die Modularisierung und die gestiegene Praxisnähe.**

Ausland

Ob Du Dein komplettes Studium im Ausland verbringst oder nur ein Auslandssemester einlegst – eine Station im Ausland gehört dazu. Für den Lebenslauf gilt dies sowieso, aber auch für Deine persönliche Entwicklung. Denn Zeit im **Ausland macht Spaß!** Hier hast Du die Chance, Dich weiterzuentwickeln. Deinen Horizont zu erweitern. Und Du lernst Sprachen, Sitten sowie Dich selbst besser kennen.

Es gibt im Grunde sechs Möglichkeiten, während Deines Studiums ins Ausland zu gehen:

- Du verbringst Dein gesamtes Studium im Ausland, darum dreht sich dieses Kapitel zum größten Teil,
- ein Auslandssemester, meist im Rahmen des Erasmus-Programms (▶ S. 46),
- ein binationales Studium, bei dem Du einen Teil Deines Studiums im Ausland absolvierst und dafür zwei Abschlüsse erhältst (▶ S. 45),
- ein Sprachkurs im Ausland (▶ S. 206),
- ein Praktikum im Ausland (▶ S. 210) sowie
- einen Master im Ausland.

Diese Punkte kannst und sollst Du natürlich **wild kombinieren** – beispielsweise hat der Autor während seines Studiums mehrere Sprachkurse und Praktika, ein Auslandssemester sowie seinen Master im Ausland gemacht.

Die Hürden für ein komplettes Studium im Ausland sind niedrig, denn **Dein Abitur ist europaweit anerkannt**. Einzig einen Sprachtest in der jeweiligen Landessprache wirst Du in der Regel vorweisen müssen. Auch außerhalb Europas ist ein Studium gut möglich.

Dieses Kapitel stellt Dir die **Studiensysteme** in einigen der wichtigsten Länder innerhalb Europas sowie weltweit vor. Du erhältst Tipps zum Studium eines **deutschsprachigen Programms** im Ausland, zum Beispiel Medizin in Ungarn. Außerdem wird das **Erasmus**-Austauschprogramm der EU beschrieben und Du erfährst etwas zu **binationalen Studiengängen**, in denen Du an zwei verschiedenen Hochschulen gleichzeitig studierst.

Europaweit gleichen sich Studiengänge und -strukturen immer mehr aneinander an, wie bereits im System-Kapitel (▶ S. 9) beschrieben wurde. Informationen zu den **grundlegenden Strukturen** von Bachelor und Master, unter anderem in Hinblick auf das Leistungspunkte-System (▶ S. 13), sind normalerweise auch fürs europäische Ausland korrekt. Wo dies nicht der Fall ist, wird es hier erwähnt.

Die Informationen in diesem Buch zum Studium im Ausland sind natürlich nur eine **Einführung** – der Platz hier reicht niemals dafür, die Komplexität eines ganzen Studiensystems abzubilden. Verstehe die Artikel als eine Einführung. Mehr Infos gibt es auf den vielen Internetseiten, die für Dich hier abgedruckt sind.

Ausführliche Informationen zu verschiedenen Hochschulsystemen findest Du auch bei »Eurydice«, einer Datenbank der Europäischen Kommission zu den verschiedenen Bildungssystemen in Europa, sowie bei »Ploteus«, einem ähnlichen Service der EU. Leider sind die Infos meist

@ Eurydice:
www.eurydice.org

@ Ploteus:
http://ec.europa.eu/ploteus

@ DAAD:
www.daad.de

@ E-fellows.net:
www.wiki.e-fellows.net

auf Englisch und derart umfassend, dass es Zeit braucht, bis Du gefunden hast, was Du suchst. Du kannst auch auf die Website des Deutschen Akademischen Austauschdienstes zurückgreifen, der Basisinformationen zu fast allen Ländern auflistet. Viele Artikel zu einzelnen Ländern und Hochschulen gibt es auch im Wiki von der Firma E-fellows.net – die Artikel sind extrem gut geschrieben und hoch relevant – manchmal aber leider veraltet.

4.1 Binationale Studiengänge

In Deutschland studieren und trotzdem einen Abschluss von einer ausländischen Hochschule haben – es klingt nach der Quadratur des Kreises. Doch durch die Bologna-Reform ist es nun möglich, ein **Studium an zwei Hochschulen** gleichzeitig zu machen – und damit zwei Abschlüsse zu erhalten.

Dieses Ziel erreichst Du durch so genannte binationale oder **internationale Studiengänge**. Bei diesen beginnst Du Dein Studium im Inland, verbringst aber bis zu drei Semester (meist zwei) an einer Partnerhochschule im Ausland. Am Ende erhältst Du zwei Abschlüsse – einen aus Deutschland und einen von der Partnerhochschule. Und das in derselben Zeit, die Du für einen rein deutschen Bachelor aufgewandt hättest.

Über 220 deutsche Hochschulen bieten inzwischen diese Option an. Viele Studiengänge laufen in Kooperation mit Hochschulen in Nachbarländern wie den Niederlanden oder Frankreich. Einige international ausgerichtete Studiengänge finden auch zwischen deutschen und russischen, amerikanischen oder chinesischen Hochschulen statt.

Aus historischen Gründen gibt es besonders **viele Kooperationen mit Frankreich**. Mit der Deutsch-Französischen Hochschule wurde gar eine eigene Institution geschaffen, die entsprechende Studiengänge anbietet und fördert – mehr Informationen dazu gibt es im Unterkapitel zu Frankreich (▶ S. 48).

Der **Hochschulkompass** der Hochschulrektorenkonferenz listet alle Kooperationen deutscher Hochschulen mit dem Ausland auf. Über dessen Suchfunktion kannst Du auch gezielt nach internationalen Studiengängen deutscher Hochschulen suchen. Daneben bietet der Deutsche Akademische Austauschdienst (DAAD) auf seiner Internetseite mehr Informationen zum Thema. Dafür klickst Du unter dem genannten Link auf »Internationalisierung«.

@ Hochschulkompass:
www.hochschulkompass.de

@ DAAD:
www.daad.de/hochschulen

Das Wichtigste auf einen Blick

- **Bei binationalen Studiengängen studierst Du gleichzeitig an zwei Hochschulen und erhältst entsprechend zwei Abschlüsse.**
- **Besonders viele Kooperationen gibt es mit Frankreich.**

4.2 Erasmus

Die Standardmethode, sein Studium möglichst international zu gestalten, ist das **Auslandssemester**. Am beliebtesten ist dabei das Erasmus-Programm der Europäischen Union. Im Rahmen von Erasmus studierst Du für ein oder zwei Semester an einer anderen Hochschule innerhalb von Europa. Dabei bist Du von Studiengebühren befreit und erhältst bist zu 200 Euro pro Monat als Stipendium.

Die Bewerbung für Erasmus-Plätze findet direkt an Deiner Hochschule statt und ist recht unkompliziert. Das Angebot hängt von den jeweiligen **Kooperationsverträgen** Deiner Hochschule mit anderen Hochschulen ab.

@ DAAD zu Erasmus: http://eu.daad.de

Um zu sehen, wie das **Angebot** an Austauschplätzen ist, wendest Du Dich am Besten direkt an Deine Zielhochschule oder an die dortigen Studenten (▶ S. 74). Denn die Unterschiede sind immens – an einigen Hochschulen bleiben regelmäßig Plätze frei, so dass Du in jedem Fall ins Ausland kommst. An anderen musst Du dich um halbwegs gute Plätze geradezu prügeln. Im Internet helfen Dir entsprechende Infoseiten des DAAD.

Das Wichtigste auf einen Blick

- Das Erasmus-Programm ermöglicht Dir ein oder zwei Semester an einer anderen europäischen Hochschule.
- Das Angebot an Plätzen hängt von Deiner Hochschule ab.

4.3 Deutschsprachige Studiengänge im Ausland

Englisch ist schon seit längerem *die* Weltsprache – in vielen Disziplinen veröffentlichen deutsche Professoren ihre Texte gar nicht mehr in ihrer Muttersprache. Daher ist es nur folgerichtig, dass es inzwischen auch hierzulande einige teilweise oder komplett englischsprachige Studiengänge gibt. Doch es gibt auch mehrere hundert deutschsprachige Studiengänge im Ausland.

In Ungarn kannst Du an der Semmelweis-Universität Medizin ohne NC-Beschränkung (▶ S. 145) studieren. Die Aufnahme ist einfacher als an deutschen Universitäten, dafür bezahlst Du auch 5 800 Euro pro Semester – eine gute Alternative, falls es mit Deinem NC nicht klappt und Du Dich nicht in einen Studiengang reinklagen (▶ S. 156) möchtest.

@ Internationale Medienhilfe: www.medienhilfe.org

Eine Übersicht bietet Dir die Broschüre »Deutschsprachige Studiengänge Weltweit« der Internationalen Medienhilfe.

4.4 Großbritannien

Großbritannien ist laut Bundesministeriums für Bildung und Forschung das für deutsche Studenten **populärste Land** (abgesehen von Deutschland). Dies ist keine Überraschung, denn einige der weltweit **besten und anerkanntesten Universitäten** sitzen in England. Dazu gehören klangvolle Namen wie Oxford, Cambridge, St. Andrews und die London School of Economics, mit deren Qualität deutsche Hochschulen kaum konkurrieren können.

Doch anders als in Deutschland sind die **Qualitätsunterschiede extrem**. Die Lehr- und Forschungsmittel konzentrieren sich auf die besten Hochschulen. Daher gibt es zwar einige Universitäten, die qualitativ deutlich besser sind als alle deutschen Hochschulen, andererseits existiert eine große Menge qualitativ weniger guter Institutionen. Anders als hierzulande gibt es keine Aufteilung in Universitäten und Fachhochschulen; man kann nur an Universitäten studieren.

Aufgrund der Qualitätsunterschiede sind in Großbritannien **Rankings** besonders wichtig – die wichtigsten sind das Times Good University Ranking sowie das The Guardian University Ranking. Beide Rankings lassen unter anderem Daten zur Qualität der Lehre, der finanziellen Ausstattung, den Bibliotheken sowie den Abschlussnoten mit einfließen.

Britische Universitäten sind meist **kleiner als deutsche Hochschulen** (im Durchschnitt 9 000 bis 12 000 Studenten) und arbeiten weitgehend **autonom**. Das heißt, dass sie ihre Studenten und ihr Personal selber auswählen und Studiengänge und teilweise sogar Abschlüsse selbst konzipieren.

Wie in Deutschland gibt es Bachelor- und Masterstudiengänge. **Bachelorstudiengänge** (»undergraduate«) dauern in Großbritannien in der Regel drei Jahre, in Schottland vier. Ein Master (»postgraduate«) dauert ein Jahr. Das erste Jahr des Bachelors ist meist sehr verschult, danach hast Du mehr Wahlmöglichkeiten.

Die **Betreuung** der Studierenden ist in Großbritannien deutlich besser als in Deutschland: Hier kommen im Durchschnitt 15 Studenten auf einen Dozenten, während wir hierzulande eine Quote von 1 : 62 an Universitäten und 1 : 41 an Fachhochschulen haben.

Das Studium teilt sich meist in **Trimester** auf:

- »autumn term«: Oktober bis Dezember, in der Regel nur Lehre
- »spring term«: Januar bis März, in der Regel nur Lehre
- »summer term«: April bis Juli, die zweite Hälfte ist für Prüfungen vorgesehen

Für einen Bachelorstudiengang bewirbst Du dich zentral beim **Universities and Colleges Admissions Service (UCAS)**. Deine Bewerbung muss neben Deinem Abitur unter anderem ein Motivationsschreiben (▶ S. 148) enthalten sowie ein Referenzschreiben von einem Lehrer oder einer anderen Person, die Deine Leistungen bewerten kann. Außerdem wirst Du einen Sprachtest (▶ S. 64) vorweisen müssen. Jede Universität hat ihren eigenen Umrechnungsmodus für Abiturnoten; dazu musst Du Dich auf den jeweiligen Internetseiten informieren. Beginnen kannst Du in der Regel nur zum autumn term. Kurios: Du kannst Dich zwar an mehreren Universitäten gleichzeitig bewerben, aber nicht sowohl in Oxford als auch in Cambridge.

Anders als in Deutschland legen britische Universitäten viel wert auf Motivationsschreiben und Referenzen. Dein Abitur ist zwar sehr wichtig, aber nicht entscheidend. Gib Dir daher Mühe bei Deinen Schreiben!

Manche Universitäten haben in Großbritannien **fachspezifische Anforderungen**, die über das deutsche Abitur hinausgehen. Informationen dazu findest Du auf der Website des jeweiligen Studienganges.

Die **Studiengebühren** für ein Masterstudium können von den Universitäten bis zu einem gewissen Grad frei festgelegt werden. Die Gebühren liegen für Studenten aus der EU (»home students«) bei etwa 3 000 Pfund pro Jahr, bei Management-Studiengängen sind sie deutlich höher. Bei schottischen Bachelorstudiengängen sind teilweise nur 1 800 Pfund pro Jahr fällig. Studierende aus dem außereuropäischen Ausland bezahlen dagegen deutlich mehr, bis zu 17 000 Pfund pro Jahr. Auf Nachfrage vergeben viele Hochschulen allerdings Stipendien, durch die Studiengebühren teilweise oder ganz erlassen werden können (Achtung, diese Zahlen könnten bereits veraltet sein: Bei Drucklegung plante Großbritannien eine deutliche **Gebührenerhöhung**, um den Staatshaushalt zu entlasten).

@ Times Good University Ranking: www.timesonline.co.uk unter Life & Style > Education > Good University Guide

@ Guardian University Ranking: http://www.guardian.co.uk/education/universityguide

@ UCAS: www.ucas.ac.uk

@ British Council: www.britishcouncil.de

Bei finanzieller Bedürftigkeit können Studiengebühren teilweise oder ganz vom Britischen Steuerzahler übernommen werden. Sobald Du die Studienplatzzusage erhalten hast, stellst Du den Antrag bei der jeweiligen Local Education Authority – die Adresse kann Dir Deine Hochschule nennen. Das Jahreseinkommen Deiner Eltern darf dabei nicht 35 000 Pfund übersteigen.

Weitere Informationen zum Studium findest Du unter anderem auf der Website des British Council, Großbritanniens Auslandsorganisation für Bildung und Kultur, sowie auf der Internetseite des UCAS.

Das Wichtigste auf einen Blick

- Einige der weltweit besten Universitäten sind in Großbritannien.
- Die Betreuung und die Services sind oftmals deutlich besser als hierzulande.
- Rankings sind in Großbritannien wichtig.
- Die Qualitätsunterschiede zwischen den Universitäten sind groß.

4.5 Frankreich

Das französische Hochschulsystem unterscheidet sich stark vom Deutschen. Viele Probleme sind jedoch die Gleichen: Über überfüllte Hörsäle und extremen Lerndruck klagen auch französische Studenten. Doch auch in Frankreich lässt sich an der richtigen Hochschule gut studieren.

Da »Baccalaureat« in Frankreich die Bezeichnung für das Abitur ist, hat man für den Bachelor den Namen **»Licence«** gewählt. Die Licence dauert drei Jahre, danach folgt der zweijährige Master. Die Umstellung auf die neue Studienstruktur ist in Frankreich heute wie in Deutschland weitgehend abgeschlossen.

Das Studium ist in Frankreich generell weitaus **verschulter** als in Deutschland. Es ist vor allem im ersten Jahr sehr straff gehalten, um ungeeignete Studenten herauszufiltern – denn Universitäten nehmen grundsätzlich erst einmal jeden Bewerber auf. Am Ende des Studienjahres steht eine extrem **intensive Prüfungsphase**, in der Du häufig mehrere Klausuren am Tag schreiben musst.

Es gibt eine Menge verschiedener Hochschularten in Frankreich. Dazu gehören folgende:

- Universitäten, staatlich betrieben und vergleichbar mit deutschen Einrichtungen,
- Grandes Ecoles, praktisch angelegte Eliteschmieden,
- Ecoles de commerce et de gestion, meist private Wirtschaftsfachschulen von eher mittelmäßiger Reputation,
- Ecoles d'ingénieurs und écoles scientifiques, auf Ingenieur- und Naturwissenschaften spezialisierte Hochschulen.

Zwischen **Universitäten** und **Grandes Ecoles** gibt es eine tiefe Kluft. Die **Grandes Ecoles sind Eliteschmieden** und die Plätze hoch begehrt. Das Studium ist sehr praxisorientiert und es wird wenig Forschung betrieben. Wie in Deutschland sind auch in Frankreich die Universitäten das Zentrum wissenschaftlichen Arbeitens und Lernens. Französische Universitäten bieten das gesamte wissenschaftliche Fachspektrum an. An Grandes Ecoles gibt es dagegen nur bestimmte Fachrichtungen: Politik, Jura und Verwaltung sowie und Ingenieurs- und Wirtschaftswissenschaften.

Französische Universitäten **benoten** nach einem 20-Punkte-System. Die Punkte entsprechen den in ◻ Tabelle 4.1 genannten deutschen Noten.

Die **Bewerbung fürs Bachelorstudium** an einer französischen Universität erfolgt direkt bei der jeweiligen Hochschule. Du musst die jeweilige Universität kontaktieren und die Aufnahmedokumente anfordern. Eine Ausnahme bildet eine Bewerbung im Großraum Paris sowie für die Fächer Medizin, Zahnmedizin und Pharmazie. In diesen Fällen ist die französische Botschaft zuständig. Neben Deinem Abiturzeugnis wirst Du

◻ **Tab. 4.1.** Vergleich deutscher und französischer Benotung

Punkte	Französische Note	Deutsche Entsprechung
16-20	Très bien	Sehr gut
14-15,9	Bien	Gut
12-13,9	Assez bien	Befriedigend
10-11,9	Passable	Ausreichend
6-9,9	Insuffisant	Mangelhaft
0-5,9	Très insuffisant	Ungenügend

auch die Bescheinigung eines erfolgreich bestandenen Sprachtests (▶ S. 64) beifügen müssen.

Solltest Du Dich für ein Studium an einer **Grande Ecole** interessieren, musst Du einen **Aufnahmetest (»Concours«)** bestehen, für die französische Studenten ein bis zwei Jahre lang so genannte classes préparatoires besuchen.

@ Deutsch-Französische Hochschule: www.dfh-ufa.org

Deutsch-Französische Hochschule

In Saarbrücken sitzt seit 1999 die Deutsch-Französische Hochschule (DFH), ein Kooperationsprojekt deutscher und französischer Universitäten. Die DFH soll die Mobilität von Studierenden erhöhen und Forschung und Ausbildung internationalisieren. Im Rahmen der DFH wurde eine Reihe integrierter Studiengänge geschaffen, durch die Du innerhalb der Regelstudienzeit sowohl einen deutschen als auch einen französischen Abschluss erhalten kannst.

Für eine Bewerbung an einer Französischen Hochschule musst Du normalerweise einen Sprachtest vorweisen. Allerdings reicht französischen Hochschulen ein mit mindestens »ausreichend« bestandener Französisch-Leistungskurs aus. Hast Du also einen Französisch Leistungskurs belegt, solltest Du Dir von Deiner Schule ein kurzes Schreiben auf Französisch ausstellen lassen, dass Du »gemäß den deutsch-französischen Vereinbarungen« vom Sprachtest befreit bist.

Das Studium an französischen Universitäten ist abgesehen von einer Verwaltungsgebühr **kostenlos**. Eine Ausnahme bilden die Grandes Écoles. An öffentlichen Grandes Écoles musst Du mit mindestens 1 000 Euro pro Jahr rechnen, private verlangen mindestens 1 500 Euro. Diese Werte können allerdings auch um ein Vielfaches höher sein. Auch private Wirtschaftshochschulen (Ecoles de commerce et de gestion) verlangen Studiengebühren, meist zwischen 4 000 und 6 000 Euro pro Jahr.

@ Edufrance, eine staatliche Seite zum Studium in Frankreich: www.edufrance.fr

@ Institut Français: www.cidu.de

Weitere Informationen zum französischen Hochschulsystem findest Du auf der Website »Edufrance«, sowie beim Institut Français.

Das Wichtigste auf einen Blick

- Frankreichs Hochschulen sind sehr verschult.
- Die Grandes Ecoles sind praxisorientierte Eliteschmieden. Wer einmal drin ist, hat es geschafft.
- Der Bachelor heißt in Frankreich Licence, das Abitur nennt sich Baccalaureat.

4.6 Niederlande

Studieren in den Niederlanden kann eine hervorragende Alternative zu Deutschland sein. Die Niederlande haben das wahrscheinlich **größte**

englischsprachige Studienangebot außerhalb englischsprachiger Länder. Viele niederländische Hochschulen sind äußerst forschungsstark und genießen international einen hervorragenden Ruf. Sie brauchen den Vergleich mit britischen Hochschulen nicht zu scheuen und schneiden in Rankings teilweise sogar besser ab. Die Hochschulen verfügen über langjährige Erfahrung in der Ausbildung von Nachwuchswissenschaftlern. Der Bologna-Prozess ist in den Niederlanden bereits erfolgreich umgesetzt; die Bachelor- und Masterstudiengänge entsprechend erprobt. Und: Die Niederlande sind nicht weit weg.

Die Niederlande haben zwei Hochschularten: die **Universitäten** sowie die **»Hogeschools«**. Letztere sind sehr praxisbezogen und lassen sich in ihrer Ausrichtung mit deutschen Fachhochschulen vergleichen. Allerdings ist das Niveau an einer Hogeschool niedriger als an einer deutschen Fachhochschule. So kannst Du anders als in Deutschland mit einem Bachelorabschluss einer Hogeschool nicht ohne weiteres einen Master an einer Universität machen.

Das **Bachelorstudium** dauert an einer Universität drei und an einer Hogeschool vier Jahre. An Universitäten dauert der Master bei Ingenieur- und Naturwissenschaften zwei Jahre, in anderen Fachbereichen wie Wirtschafts- und Geisteswissenschaften ein Jahr.

Beim Studium werden Studenten stärker als in anderen Ländern **miteinbezogen**. Sehr verbreitet ist die Unterrichtsform der »probleemgestuurd onderwijs«, in der sich Studenten den Stoff in Teams anhand von Fallstudien und Projektarbeiten erarbeiten.

Für eine **Bewerbung** für ein Bachelorstudium an einer niederländischen Hochschule reicht in erster Linie Dein Abitur. Für manche Studienfächer musst Du bestimmte Fächer in der Schule belegt haben, für Medizin wären dies beispielsweise Physik und Chemie oder für Wirtschaftswissenschaften Mathematik.

In einigen Fächer gilt der so genannte **Numerus fixus** – diese Fächer sind zulassungsbeschränkt und werden nach Noten sowie anhand von hochschuleigenen dezentralen Auswahlverfahren besetzt. Ein Teil der Studienplätze wird auch verlost. Vor allem medizinische Fächer fallen unter den Numerus fixus, aber auch betriebswirtschaftliche Studiengänge. Die **Zulassungsbeschränkung** ist meist weniger strikt als in Deutschland, weshalb viele Mediziner oder Psychologen, die in Deutschland keinen Studienplatz erhalten haben, in die Niederlande wechseln.

Du bewirbst Dich für einen **Bachelorstudiengang** zentral über die Website der **IB-Groep**. Für Studiengänge ohne Numerus fixus solltest Du Dich bis Juli bewerben, bei zulassungsbeschränkten Studiengängen endet die Frist Mitte Mai.

Die Mehrzahl der niederländischen Studiengänge wird auf Holländisch gehalten. Ein großer Teil der Lehrbücher ist allerdings auf Englisch, denn die wenigsten Bücher werden ins Niederländische übersetzt. Solltest Du **Niederländisch lernen** wollen, kannst Du Dich nach Sprachkursen an den nächstgelegenen deutschen Hochschulen erkundigen oder alternativ einen Kurs an einer niederländischen Hochschule belegen. Gut ist auch die Website »Lerndutch.org«.

@ IB Groep:
www.ib-groep.nl

@ Learndutch:
www.lerndutch.org

@ Offizielle Website für Studieninteressenten:
www.studyin.nl

@ Private Website mit Zusatzinformationen:
www.studieren-in-holland.de

@ Nuffic:
www.nuffic.nl

Die Niederlande haben ein umfassendes **Fördersystem** aufgebaut, das internationalen Studenten bei der Finanzierung ihres Studiums hilft. Dazu gehören die Möglichkeit der Rückerstattung der Studiengebühren oder auch eine Förderung durch ein Stipendium. Die jährlichen Studiengebühren belaufen sich auf etwa 1 600 Euro, werden aber jedes Jahr neu festgelegt. Die Mieten sind in den Niederlanden meist höher als in Deutschland und Wohnungen sind in den beliebteren Städten rar. Kümmere Dich daher frühzeitig um eine Unterkunft.

Weitere Informationen zum Studium in den Niederlanden findest Du auf der Website der IB-Groep sowie auf dem niederländischen Portal »Study in NL«. Die private Website »Studieren-in-holland.de« bietet Dir ebenfalls ausführliche Infos. Eine sehr gute Datenbank namens Nuffic hilft Dir außerdem bei der Suche nach dem passenden Studiengang.

Das Wichtigste auf einen Blick

- **Die Niederlande verfügt über eine große Zahl englischsprachiger Studiengänge.**
- **Niederländische Universitäten zählen vielfach zu den besten Europas.**
- **Hogeschools sind mit den deutschen Fachhochschulen vergleichbar, im Niveau aber niedriger.**
- **Einige in Deutschland zulassungsbeschränkte Fächer sind in den Niederländen leichter zugänglich.**

4.7 Schweiz

Für ein Studium in der Schweiz sprechen eine große Zahl exzellenter Hochschulen, die Sprachenvielfalt sowie eine **hervorragenden Lebensqualität**. Das System ist dem Deutschen vergleichbar – mit dem kolossalen Unterschied, dass schweizerische Hochschulen nicht unterfinanziert sind. Wie in Deutschland ist die Reform des Studiensystems in der Schweiz mittlerweile weitestgehend beendet.

Der Bachelor dauert in der Schweiz meist drei Jahre, der Master zwei Jahre. Studieren kannst Du auf **Deutsch, Italienisch und Französisch**. An der Universität Freiburg Schweiz kannst Du auch zweisprachig auf Deutsch und Französisch studieren.

Die Schweiz unterscheidet zwischen bundeseigenen (Eidgenössische Technische Hochschulen – ETH) und kantonalen **Universitäten** sowie **Fachhochschulen**. Bei den beiden ETHs des Landes handelt es sich um vom Bund betriebene Universitäten mit Schwerpunkt auf technischen und naturwissenschaftlichen Studiengängen. Es werden allerdings auch andere Programme angeboten. Sie sind großzügig finanziert und bieten dementsprechend meist hervorragende Studienbedingungen.

Die insgesamt zehn kantonalen Universitäten handelt sind klassische Volluniversitäten, die meist ebenfalls sehr gut ausgestattet sind. Die Schweizer Fachhochschulen sind in Ausrichtung und Qualität mit deutschen vergleichbar.

Die Schweiz ist zwar nicht Teil der EU, dort gemachte Studienabschlüsse sind aufgrund des Bologna-Prozesses aber in Deutschland voll anerkannt. Eine Ausnahme bilden (wie im übrigen Europa) Studiengänge, die in Deutschland das Staatsexamen verlangen.

Die Bewerbung für ein Bachelorstudium an einer Schweizer Hochschule läuft ähnlich wie in Deutschland ab. Zumeist reicht das Abitur aus. Allerdings sind die **Zulassungsbedingungen** von Hochschule zu Hochschule unterschiedlich. Für einige Studiengänge sind wie in Deutschland gesonderte lokale Aufnahmeverfahren vorgesehen. Für Medizin werden aus Kapazitätsgründen kaum Ausländer aufgenommen. Wenn Du im Herbst Dein Studium aufnehmen möchtest, musst Du Dich in der Regel bis zum 30. April beworben haben.

Die **Studiengebühren** sind sehr unterschiedlich. Sie reichen von etwa 425 Franken im Semester in Neuchatel bis zu 2 600 Euro in der italienischen Schweiz. In der Regel werden aber zwischen 400 und 500 Euro verlangt. An manchen Hochschulen wie Freiburg, St. Gallen oder Zürich kommen bis zu 275 Franken für Ausländer hinzu. Daneben zahlst Du Verwaltungsgebühren. Allerdings obliegt die Stipendienvergabe den Kantonsverwaltungen.

Informationen zum Studium in der Schweiz findest Du auf der Website der Rektorenkonferenz der Schweizer Universitäten sowie auf dem englischsprachigen Portal »Swiss University«.

@ Rektorenkonferenz der Schweizer Universitäten: www.crus.ch

@ Swiss University: www.swissuniversity.ch

Das Wichtigste auf einen Blick

- **In der Schweiz kannst Du auf Deutsch, Französisch und Italienisch studieren.**
- **Schweizer Hochschulen sind allgemein sehr gut ausgestattet.**
- **Die Studiengebühren sind höher als in Deutschland und werden von der jeweiligen Hochschule festgelegt.**
- **Die Lebenshaltungskosten sind hoch, die Lebensqualität ist es aber auch.**

4.8 Österreich

Das Lernen und Arbeiten in einer Fremdsprache ist für viele ein wichtiger Grund für ein Studium im Ausland. Das wird in **Österreich** nicht klappen. Dennoch ist das Land bei Deutschen sehr beliebt: Die Studienbedingungen sind gut, das Hochschulsystem dem deutschen sehr ähnlich und die kulturellen Unterschiede sind eher gering. Außerdem ist der Zugang zu medizinischen Fächern hier deutlich leichter als in Deutschland.

Wie in Deutschland gibt es in Österreich **Universitäten und Fachhochschulen**. Daneben gibt es 15 so genannte Wirtschaftsuniversitäten. Die österreichischen Fachhochschulen sind sehr stark an den Anforderungen der Wirtschaft ausgerichtet und haben ein hohes Niveau. Eine deutsche Fachhochschulreife wird in Österreich nicht automatisch anerkannt.

Österreichische Hochschulen sind **qualitativ** mit ihren deutschen Verwandten vergleichbar. Wie bei uns gibt es Probleme mit überfüllten Lehrveranstaltungen und zu geringer Betreuung, dafür gibt es aber auch keine extremen Qualitätsunterschiede zwischen den Hochschulen, wie es in Großbritannien der Fall ist. Österreich ist Teil des renommierten CHE-Rankings (► S. 69), wo die meisten österreichischen Studiengänge im Mittelfeld landen. Das österreichische Notensystem gleicht weitgehend dem deutschen.

Das **Bewerbungsverfahren** an österreichischen Hochschulen ist sehr ähnlich wie hierzulande. In den meisten Fällen reicht das Abitur (in Österreich »Matura« genannt) aus. Auswahlverfahren werden an Universitäten selten ausgeführt, an Fachhochschulen dagegen aufgrund begrenzter Platzanzahl relativ häufig. Die Bewerbung erfolgt direkt an der Hochschule. Bachelor und Master dauern in Österreich meist sechs und vier Semester, wobei es wie in Deutschland Ausnahmen gibt. Für nicht zulassungsbeschränkte Studiengänge solltest Du Dich bis September beworben haben. Das Studium beginnt in der Regel wie in Deutschland im Oktober.

Reform der Studienzulassung

Im Herbst und Winter 2009 protestierten österreichische Studenten landesweit für bessere Studienbedingungen – und gegen deutsche Studenten, die ihnen die Studienplätze wegnehmen. Gerade in Fächern wie Medizin und Psychologie, die in Deutschland starken Beschränkungen unterliegen, studieren mittlerweise bis zu 50 Prozent deutsche Studenten. Dieser Umstand hat zu einer gewissen Feindlichkeit auf Seiten einiger Österreicher geführt. Zum Zeitpunkt der Drucklegung dieses Buches wurden in Österreich Wege diskutiert, die Aufnahme für deutsche Studenten vor allem in Medizin und Psychologie zu erschweren. Falls Dich ein Studium in Österreich interessiert, solltest Du Dich daher über die aktuellen Regelungen informieren.

Österreich hatte vor einigen Jahren **Studiengebühren** von 400 Euro pro Semester eingeführt, diese mittlerweile aber wieder abgeschafft. Ob es irgendwann wieder Studiengebühren geben wird, hängt von der weiteren politischen Entwicklung ab. Dadurch musst Du lediglich Semesterbeiträge zahlen, die weniger als 20 Euro betragen. Die Lebenshaltungskosten sind in Österreich mit denen in Deutschland vergleichbar.

Informationen zum Studium in Österreich bieten Dir das Portal »Wegweiser«, das »Akademische Portal Österreich« sowie das des Österreichischen Austauschdienstes. Weitere Details erfährst Du auf der Seite des österreichischen Wissenschaftsministeriums.

@ Wegweiser:
www.wegweiser.ac.at

@ Österreichischer Austauschdienst:
www.oead.ac.at

@ Akademisches Portal Österreich:
www.portal.ac.at

@ Bundesministerium für Wissenschaft und Forschung:
http://www.bmwf.gv.at/wissenschaft/national/studieren_in_oesterreich/

Das Wichtigste auf einen Blick
- **Das österreichische Hochschulsystem ist dem deutschen sehr ähnlich.**
- **Die Aufnahmebedingungen für beliebte Fächer wie Medizin und Psychologie sind deutlich großzügiger.**
- **Studiengebühren wurden wieder abgeschafft.**

4.9 Schweden

Schwedens Hochschulsystem gehört zu den **modernsten Systemen Europas**, es gibt keine Studiengebühren und die Hochschulen sind finanziell sehr gut ausgestattet. Hinzu kommen Schwedens wunderbare Landschaften – gute Gründe für ein Studium im hohen Norden.

Wie in Deutschland gibt es **zwei Typen** von Hochschulen, Universitäten und »Högskolas«, die mit der deutschen FH vergleichbar sind. Das Hochschulsystem ist dezentralisiert, so dass alle Hochschulen ihre Studiengänge autonom erstellen können. Universitäten bieten ein breites Programm an Studiengängen und sind stark wissenschaftlich orientiert, während Högskolas ein eingeschränkteres und stark praxisorientiertes Studium anbieten.

Das Studienjahr in Schweden besteht aus **zwei Semestern**, die von Ende August bis Mitte Januar und von Mitte Januar bis Anfang Juni gehen. Unterbrochen werden die Semester von kurzen Weihnachts- und Osterferien. Interessanterweise werden anders als in den meisten Ländern Kurse nicht parallel, sondern nacheinander belegt. Du belegst also mehrere Wochen einen einzigen Kurs, der dann mit einer Klausur endet. Es finden also **ständig Prüfungen** statt.

Das Studium an einer schwedischen Universität ist relativ **wenig verschult**. In den meisten Studiengängen hast Du nur wenige Semesterwochenstunden, musst dafür aber viel in der Bibliothek arbeiten – da ist Selbstdisziplin gefragt! Es wird allerdings großer Wert auf Teamarbeit und die aktive Teilnahme von Studenten an Lehrveranstaltungen gelegt.

Das schwedische **Notensystem** ist weniger differenziert als das deutsche. In den meisten Fächern gibt es nur drei Noten (Tabelle 4.2). Bei juristischen Studiengängen kommt die Möglichkeit hinzu, mit Auszeichnung zu bestehen.

Am Ende des Bachelors und des Masters müssen in der Regel Abschlussarbeiten geschrieben oder ein Projekt durchgeführt werden.

Tab. 4.2. Schwedische Benotung

Note	Bedeutung
Väl godkänt	Gut bestanden
Godkänt	Bestanden
Underkänt	Nicht bestanden

4

Das deutsche **Abitur** wird in Schweden ohne Probleme anerkannt. Für die Bewerbung reicht eine beglaubigte englische Übersetzung Deines Abiturzeugnisses aus. Viele Studiengänge, unter anderem Medizin, Ingenieurwissenschaften und Wirtschaft, sind **zulassungsbeschränkt**. Die Plätze werden größtenteils an die besten Bewerber vergeben, zum geringeren Teil auch an Interessenten mit Berufserfahrung. Du bewirbst Dich für die meisten Studiengänge direkt an der jeweiligen Hochschule, manche werden jedoch zentral vergeben – welche das sind, erfährst Du auf den Webseiten der jeweiligen Hochschulen.

Auch wenn es einige englischsprachige Studiengänge gibt, ist das Gros der Programme in Schwedisch gehalten. Für die Aufnahme eines Vollstudiums in Schwedisch musst Du daher den **Test in Swedish for University Students** (TISUS) absolvieren. Den TISUS kannst Du zweimal im Jahr in Deutschland machen. **Schwedischkurse** bieten in Deutschland viele Universitäten günstig an. Oder Du gehst direkt nach Schweden, um die Sprache zu lernen.

@ Study in Sweden:
www.studyinsweden.se

@ Schwedische Agentur für höhere Bildung:
www.studera.nu

@ Schwedisches Studentenhilfswerk:
www.csn.se

@ Svenska Institut:
www.si.se

@ Fachbereich Skandinavische Sprachen, Universität Stockholm:
www.nordiska.su.se

In Schweden ist das **Studium kostenlos**, Du musst nur geringe Beiträge für die Studentenvereinigung entrichten. Darüber hinaus werden bedürftigen Studenten umfangreiche Stipendien- und Hilfsprogramme angeboten. Die Lebenshaltungskosten sind in Schweden allerdings hoch.

Im Internet findest Du viele **weitere Informationen** zum Studium in Schweden. Unter anderem hilft das Portal »Study in Sweden«. Generelle Infos zum Land gibt es auf der Website des Svenska Institutes. Infos zum TISUS gibt es im Fachbereich für Skandinavische Sprachen der Stockholmer Universität. Weitere Informationen findest Du auf der Seite der Schwedischen Agentur für höhere Bildung sowie beim schwedischen Studentenhilfswerk.

Das Wichtigste auf einen Blick

- **Das schwedische Hochschulsystem ist hoch modern.**
- **Es gibt keine Studiengebühren.**
- **Das Studium in Schweden lässt den Studenten relativ viel Freiheit.**
- **Es gibt einige englischsprachige Studiengänge, die Mehrzahl ist aber auf Schwedisch.**

4.10 Irland

Irland ist ein nicht nur wirtschaftlich, sondern auch wissenschaftlich aufstrebendes Land. Die Iren sind für ihre Freundlichkeit und Offenheit bekannt; außerdem konnten sich einige Hochschulen inzwischen einen ausgezeichneten Ruf erarbeiten. Wenn Dich eine schier unfassbare Menge an Regen nicht schreckt, könnte ein Studium in Irland eine gute Alternative zum Studium in anderen englischsprachigen Ländern sein.

Die irische Hochschullandschaft ist recht übersichtlich, insgesamt gibt es **neun Universitäten**. Den besten Namen hat das Trinity College in Dublin, das regelmäßig in Rankings vorne liegt. Neben den Universitäten gibt es die sehr praxisorientierten Institutes of Technology sowie Colleges of Education, die für die Ausbildung von Lehrern zuständig sind. Die Institutes of Technology sind in der Ausrichtung mit Fachhochschulen vergleichbar, haben aber in Irland vielfach einen eher mittelmäßigen Ruf.

Das Studium ist in Irland wie in Großbritannien in einen **dreijährigen Bachelor** sowie in einen **einjährigen Master** eingeteilt. Das Studienjahr beginnt Anfang Oktober und endet Mitte Juni. Prüfungen finden am Ende des zweiten Semesters im Mai und im Juni statt. Der Bachelor ist in Irland im Vergleich zu Deutschland traditionell sehr verschult – allerdings wird im Rahmen der Bolognareform versucht, das Studium flexibler zu gestalten.

Für ein Studium in Irland bewirbst Du Dich beim **Central Applications Office**. Der Bewerbungsschluss ist extrem früh: Wenn Du im Herbst Dein Studium beginnen möchtest, solltest Du Dich bis zum 1. Februar beworben haben. Die Bewerbung kostet 30 Euro. Bis zum 1. Mai kannst Du Dich noch verspätet bewerben, musst dann aber doppelt zahlen. Neben einer Übersetzung Deines Abiturzeugnisses musst Du auch Sprachkenntnisse (▶ S. 64) vorweisen.

Hochschulen in Irland verlangen im europäischen Vergleich **hohe Studiengebühren**. Allerdings sind die einzelnen Universitäten frei in der Festsetzung der Gebühren. Sie sind von Jahr zu Jahr, von Hochschule zu Hochschule und von Studiengang zu Studiengang unterschiedlich. Erkundige Dich also direkt an der Hochschule, an der Du studieren möchtest. Auch die Lebenshaltungskosten sind in Irland vergleichsweise hoch.

Informationen findest Du unter anderem auf »Educationireland.ie«, einer Informationsseite der irischen Regierung. Weitere Hilfen gibt es bei »icosirl.ie«, einer Website für internationale Studenten.

@ Central Applications Office: www.cao.ie

@ Informationsseite der irischen Regierung: www.educationireland.ie

@ Website für internationale Studenten: www.icosirl.ie

Das Wichtigste auf einen Blick

- **Irland hat einige erstklassige Universitäten.**
- **Die Freundlichkeit der Bevölkerung ist ebenso legendär wie der ständige Regen.**
- **Studiengebühren und Lebenshaltungskosten sind relativ hoch.**

4.11 USA

Amerika ist wie in so vielen Belangen auch im Hochschulbereich **das Land der Superlative**: Nirgends auf der Welt gibt es so viele so **gute Universitäten**. Nirgends arbeiten so viele Nobelpreisträger. Nirgends haben die Hochschulen so viel Geld. Und nirgendwo ist das Studium so teuer.

Das Hochschulsystem in den USA ist extrem **vielfältig** und **dezentral** organisiert. Es gibt fast 7 000 Hochschulen, Colleges und Universitäten, davon sind etwa 2 500 in privater Hand. Eine klare Einteilung der Hochschulen in Kategorien wie in anderen Ländern ist dadurch unmöglich. Die folgenden Informationen zu verschiedenen Institutionen der Hochschulbildung lassen daher eine Vielzahl von Sonderfällen und -wegen außen vor.

Seinen **Bachelor** macht man in den USA in der Regel an einem **vierjährigen College**. Im Gegensatz zu Deutschland muss man sich nicht immer von Beginn an auf bestimmte Fächer festlegen: Da im ersten Jahr eher allgemeine Kenntnisse vermittelt werden, kannst Du Dich auch dann noch auf einen Schwerpunkt festlegen. Colleges sind entweder unabhängig oder Teil einer Universität. Du kannst die Hochschule auch nach etwa zwei Jahren mit dem Abschluss eines »Associates« verlassen.

Den **Masterabschluss** legst Du an einer Universität ab. Er dauert **zwischen ein und zwei Jahren**, in manchen Fällen auch drei. Im Gegensatz zu Deutschland entscheiden sich in den USA mit 17 Prozent eines Jahrgangs nur wenige College-Absolventen dazu, einen Master anzustreben. Allerdings ist die Studentenquote auch weit höher als hierzulande, da man für viele Berufe, die in Deutschland Ausbildungsberufe sind, in den USA studieren muss.

Ein wichtiger Unterschied besteht in den USA zwischen **privaten und öffentlichen Hochschulen**. Zwar bieten staatliche Hochschulen meist eine hochwertige Ausbildung, private Universitäten – zumindest die Topunis – haben jedoch schlicht unermesslich viel Kapital. Dadurch können sie deutlich bessere Bedingungen, schönere Bibliotheken, profiliertere Dozenten und einen umfangreicheren Service bieten. Führend sind die Hochschulen der sogenannten Ivy League. Die Hochschulen der Ivy League sind ein Zusammenschluss privater Universitäten, zu der renommierte Institutionen wie Princeton und die Harvard University gehören.

Einige **staatliche Hochschulen** wie die University of Berkeley in Kalifornien haben jedoch aufgeholt. Im Vergleich zu den Privaten bezahlst Du hier deutlich geringere Studiengebühren.

In den USA wird **kontinuierliches Lernen** und Arbeiten verlangt. Klausuren finden auch während des Semesters statt und Du wirst regelmäßig Essays und Hausarbeiten anfertigen müssen. Auf individuelle Betreuung der Studenten wird großen Wert gelegt. Dozenten sind in der Regel immer und ohne Termin ansprechbar – sei es persönlich, per Email oder per Telefon. Du hast im Schnitt etwas weniger Semesterwochenstunden als in Deutschland.

Die **Bewerbung** an einer US-Hochschule nimmt eine lange Vorlaufzeit in Anspruch – vor allem, wenn Du ein Stipendium erhalten möchtest, was angesichts der hohen Kosten mehr als ratsam wäre. Verlangt wird auf Bachelorniveau immer ein erfolgreicher Sprachtest (► S. 64) und meist ein bestandener Scholastic-Aptitude-Test, der mathematische Kenntnisse und verbale Fähigkeiten abfragt. Daneben werden häufig Motivationsschreiben, Empfehlungsschreiben sowie ein Finanzierungsnachweis verlangt. Informiere Dich direkt an der jeweiligen Hochschule nach den individuellen Bewerbungsvoraussetzungen.

Das **US-Notensystem** ist an sich leicht, schwieriger ist es, die Endnote zu verstehen, den Grade Point Average. Die Noten gehen von »A« bis »F«; ein »I« wird vergeben, wenn zum Beispiel ein Kurs nicht beendet wurde (■ Tabelle 4.3). Der Grade Point Average errechnet sich dadurch, dass die Leistungspunkte für eine Veranstaltung mit der jeweiligen Note multipliziert werden. Wenn Du also für eine Veranstaltung ein »B« bekommst

Tab. 4.3. Notengebung in den USA

Note	Punkte	Bewertung
A	4	Sehr gut
B	3	Gut
C	2	Durchschnittlich
D	1	Mangelhaft
F	0	Ungenügend
I	-	Unvollständig

(also drei Notenpunkte erhältst) und man vier Leistungspunkte bekommt, geht der Kurs mit 3 x 4 = 12 Punkten in Deine Endwertung ein. Hättest Du gerade so mit »D« bestanden wären es 1 x 4 = 4. Bei einem »A« wären es 4 x 4 = 16 Punkte in der Endnote. Kompliziert? Ja. Anders als bei uns? Ebenfalls. Denn auf diese Weise fallen gute Noten stärker ins Gewicht und schlechte Noten verderben Dir den Schnitt umso mehr.

Aufgrund vergleichbar lockerer Regeln gibt es in den USA viele Hochschulen von schlechter bis mittelmäßiger Qualität, die Dich mit falschen Versprechungen locken und bei denen Du für Dein Geld nur wenig erhältst. Es gibt zwei Wege, dies zu vermeiden:

- **Du nutzt Rankings. Die USA haben viele Rankings, das bekannteste ist das der Zeitung US News. Auch die Zeitung Princeton Review bietet ein anerkanntes Ranking.**
- **Akkreditierungen. Anders als in Deutschland sind Akkreditierungen in den USA extrem wichtig. Nur wenn eine Universität oder ein College von einer wichtigen Akkreditierungsagentur anerkannt wurde, werden attraktive US-Firmen einen Absolventen einstellen.**

Die **Studiengebühren** können in den USA von Hochschulen frei festgelegt werden. Du wirst je nach Hochschule und Programm zwischen 10 000 und 40 000 US-Dollar pro Jahr bezahlen müssen – Princeton verlangte beispielsweise 36 600 Dollar pro Jahr im Studienjahr 2009/10. Stipendienmöglichkeiten gibt es unter anderem vom DAAD und von der Fulbright-Kommission. Die jeweilige Hochschule wird Dir Informationen zu lokalen **Stipendien** geben können.

Informationen über Aufnahmetests gibt es beim Educational Testing Service Network. Die Internetseite der US-Botschaft hat viele Informationen zum Studium in den USA. Auch beim US-Bildungsministerium gibt es viele Infos. Auch die private Seite »StudyUSA.com« enthält eine Reihe von Ratschlägen.

@ Link: U.S. Department of Education: www.ed.gov/students

@ Link: Private Seite mit nützlichen Informationen: www.studyusa.com

@ Educational Testing Service Network: www.ets.org

@ US News Ranking: www.usnews.com/rankings

@ Princeton Review Ranking: www.princetonreview.com/college-rankings.aspx

@ DAAD-Stipendien: www.daad.de/ausland/foerderungsmoeglichkeiten/

@ Fulbright-Kommission: www.fulbright.de/

Das Wichtigste auf einen Blick

- **Kein Land der Welt hat so viele hervorragende Universitäten wie die USA.**
- **Die Studiengebühren sind extrem, allerdings gibt es viele Stipendien.**
- **Staatliche Universitäten und Colleges bieten teilweise dieselbe Qualität wie private Institutionen, man zahlt aber weniger.**
- **Da amerikanische Hochschulen kaum reguliert sind, sind Akkreditierungen äußerst wichtig – sie zeigen Dir, ob eine Hochschule etwas taugt.**
- **Rankings zeigen Dir, welche Hochschulen die besten sind.**
- **Die Bewerbung ist für Ausländer extrem bürokratisch.**

4.12 Kanada

Kanadas Hochschulsystem ist dem der USA relativ ähnlich – und ähnlich **unübersichtlich**. Denn in Kanada bestimmen die Provinzen autark über die jeweiligen Hochschulen. So können Studiengänge mit gleichen Namen mitunter komplett unterschiedliche Inhalte haben. Andererseits ist das Land nicht nur wegen seiner wunderbaren Natur einen näheren Blick wert, denn Kanada hat einige sehr gute Hochschulen, die qualitativ fast an die besten Universitäten der USA heranreichen – für deutlich **niedrigere Gebühren**. Daneben hat Kanada eine hervorragende Lebensqualität sowie ein hohes Bildungsniveau.

Kanada hat 77 englischsprachige und 15 französischsprachige Universitäten. Wer sich gleich in zwei Sprachen verbessern möchte, kann darüber hinaus zwischen fünf **bilingualen Hochschulen** wählen. Der Bachelor dauert je nach Hochschule drei bis vier Jahre, der Master ein bis zwei Jahre. Darüber hinaus gibt es die stärker praxisorientierten Colleges, die ausschließlich Bachelorabschlüsse anbieten – für den Master müssen die Studenten an eine Universität wechseln.

Neben Universitäten und Colleges gibt es so genannte University Colleges, die Hochschullehre auf eher geringerem Niveau bieten, sowie Community Colleges, deren Abschlüsse keine akademischen Abschlüsse sind und mit denen Du kein Masterstudium aufnehmen kannst. Manche Community Colleges nennen sich verwirrenderweise auch nur »College«. Falls Du Dich für ein Studium an einem College interessierst, solltest Du Dich also vorher erkundigen, ob es sich auch tatsächlich um eine Hochschule in unserem Sinn handelt.

Das akademische Jahr dauert in Kanada von September bis April und ist entweder in zwei Semester oder in drei Trimester aufgeteilt. Die Betreuung an den Hochschulen ist sehr gut und Du hast von Beginn an engen Kontakt zu den Dozenten. Wie in den USA wirst Du auch hier während des Semesters viele Prüfungsleistungen erbringen müssen. Kanada hat dasselbe Benotungssystem wie die USA.

Rankings sind in Kanada extrem wichtig und vielbeachtet. Das bekannteste Ranking wird jährlich von der Zeitschrift Maclean's erstellt.

Anders als in den USA müssen deutsche Studenten in Kanada **keine Orgie an Dokumenten** einreichen. In vielen Fächern reichen das übersetzte deutsche Abitur sowie ein Sprachtest. Sei aber vorsichtig: Jede Hochschule hat das Recht, seine eigenen Zugangsvoraussetzungen zu erarbeiten. Du solltest Dich allerdings früh um Dein Studium in Kanada kümmern, denn die Bewerbungsfrist läuft spätestens sechs Monate vor Studienstart ab. Besser ist es, ein Jahr vorher zu beginnen: So hast Du mehr Möglichkeiten, Dich für ein Stipendium zu bewerben.

Kanadische Bachelorprogramme dauern wie die amerikanischen vier Jahre. Dies liegt unter anderem daran, dass kanadische und amerikanische Schüler früher und mit weniger Wissen Abitur machen. Deshalb kann Dir mit deutschem Abitur möglicherweise das erste Studienjahr auf Antrag erlassen werden – die Entscheidung liegt bei der jeweiligen Hochschule.

Das Masterstudium dauert in Kanada zwei Jahre. Gerade fünf Prozent eines Jahrgangs studieren auf Masterniveau weiter. Dies liegt unter anderem daran, dass Kanadier die Option haben, ihren Bachelor um ein Jahr zu verlängern und damit ein Honours Bachelor's Degree zu erhalten. In diesem Jahr vertiefen sie ihre Kenntnisse in dem Fach ihrer Wahl, was auf dem kanadischen Arbeitsmarkt gern gesehen wird.

Jede kanadische Hochschule kann ihre Studiengebühren selbst festlegen. Im Durchschnitt sind es allerdings 12 000 Kanadische Dollar – fast 8 000 Euro. Ausländer zahlen meist mehr als Kanadier – Infos dazu findest Du auf der Website der jeweiligen Hochschule. Die Lebenshaltungskosten sind in Kanada höher als in Deutschland. Stipendien vergeben unter anderem der DAAD, die Kanadische Regierung sowie die Hochschulen selber.

Informationen gibt es unter anderem bei »Study in Canada«, bei der »Association of Universities and Colleges of Canada« sowie beim »Canadian Bureau for International Education«.

@ Study in Canada: www.studyincanada.com

@ Association of Universities and Colleges of Canada: www.aucc.ca

@ Canadian Bureau for International Education: www.cbie.ca

@ Mcleans's: www.macleans.ca/universities

Das Wichtigste auf einen Blick

- Das kanadische Hochschulsystem ist dem der USA vergleichbar
- Die Studiengebühren liegen im Schnitt bei 8 000 Euro im Jahr.
- Du kannst auf Französisch, Englisch oder bilingual studieren.
- Die Bewerbung ist wenig bürokratisch, dafür enden die Fristen sehr früh.
- Die Lebensqualität in Kanada ist hoch.

4.13 Australien

Das Hochschulsystem Australiens ist sehr übersichtlich. In dem einwohnermäßig kleinen Land gibt es **nur etwa 40 Universitäten** – eine

Wohltat im Vergleich zur kopfschmerzweckenden Komplexität der USA. Für Australien sprechen gut ausgestattete Hochschulen, ein angenehmes Klima, eine reiche Natur sowie eine sehr lässige und freundliche Bevölkerung.

Australiens Hochschulen haben ein mit den USA oder Großbritannien vergleichbares Niveau und bewegen sich damit in der **Weltspitze**. Die Studenten sind international, wobei Australien vor allem Studenten aus näher gelegenen Ländern wie Indien, Thailand und China anzieht. Auch die Dozenten kommen aus aller Welt.

Australien liegt auf der anderen Seite der Welt und genau wie die Jahreszeiten ist auch das Studienjahr umgekehrt: Das erste Semester beginnt Ende Februar (also im dortigen Sommer) und dauert bis Ende Juni. Drei bis vier Wochen später beginnt das zweite Semester, das im Dezember endet. Dezember bis Ende Februar sind frei – Sommerferien.

Wie in England und den USA sind in Australien die **Qualitätsunterschiede** zwischen den Universitäten groß. Daher empfiehlt sich vor der Bewerbung der Blick in verschiedene Rankings. Allgemein kannst Du nach dem Times World University Ranking (▶ S. 127) gehen, in dem etwa die Hälfte aller australischen Universitäten vertreten sind. Detailliertere Informationen findest Du im »The Good Universities Guide«.

Die **Bewerbung** an einer australischen Hochschule ist nicht unkompliziert, allerdings sind die Aufnahmechancen hoch. Neben einem Sprachtest und einer beglaubigten Übersetzung Deines Abiturzeugnisses brauchst Du häufig Empfehlungsschreiben oder musst Motivationsschreiben (▶ S. 148) anfertigen.

Australische Universitäten evaluieren ihre Masterprogramme selbst, werden dabei aber von der Australian Universities Quality Agency überwacht, die ihre Ergebnisse regelmäßig veröffentlicht.

Bei der Bewerbung hilft gegen Geld auch das Institut Ranke-Heinemann. Dabei handelt es sich um eine deutsche Organisation in privater Hand, die die australischen Hochschulen in Deutschland offiziell repräsentiert.

Die **Studiengebühren** sind nach Fächergruppen gestaffelt. Für ein geisteswissenschaftliches Studium werden pro Jahr mindestens 8 000 Euro verlangt, mindestens 10 000 Euro pro Jahr kostet ein Ingenieurwissenschaftliches Studium und bis zu 15 000 Euro wird für ein Jahr Medizinstudium verlangt.

Stipendien gibt es unter anderem vom DAAD. Das Institut Ranke-Heinemann berät zu Stipendienmöglichkeiten und listet auf seiner Website einige Förderungsmöglichkeiten auf. Die von einigen australischen Universitäten betriebene Website »GOstralia!« bietet Stipendien und Informationen zum Studium in Australien.

Generelle Informationen zum Studium in Australien findest Du auf vielen Internetseiten. Unter anderem bietet die australische Regierung eine eigene englischsprachige Internetpräsenz. Auch auf der Seite von »Studium-Downunder« gibt es Infos zu Stipendien sowie zum Studium generell. Eine Übersicht über alle Programme an australischen Hochschulen bietet die Website »The Good Universities Guide«.

@ Australian Universities Quality Agency:
www.auqa.edu.au

@ Institut Ranke-Heinemann:
www.ranke-heinemann.de

@ GOstralia!:
www.gostralia.de

@ Studium-Downunder:
www.studium-downunder.de

@ Website der australischen Regierung:
www.studyinaustralia.gov.au

@ The Good Universities Guide:
www.gooduniguide.com.au/

Das Wichtigste auf einen Blick

- **Australiens Universitäten können mit den weltweit besten Hochschulen mithalten.**
- **Das Studienjahr beginnt im Februar.**
- **Die Studiengebühren liegen zwischen 8 000 und 15 000 Euro pro Jahr.**
- **Die Lebensqualität gilt als hervorragend.**

4.14 Weitere Länder

Natürlich gibt es noch viele weitere interessante Länder. Falls Du Dich für ein Studium in einem der folgenden Länder interessierst, solltest Du die in Tabelle 4.4 aufgelisteten Websites ausprobieren.

Tab. 4.4. Websites zur Studieninformation in weiteren Ländern

Land	Website	Beschreibung
Belgien	www.studyinbelgium.be	Englischsprachige Infoseite
China	www.study-in-china.org/	Englischsprachige Infoseite
	www.edu.cn	Internetseite auf chinesisch
Dänemark	http://www.studyindenmark.dk/	Offizielle Website zum Studium in Dänemark (auf Englisch)
	www.ciriusonline.dk	Englische Programme in Dänemark
Estland	http://go-east.daad.de	Infowebsite des DAAD zum Studium in osteuropäischen Ländern
	http://www.hm.ee	Website des estnischen Bildungsministeriums
Finnland	www.studyinfinland.fi	Informationsseite der finnischen Regierung
	www.syl.fi/english/study/	Website von finnischen Studentenvertretern
Griechenland	www.ypepth.gr/en_ec_home.htm	Griechisches Bildungsministerium
Italien	www.study-in-italy.it	Infoseite auf Englisch
	www.ait-dih.org/	Deutsch-Italienisches Hochschulzentrum
Japan	www.studyjapan.go.jp/en/	Englischsprachige Infoseite
	http://tokyo.daad.de	Der DAAD in Japan
Lettland	http://go-east.daad.de	Infowebsite des DAAD zu osteuropäischen Ländern
	http://www.aiknc.lv/en	Latvian Academic Information Centre, Informationen zum Studium in Lettland auf Englisch
Litauen	http://go-east.daad.de	Infowebsite des DAAD zu osteuropäischen Ländern
Neuseeland	www.ranke-heinemann.de/neuseeland/	Vertretung aller neuseeländischen Universitäten in Deutschland
Norwegen	www.studyinnorway.no/	Offizielle Informationsseite

Tab. 4.4 (Fortsetzung)

Land	Website	Beschreibung
Polen	www.studieren-in-polen.de	Private Infoseite
	www.studyinpoland.pl/	Englischsprachige Infoseite
	http://daad.pl/	Der DAAD in Polen
Portugal	www.min-edu.pt	Portugiesisches Bildungsministerium (auf Portugiesisch)
Russische Föderation	www.daad.ru	Der DAAD in Russland
Spanien	www.universia.es/	Spanischsprachige Informationsseite
	www.cervantes-muenchen.de/	Infos zum Studium in Spanien vom Cervantes Institut
Südafrika	www.southafricastudy.com	Private Informationsseite
Tschechien	www.czech.cz/en/work-study	Staatliche Infoseite

4.15 Exkurs Sprachtests

Fast alle Studiengänge, in denen ein Teil der Lehre oder ihre Gesamtheit in einer Fremdsprache abgehalten werden, verlangen von Dir einen Sprachnachweis.

Für die englische Sprache ist der am häufigsten verlangte Nachweis der TOEFL-Test. Es gibt aber auch weitere Tests wie den IELTS. Fürs Französische sind DELF und DALF am weitesten verbreitet.

Du erfährst auch die Preise der Tests – sei Dir aber bewusst, dass diese sich mit der Zeit ändern können. Bitte nimm sie als ungefähren Richtwert, sei aber nicht überrascht, wenn sie sich inzwischen geändert haben.

Jeder dieser Tests ist zeitaufwändig und kostet Geld. Bereite Dich daher gut vor. Für die meisten dieser Leistungstests gibt es zahlreiche kostenlose und kostenpflichtige Vorbereitungskurse im Internet. Oft wird in einem Programm die Testoberfläche originalgetreu simuliert. Nutze diese Möglichkeiten, denn so weißt Du genau, was auf dich zu kommt und worauf Du achten musst.

@ TOEFL: www.de.toefl.eu

Beim **TOEFL** (Test of English as a Foreign Language) handelt es sich um einen standardisierten Test für Nicht-Muttersprachler. Die meisten englischsprachigen Hochschulen und Programme verlangen den TOEFL oder einen vergleichbaren Leistungsnachweis. Der Test wird an Computern in Testzentren durchgeführt, von denen es in Deutschland über 30 gibt. Abgefragt wird Englisch in der US-amerikanischen Schreibweise. Es werden Deine Fähigkeiten im Hörverständnis, Leseverständnis, Schreiben und Sprechen getestet. Der Test kostet ca. 225 US-Dollar. Die

Maximalpunktzahl beträgt 120, wobei die Mindestanforderungen je nach Studiengang unterschiedlich sind: Ein angehender Literaturwissenschaftler muss normalerweise einen höheren Wert erreichen als ein Physiker. Konkret bedeutet dies, dass Ersterer möglicherweise 100 Punkte erreichen muss, Letzterer dagegen nur 79. Du kannst den Test beliebig oft wiederholen, musst allerdings natürlich jedes Mal aufs Neue zahlen. Er ist offiziell für zwei Jahre gültig, danach musst Du dich im Zweifel erneut testen lassen.

Das **IELTS** (International English Language Testing System) ist ein vor allem an britischen Hochschulen verbreiteter Test. Hochschulen im nicht-britischen Ausland verlangen eher den TOEFL. Abgefragt werden wie beim TOEFL Hörverständnis, Leseverständnis, Schreiben und Sprechen. Es gibt lediglich zwölf Testzentren und die Kosten betragen 170 Euro. Verlangt wird die britische Schreibweise – und die unterscheidet sich von der amerikanischen, da die Du vermutlich gewöhnt bist. Auch hier ist eine beliebige Anzahl von Wiederholungen möglich. Wie der TOEFL ist er zwei Jahre gültig.

@ IELTS:
www.ielts.org/

Wenn Du an einer französischen Hochschule studieren möchtest oder einen binationalen Studiengang mit Frankreich anstrebst, kannst Du das **DELF** (Diplôme d'Etudes en Langue Française) oder das **DALF** (Diplôme Approfondi de Langue Française) ablegen. DELF bezeichnet dabei die Einsteiger- bis Mittelstufe, während Du beim DALF sehr gute Kenntnisse vorweisen musst. Die Kosten sind je nach Testniveau und Bundesland unterschiedlich – sie beginnen bei 30 Euro und reichen bis zu 150 Euro und darüber hinaus. Je nach angestrebter Niveaustufe gibt es unterschiedliche Tests. DELF oder DALF sind für den Rest Deines Lebens gültig. Du kannst den Test jederzeit wiederholen – gegen eine erneute Zahlung natürlich. Ablegen kannst Du den Test im nächstgelegenen Institute Francais.

@ DELF/DALF:
www.kultur-frankreich.de

Die französische Regierung hat 2005 zusätzlich den **TCF** (Test de Connaissance Du Français) eingeführt. Er ist sehr ähnlich angelegt wie der TOEFL. Gültig sind die Ergebnisse für zwei Jahre.

@ Link: TCF:
www.kultur-frankreich.de

Solltest Du einen spanischsprachigen Abschluss anstreben, wirst Du zunächst das **DELE** (Diplomas de Español como Lengua Extranjera), vergeben vom Instituto Cervantes, erlangen müssen. Die Prüfungen werden in drei verschiedenen Schwierigkeitsstufen angeboten. Das DELE ist im gesamten spanischen Sprachgebiet anerkannt. Die Kosten liegen – abhängig von der Stufe und dem Prüfungsort – zwischen ca. 85 und 200 Euro. Die Gültigkeit des DELE ist unbegrenzt. Das Instituto Cervantes hat in den meisten größeren Städten Standorte. Dort kannst Du dich testen lassen und Sprachkurse besuchen.

@ DELE:
http://diplomas.cervantes.es

@ Instituto Cervantes in Berlin:
www.cervantes.de/

@ Spotlight:
www.spotlight-online.de

@ Ecos:
www.ecos-online.de/

@ Écoute:
www.ecoute.de/

@ BBC:
www.bbc.co.uk

@ CNN:
www.cnn.com

@ France 24:
www.france24.com/fr/

@ Independent:
www.independent.co.uk

@ Financial Times:
www.ft.com

@ New York Times:
www.nytimes.com

So verbesserst Du Deine Sprachkenntnisse

Du möchtest im Ausland studieren, Deine Sprachkenntnisse reichen aber nicht aus? Hier einige Tipps, wie Du Deine Kenntnisse verbessern kannst.

- Die meisten deutschen Hochschulen bieten auch für Externe günstige Sprachkurse an (▶ S. 206). Ideal für den kleinen Geldbeutel.
- Mache Sprachkurse im jeweiligen Land (▶ S. 206). Das ist zwar teurer, so verbesserst Du Deine Sprachfähigkeiten aber schneller als auf jede andere Weise. Am günstigsten sind Sprachkurse an Universitäten.
- Schaue Dir DVDs in der Originalsprache an, selbst wenn Du anfangs wenig verstehst. Am besten nutzt Du Untertitel in der jeweiligen Sprache. So kannst Du den Text mitlesen, was das Verständnis erleichtert. Wenn Du dies mindestens einmal pro Woche machst, werden Deine Sprachkenntnisse nach einem Jahr deutlich besser sein. Schalte aber keinesfalls deutsche Untertitel ein!
- Es gibt für alle großen Sprachen Lernmagazine, für Englisch wäre das zum Beispiel Spotlight, für Spanisch Ecos, für Französisch Écoute.
- Höre englisches Radio (zum Beispiel BBC) oder schaue englisches Fernsehen (CNN oder BBC) – Nachrichtensender sind ideal, weil dort besonders deutlich und formell richtig gesprochen wird. Fürs Französische wäre das Gegenstück zur BBC France 24.
- Nutze das Internet. Für Englisch bieten zum Beispiel die Webseiten »globalenglish.com« und »englishtown.com« Onlinekurse.
- Lies Bücher oder Zeitungen in der jeweiligen Sprache, zum Beispiel den Independent, die Financial Times oder die New York Times fürs Englische.

Wie finde ich das Studium, das zu mir passt?

Du schwankst zwischen den Studiengängen Medizin, BWL und Philosophie? Oder Du denkst über Physik, Lehramt Sport oder Kunstwissenschaften nach? Im Klartext: Du weißt also noch nicht einmal, welche Richtung Du grob einschlagen willst? Das ist verständlich, denn die Auswahl ist riesig: Allein an deutschen Hochschulen kannst Du zwischen **über 12 000 Studiengängen** wählen. Das ist erst einmal gut, denn nie in der Geschichte hatten Studenten so viele Optionen. Der Haken an der Sache: Welche von diesen 12 000 Möglichkeiten ist die beste? Oder wenigstens die zweit- oder drittbeste?

In diesem Kapitel geht es darum, wie Du am besten zu Deiner Entscheidung gelangst. Dazu gehören unter anderem Deine Eltern und Freunde (▶ S. 74) sowie Onlineselbsttests. Allerdings: **Dein wichtigster Helfer bist Du selbst.** Und dieses Kapitel hilft Dir dabei, Dir über Deine Wünsche und Talente im Klaren zu werden.

Beim Nachdenken über den richtigen Studiengang solltest Du Dir drei zentrale Fragen stellen, bei deren Beantwortung Dich dieses Kapitel unterstützt:

1. Was kannst Du?
   - Sei Dir über Deine Stärken und Schwächen bewusst. Dabei geht es nicht nur um Schulnoten und Fachwissen, sondern auch Persönlichkeit. Bist Du zum Beispiel gut im Organisieren? Oder sprichst Du gerne öffentlich? Diese Fragen sind relevant.
2. Was willst Du?
   - Wenn Du Deine Stärken und Schwächen kennst, heißt das noch lange nicht, dass Du auch eine Idee hast, was Du möchtest. Gerade hier helfen Gespräche und Selbsttests.
3. Als was und wie möchtest Du arbeiten?
   - Nur wenige Fächer haben ein klares Berufsbild – doch eine grobe Richtung gibt das Studium schon vor. Schaue Dir an, was Du mal werden möchtest und welche Studiengänge dazu passen.

Bei der Wahl Deines Studiengangs solltest Du **strategisch** vorgehen – auch wenn Du sonst vielleicht lieber reine Bauchentscheidungen fällst. Mit der Suche nach einem guten Studium solltest Du direkt bei Dir selbst beginnen – daher die Reihenfolge dieses Kapitels. Erst dann solltest Du Dich von anderen Menschen beraten lassen. Doch die Reihenfolge ist kein Zwang. Vielleicht hast Du keine Lust, auf eine Hochschulmesse zu gehen, oder der Termin für den Studienberater liegt so, dass Du vorher keine Zeit (und Lust) hattest, über das Thema Studium intensiv nachzudenken.

Wichtig bei allem ist aber, dass Du **offen bleibst**. Wenn Du irgendwann merkst, dass Dir eine eingeschlagene Richtung doch nicht gefällt, solltest Du schnell reagieren und einen anderen Weg wählen.

5.1 Wo Du nach Studiengängen suchen kannst

Studiengänge gibt es wie Sand am Meer. Es ist kaum möglich, auch nur einen Teil davon komplett zu durchsuchen. Doch genau für diesen Zweck gibt es ja Datenbanken.

Die Hochschulrektorenkonferenz, die alle deutschen Hochschulen vertritt, hat mit dem »Hochschulkompass« eine leicht durchsuchbare Datenbank mit allen Studiengängen eingerichtet. Dort kannst Du nach einzelnen Studiengängen suchen. Der Vorteil: Auch angrenzende Fächer werden gefunden. Wer zum Beispiel nach Politik sucht, erhält nicht nur offensichtliche Kandidaten wie *Internationale Beziehungen* und *Governance and Public Policy*, sondern auch weniger nahe liegende (aber doch verwandte) Fächer wie *Volkswirtschaftslehre*, *Europäische Geschichte* und *Humangeographie*. Falls Du nach konkreten Studiengängen suchst, ist der Hochschulkompass ein guter Ausgangspunkt. Ein großes Plus: Wenn der jeweilige Studiengang im CHE-Ranking (► S. 69) vorkommt, ist er automatisch verlinkt.

Manchmal ist es allerdings inspirierender, ein tatsächliches **Buch** in die Hand zu nehmen. Im Gegensatz zu Suchmaschinen kannst Du in Büchern Deine Suche kaum eingrenzen, doch gerade dadurch findest Du vielleicht spannende Studiengänge. Irgendwann haben Dir Deine Lehrer vermutlich mal ein grünes Taschenbuch in die Hand gedrückt, in dem alle Studiengänge in Deutschland aufgelistet sind. Es nennt sich »Studien- und Berufswahl – Informationen und Entscheidungshilfen« und enthält neben Infos zum Studium eine Liste aller Studiengänge in Deutschland. Falls Du es nie erhalten hast oder einfach nicht mehr weißt, wo es geblieben ist, bekommst Du es günstig im Buchhandel.

Solltest Du eine **genaue Beschreibung** zu einzelnen Studiengängen suchen, hilft Dir neben diesem Buch der jährlich erscheinende ZEIT Studienführer, dessen Artikel meist auch im Netz stehen. Dort werden jedes Jahr die beliebtesten Studiengänge porträtiert – inklusive wirtschaftlicher Aussichten und Literaturtipps. Du findest diesen Studienführer jedes Jahr ab Ende April im Zeitschriftenhandel.

Eine weitere Informationsquelle ist das »Berufenet« der Bundesagentur für Arbeit. Hier wird Dir erklärt, was Du mit welchem Fach beruflich machen kannst. Außerdem werden Berufe beschrieben und Tipps für passende Studiengänge gegeben. Dabei kann man auch nach verwandten Fächern suchen – praktisch, wenn man gerade mal weiß, dass man »etwas mit Medien« machen möchte. Der Nachteil: Die Seite ist unübersichtlich und kann beim Nutzer zu Kopfschmerzen führen.

Ebenfalls von der Bundesagentur ist das »Abi Magazin«. Dieses stellt auf seiner Webseite eine Reihe von Berufen für Akademiker vor. Nicht so umfangreich wie das Berufenet, dafür aber übersichtlicher und bei den genannten Berufen auch detaillierter.

@ Zeit Studienführer und Ranking: http://ranking.zeit.de

@ Hochschulkompass: www.hochschulkompass.de

@ Berufenet: www.berufenet.de

@ Abi Magazin: www.abi.de

Literaturtipp: ZEIT Studienführer, Zeitverlag Gerd Bucerius GmbH & Co. KG

Bund-Länder-Kommission für Bildungsplanung und Forschungsförderung (BLK): ► »Studien- und Berufswahl – Informationen und Entscheidungshilfen« (bestellbar unter www.studienwahl.de)

Das Wichtigste auf einen Blick

- **Zur Suche von Studiengängen eignet sich der Hochschulkompass der Hochschulrektorenkonferenz am besten.**
- **Der ZEIT Studienführer enthält sehr spannende Beschreibungen der gängigsten Studienrichtungen.**

5.2 Du kennst Dich selbst am besten

Keiner kennt Dich besser als Du selbst. Und niemand ist so sehr daran interessiert, dass Deine Träume und Vorstellungen wahr werden. Und auch wenn Du Dich mit dem Hochschulsystem noch nicht gut auskennst, bist Du, was Dich angeht, Dein bester Ratgeber. Deshalb solltest Du Dich zunächst einmal in Ruhe hinsetzen und über Deine Gefühle und Ideen nachdenken.

Aber wie findest Du heraus, was Du möchtest? Du musst Dir zunächst über Deine Neigungen sowie über Stärken und Schwächen klar werden. Außerdem solltest Du darüber nachdenken, was Du von einem Studium erwartest und was Du Dir in etwa beruflich vorstellen kannst.

Die schnellste Methode, Deine Gedanken zusammen zu fassen, ist eine einfache **Tabelle**. Versuche alle Deine Gedanken und Ideen in darin festzuhalten. Tabelle 5.1 zeigt ein Beispiel.

Doch die einfache Tabelle ist nicht die beste Methode zur Selbsterkenntnis. Stattdessen solltest Du eine andere Methode nutzen: das **Mindmapping**.

Eine Mindmap bezeichnet das Aufzeichnen einer **vernetzten Gedankenstruktur** in Form einer Gedankenkarte. Im Gegensatz zur Fixierung Deiner Gedanken in einem Fließtext oder einer Tabelle ermöglicht Dir »Mindmapping« die dynamische Vernetzung Deiner Gedanken und Vorstellungen. Abbildung 5.1 zeigt Dir, wie die Mindmap eines Abiturien-

Tab. 5.1. Den richtigen Studiengang finden: ein Beispiel

Studiengang	Pro	Contra	Links
Medizin	– Sicherer Job	– Latein!	www.medizinstudent.de
	– Ich helfe dabei Leuten	– Stressiges Studium	
	– Ich mag Naturwissenschaften		
Volkswirtschaftslehre	– Ich bin gut in Mathe	– Ich möchte nicht als Volkswirt arbeiten	www.wiwi-treff.de
	– Ist etwas gesellschaftswissenschaftliches	– Etwas trocken?	
	– Viele Berufsmöglichkeiten		
Biochemie	– Naturwissenschaften	– Ich will mit Menschen arbeiten	www.studienfuehrer-bio.de
	– Zukunftsfähiges Feld		

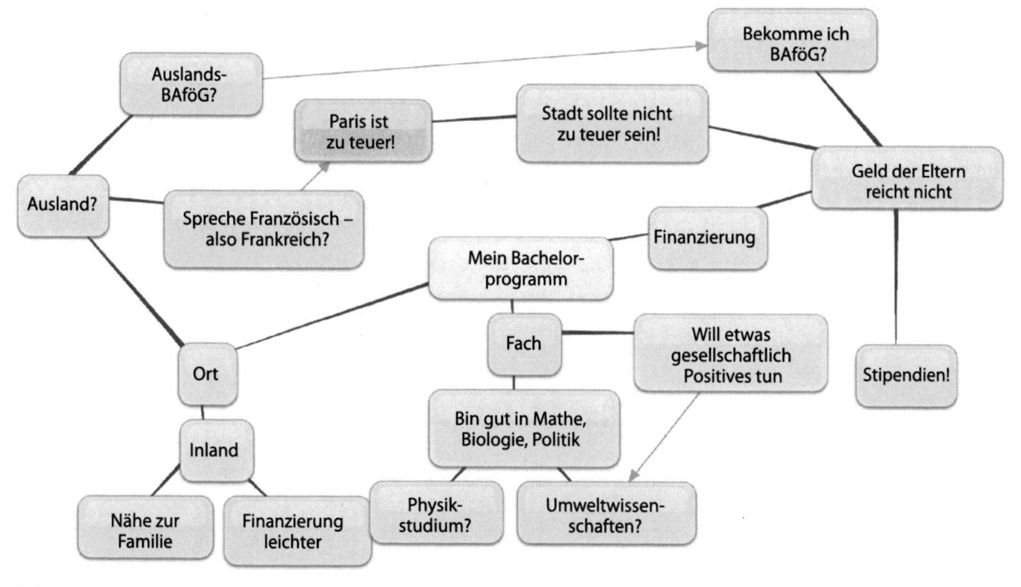

Abb. 5.1. Mindmap

ten zur Studienwahl aussehen könnte. Im Zentrum der Mindmap steht das Ziel, ein für Dich passendes Fach. Darum gruppieren sich Herausforderungen und Beschränkungen, eigene Qualifikationsmerkmale und Möglichkeiten unterschiedlicher Studiengänge. Klar ist, dass Deine Mindmap viel größer und komplizierter sein wird – sehe diese Mindmap nur als Beispiel.

Beim Mindmapping geht es darum, Deine Gedanken zu verbildlichen und damit zu strukturieren. So kannst Du leicht Denkblockaden überwinden und einzelne Aspekte wirklich zu Ende denken. Wichtig: Deine Gedanken müssen nicht logisch sein. Darum kannst Du Dich noch später kümmern.

Vielleicht hast Du noch nie eine Mindmap angefertigt? Oder die Mindmap erinnert Dich an furchterregende Schaubilder Deines Geschichtslehrers? So geht es vielen, doch gerade deswegen solltest Du Deine Gedanken schriftlich fixieren und Mindmapping ausprobieren; es ist nützlicher als Du denkst. Ein Vorteil ist auch, dass Du Deine Gedankenstruktur nicht mehr vor einer Schulklasse diskutieren musst. Du kannst also auch Dinge aufschreiben, die andere vielleicht für Blödsinn halten würden.

Natürlich kannst Du Deine Mindmap auf dem Papier erstellen. Flexibler und hübscher ist das Ganze aber am Computer. Es gibt eine riesige Anzahl von Gratisprogrammen fürs Mindmapping im Internet. Du kannst Deine Mindmaps direkt im Netz erstellen und die Ergebnisse sehen oftmals hervorragend aus. Unten findest Du einige gute Beispiele – besonders gut ist das Gratisprogramm »Xmind«, das auf OS X, Windows und Linux läuft. »Bubbl.us« und »Wisemapping« sind jeweils internetbasierte Gratisprogramme.

@ Xmind:
www.xmind.net

@ bubbl.us:
http://bubbl.us/

@ Wisemapping:
www.wisemapping.com

@ Martin Krengel:
www.studienstrategie.de

5

Weitere Methoden und Tipps zur Selbstreflexion bietet der Zeitmanagement-Coach Martin Krengel. Er hat mehrere Bücher speziell für Studenten geschrieben: Seine Bücher »Studi-Survival-Guide« und »Golden Rules« verraten Dir, wie Du anspruchsvoll studieren und trotzdem genug Freizeit haben kannst. Auf seiner Website www.studienstrategie.de findest Du viele Downloads, Links und Infos rund um Selbstorganisation, Lern- und Studientechniken.

Das Wichtigste auf einen Blick

- **Tabellen können helfen, viele Informationen übersichtlich unterzubringen.**
- **Mindmaps sind ideal, um Deine Gedanken zu visualisieren.**
- **Schreibe alle Deine Gedanken auf, auch wenn Sie Dir zunächst nicht logisch vorkommen.**

5.3 Dein Abitur

Das Abi ist kein Intelligenztest, auch wenn es von vielen so verstanden wird. Falls Dein Abschluss also schlechter als erhofft war, kannst Du Dich immerhin damit trösten, dass er wenig über Deinen IQ aussagt, sondern vielmehr über Deine Disziplin, Deine Fachvorlieben, Dein Lernverhalten und Dein Zurechtkommen mit dem System Schule.

Nichtsdestotrotz ist ein gutes Abi nötig, um in Studiengängen aufgenommen zu werden, die zulassungsbeschränkt sind (► S. 144). Außerdem kannst Du Dich bei Deiner Studienentscheidung an Deinen stärkeren **Fächern** orientieren – beim Leistungskurs Physik lägen zum Beispiel die Studienfächer Maschinenbau, Architektur und – wenig überraschend – Physik nahe.

Doch welche Schulfächer passen zu welchen Studiengängen? Ideen dazu findest Du in ■ Tabelle 5.2, in der passende Schulfächer aufgelistet sind. Falls Du Dich über bestimmte Titel wunderst, einige Schulfächer heißen je nach Bundesland verschieden. Politik kennen beispielsweise einige unter dem Namen Sozialkunde oder Gesellschaftskunde und Philosophie ist nah an den Fächern Ethik oder Werte und Normen.

Bei vielen Fächern ist die logische Fortsetzung klarer als bei anderen. Dass das Schulfach Kunst mit dem Studium Grafikdesign verwandt ist, dürfte jedem einleuchten. Wer dagegen Jura (► S. 105) studieren möchte, wird mit Inhalten konfrontiert, von denen er in der Schule kaum etwas gehört hatte. Hier ist dann eher Dein Lernverhalten gefragt. Ein Beispiel: Bei Jura wirst Du sehr viel pauken müssen – genau wie bei Latein. Außerdem brauchst Du Latein an fast allen Universitäten für das Jurastudium. Daher ist eine gute Lateinnote ein Anhaltspunkt dafür, dass Jura etwas für Dich sein könnte.

Doch nimm Deine Schulnoten nicht als wichtigstes Argument Deiner Entscheidung. Denn an der Hochschule kommt es mehr noch als während der Schulzeit darauf an, dass ein Fach zur eigenen **Persönlichkeit** passt. Beispielsweise lässt sich fast jedes Schulfach auch im Lehramt

Tab. 5.2. Zu Schulfächern und AGs passende Studiengänge

Schulfach/Arbeitsgemeinschaft	Fächer, die irgendwie passen
Biologie	Biologie, Biochemie, Chemie, Lebensmitteltechnologie, Ernährungswissenschaft, Ökotrophologie, Medizin, Zahnmedizin, Agrarwissenschaften, Umweltwissenschaft, Forstwirtschaft, Anthropologie
Chemie	Chemie, Biochemie, Lebensmittelchemie, Verfahrenstechnik, Biologie, Pharmazie, Agrarwissenschaften, Medizin
Deutsch	Germanistik, Linguistik, Literaturwissenschaft, Literaturgeschichte, Bibliothekswesen, Journalistik, Sprachwissenschaft, Kulturwissenschaften, Kommunikationswissenschaften, Medienwissenschaft, Theaterwissenschaft, Kulturmanagement, Philologie
Englisch	Anglistik, Amerikanistik, Linguistik, Tourismus, Dolmetschen, internationale Betriebswirtschaftslehre, internationale Volkswirtschaftslehre, alles, was auf Englisch gelehrt wird, Sprachwissenschaft, Englische Philologie
Französisch	Romanistik, Linguistik, Dolmetschen, Sprachwissenschaft
Geografie	Geografie, Geowissenschaften, Mineralogie, Agrarwissenschaften, Meteorologie, Umweltwissenschaften, Städtebau
Geschichte	Geschichte, Kunstgeschichte, Literaturgeschichte, Politikwissenschaften, Sozialwissenschaften, alte Sprachen, Philosophie
Informatik	Informatik, Wirtschaftsinformatik, Ingenieurswissenschaften
Kunst	Kunst, Kunstgeschichte, Bühnenbild, Grafikdesign, Modedesign, Gestaltung, Landschaftsarchitektur, Architektur/Innenarchitektur, Kommunikationsdesign, Malerei, Kunsttherapie, Kommunikationswissenschaften, Kulturmanagement, Produktdesign, Städtebau, Fotografie, Kreativtherapie
Latein/Griechisch	Klassische Philologie, Sprachwissenschaft, Kulturwissenschaften, Geschichte, Archäologie, Jura
Mathematik	Mathematik, Physik, Maschinenbau, Betriebswirtschaftslehre, Volkswirtschaftslehre, Astronomie, Informatik, Architektur, Städtebau, Psychologie, Ingenieurswissenschaften, Verfahrenstechnik, Statistik
Musik	Musikwissenschaft, Instrumentalmusik, Musikpädagogik, Komposition, Filmmusik
Pädagogik	Erziehungswissenschaft, Psychologie, Lehramt, Pflegemanagement, Kunsttherapie, Musiktherapie, Heilpädagogik, Sozialpädagogik, Wirtschaftspädagogik, Soziale Arbeit
Philosophie	Philosophie, Religionswissenschaft, Literatur, Journalistik, Kulturwissenschaften, Religionswissenschaft, Anthropologie, Psychologie
Physik	Physik, Maschinenbau, Astronomie, Informatik, Ingenieurswissenschaften, Werkstoffwissenschaft, Wirtschaftsingenieurwesen, Architektur
Politik	Politikwissenschaft, Volkswirtschaftslehre, Sozialwissenschaft, Geschichte, Jura, Kulturwissenschaft, Städtebau
Psychologie	Psychologie, Pädagogik, Soziale Arbeit, Sozialpädagogik, Erziehungswissenschaft
Religion	Theologie, Religionswissenschaften, Sozialpädagogik, Sozialwissenschaft, Soziale Arbeit
Spanisch	Romanistik, Lateinamerikastudien, Linguistik, Dolmetschen, Spanische Philologie, Sprachwissenschaft
Sport ▼	Sportwissenschaft, Sportmanagement, Sportmedizin, Sporttherapie, Physiotherapie

Tab. 5.2 (Fortsetzung)

Schulfach/Arbeitsgemeinschaft	Fächer, die irgendwie passen
Technik	Ingenieurswissenschaften, Informatik, Maschinenbau, Elektrotechnik, Wirtschaftsingenieurwesen, Medizintechnik, Biotechnik
Wirtschaftslehre	Volkswirtschaftslehre, Betriebswirtschaftslehre, Wirtschaftsingenieurwesen, alles andere, wo Wirtschaft draufsteht
Schülervertretung AG	Betriebswirtschaftslehre, Kulturmanagement, Eventmanagement, Politikwissenschaften, Sozialwissenschaften, Sozialpädagogik, Soziale Arbeit
Theater AG	Schauspiel, Theaterwissenschaft, Dramaturgie, Sozialpädagogik, Theaterpädagogik, Bühnenbild, Regie
Schülerzeitung AG	Journalistik, Literaturwissenschaft, Germanistik, Politikwissenschaft, Sozialwissenschaft, Sprachwissenschaft, Philologie, Medienwissenschaft, Grafikdesign
Börsenplanspiel AG	Volkswirtschaftslehre, Betriebswirtschaftslehre, Wirtschaftsingenieurwesen, Wirtschaftsinformatik, Statistik
Entwicklungsländer AG	Politikwissenschaft, Sozialwissenschaften, Volkswirtschaftslehre, Geographie, Soziale Arbeit
Computer AG	Informatik, Wirtschaftsinformatik, Ingenieurswissenschaften
Rhetorik AG	Schauspiel, Journalismus, Philosophie
Film AG	Medienwissenschaft, Kommunikationswissenschaft, Filmwissenschaft, Dramaturgie, Kamera, Filmmusik, Fotografie
Technik AG	Ingenieurswissenschaften, Informatik, Maschinenbau, Elektrotechnik, Wirtschaftsingenieurwesen, Medizintechnik, Biotechnik
Musik AG (Orchester, Band, Chor oder Ähnliches)	Musikwissenschaft, Instrumentalmusik, Musikpädagogik, Komposition, Filmmusik
Sport AG	Sportwissenschaften, Sportmedizin, Sportmanagement, Sporttherapie, Physiotherapie

(► S. 94) studieren. Dennoch eignen sich nicht alle Abiturienten für dieses Studienfeld, denn hier ist eher eine bestimmte Persönlichkeit gefragt als eine bestimmte Fachvorliebe.

Das Wichtigste auf einen Blick

- **Deine starken Fächer sind ein Anhaltspunkt für Deine Vorlieben.**
- **Manche Studienfächer lassen sich nur schwer mit Schulfächern vergleichen, zum Beispiel Jura oder Medizin.**
- **Es kommt auch darauf an, dass Deine Persönlichkeit zu einem Studienfach passt.**

5.4 Eltern, Familie, Freunde, Studenten

Sobald Du Deine Gedanken zusammengefasst hast, solltest Du andere Leute einbinden. Denn **Familie, Freunde und Bekannte** haben eine andere Sicht auf Dich als Du selbst. Sie können Dir oftmals sehr nützliche

Tipps geben. Der fachliche Hintergrund ist übrigens egal: Auf der einen Seite leiden gerade fachfremde Leute weniger unter Betriebsblindheit und bieten Dir eine gute Hilfe zur Selbsteinschätzung. Auf der anderen Seite ist es aber auch hilfreich, mit einem Experten zu sprechen, der Dir einen guten und vor allem auch realistischen Einblick in das Berufsfeld geben kann.

Neben Deiner direkten Umgebung gibt es noch jemanden, der Dir helfen kann – denn wer kann Dir am besten sagen, wie sich ein bestimmtes Fach studiert? Wer hat den besten Einblick ins Leben an der Hochschule Deines Interesses? Nein, es ist leider nicht der Autor dieses Buches. Es sind **derzeitige Studenten**. Vielleicht kennst Du ja einige Leute, die sich bereits im Studium befinden. Und wenn nicht, ist das auch nicht schlimm – denn es gibt ja das Internet.

Mit StudiVZ und Facebook gibt es zwei **soziale Netzwerke** für Studenten. Suche einfach drei oder vier sympathisch aussehende Leute heraus, die das studieren, was Dich interessiert. Schreibe ihnen eine kurze Nachricht und bitte sie um Rat. Vielleicht ist es Dir anfangs etwas unangenehm, fremde Leute um Rat zu fragen. Doch lass Dir gesagt sein: Jeder wird gerne um Rat gebeten. Die meisten werden sich geschmeichelt fühlen, dass Du sie fragst. Zwei von drei Leuten, die Du anschreibst, werden Dir garantiert antworten. Also keine Bange! Hier eine Beispielmail von einer Abiturientin namens Julia, die sich für ein Biologiestudium in Hamburg interessiert.

»Hi Anne,
ich habe gesehen, dass Du an der Uni Hamburg Biologie studierst.
Ich interessiere mich auch für das Programm und wollte Dich deshalb um Deinen Rat bitten:

- *Wie ist die Betreuung durch die Professoren?*
- *Ist es leicht, an ERASMUS-Plätze zu kommen? Ich möchte während meines Studiums unbedingt ins Ausland.*
- *Sind die Seminare oft überfüllt?*

Und ganz generell: Wie gefällt es Dir? Hast Du sonst noch Tipps? Vielen Dank schon mal!

Liebe Grüße,
Julia«

Eine gute Informationsquelle sind auch die Vertreter der **Fachschaften**. Dabei handelt es sich um die Studentenvertreter eines bestimmten Faches oder einer Fächergruppe. Diese geben Dir fast immer kompetente Ratschläge. Im Internet findest Du auf den Seiten der Hochschule auch die Links zu den Webseiten der einzelnen Fachschaften.

Auf viele Deiner Fragen erhältst Du in **Internet-Foren** Antworten. Ein Großteil der Hochschulen hat studentische Foren – bei sehr spezifischen Fragen sind diese die beste Wahl. Du erreichst diese Foren in den meisten Fällen ganz einfach über die Internetseite der jeweiligen Studentenvertreter. Bei generellen Fragen kannst Du Dich an allgemeinere Studenten-

@ StudiVZ:
www.studivz.net

@ Facebook:
www.facebook.com

@ Unicum:
www.unicum.de

@ Studis Online:
www.studis-online.de

seiten wenden. Fast alle Informationswebseiten verfügen auch über ein Forum, doch nicht alle haben eine aktive Community. Auf jeden Fall lohnt es sich, einen Blick auf die Foren der Zeitschrift »Unicum« und von »Studis Online« zu werfen.

Das Wichtigste auf einen Blick

- **Diskutiere Deine Ideen mit Deinen Eltern, Freunden, Bekannten und Geschwistern – sie haben häufig einen anderen Blick auf Dich und können Dir gute Ratschläge geben.**
- **Bitte über Facebook und StudiVZ aktuelle Studenten um Rat – sie werden in den meisten Fällen antworten.**
- **In den Fachschaftsräten sitzen meist kompetente Studentenvertreter, die Dir gerne weiterhelfen.**
- **Bei generellen Fragen können studentische Internetforen nützlich sein.**

5.5 Selbsttests

»Welcher Flirttyp bist Du?«, »Hörst Du auf Deine innere Stimme?«, »Hast Du ein Feeling für Magic?« – Kommt Dir das bekannt vor? Solltest Du während Deiner Pubertät die Bravo und ähnliche Magazine gelesen haben, kennst Du auch die wenig aussagekräftigen Psychotests, die man aus Neugierde trotzdem macht. Prinzipiell ähnliche Tests gibt es allerdings auch zur Studienwahl – glücklicherweise sind die meisten in ihrer Aussagekraft deutlich zuverlässiger.

Selbsttests findest Du vor allem im Internet. Fast alle sind gratis. Einzig die staatlich finanzierte Bundesagentur für Arbeit verlangt Geld für ihren Test. In ◘ Tabelle 5.3 findest Du eine Übersicht.

◘ **Tab. 5.3.** Selbsttests im Internet

Name	Beschreibung
www.borakel.de	Ein kostenloser Studienwahltest der Universität Bochum. Der Test ist umfangreich und die Ergebnisse sind hochinteressant. Allerdings werden nur Fächer miteinbezogen, die es auch in Bochum gibt.
www.explorix.de	Ein Selbsttest der Bundesagentur für Arbeit. Zusammen mit einer Beratung ist er kostenlos, sonst zahlst Du 11,20 Euro.
www.allianz.de/start/perspektiven_tests	Ein kostenloser Selbsttest der Allianz-Versicherung, der überraschend gut ist. Die Ergebnisse ähneln dem Borakel, denn Allianz und Uni Bochum arbeiten zusammen.
www.was-studiere-ich.de	Der Selbsttest der Universität Hohenheim. Ebenfalls empfehlenswert und gratis.
www.selfassessment.uni-nordverbund.de	Die norddeutschen Universitäten haben Eignungstests für verschiedene Fachrichtungen erstellt. Extrem hilfreich, falls Du zweifelst, ob Du für bestimmte Fächergruppen wie Naturwissenschaften oder Rechtswissenschaften geeignet bist. Auch hier bezahlst Du nichts.

Selbsttests können Dir dabei helfen, auf neue Ideen zu kommen. Der Autor hat im Rahmen der Recherchen beispielsweise einen entsprechenden Test beim Borakel gemacht – und erhielt als erste Empfehlung Geowissenschaften. Ein Fach, an das er nie im Entferntesten gedacht hatte, das bei genauerer Betrachtung allerdings extrem gut auf seine Interessen gepasst hätte. Schade, dass es diese Tests früher noch nicht gab!

Wenn Du mehrere dieser Tests durchführst, wirst Du sehen, dass teilweise sehr **unterschiedliche Ergebnisse** herauskommen. Dies ist auch verständlich, denn die Studienwahl ist alles andere als objektiv. Daher solltest Du in jedem Fall mehrere Tests machen und die Ergebnisse als willkommene Ratschläge betrachten – jedoch nicht als der Weisheit letzter Schluss.

Neben den oben aufgezählten Selbsttests findest Du noch viele weitere im Internet. Einige Hochschulen tun es inzwischen den Universitäten Bochum und Hohenheim gleich und bieten ebenfalls Selbsttests auf ihren Webseiten – dazu gehören unter anderen die Uni Freiburg, die RWTH Aachen sowie die HAW Hamburg.

Das Wichtigste auf einen Blick

- **Viele Selbsttests stehen gratis im Internet.**
- **Die Tests können Dich auf neue Ideen bringen, auf die Du so nie gekommen wärst.**

5.6 Webseiten

Eine gute Informationsquelle ist natürlich das Internet – hier gibt es so viele Infoseiten, dass Du eher filtern musst, was gut und was schlecht ist. Aber Du hast Dich ja zum Glück für dieses Buch entschieden und das gibt Dir einen Überblick über die lohnenswerten Seiten.

Natürlich hat auch jede Hochschule eine Webseite. Die Adresse findest Du schnell per Google – oder Du denkst einfach nach: Die Webseiten folgen fast alle der gleichen Logik. Die Universität Bremen hat die Seite »uni-bremen.de«, die Fachhochschule Frankfurt findest Du unter »fh-frankfurt.de« und die Technische Hochschule München erreichst Du wenig überraschend unter »tu-münchen.de«. Leider sind die meisten Hochschulwebseiten nicht ebenso leicht zu bedienen wie sie zu finden sind.

Tipps rund ums Studium erhältst Du auch über eine Reihe von Internetseiten. Eine entsprechende Liste empfehlenswerter Websites findest Du in Tabelle 5.4.

Das Wichtigste auf einen Blick

- **Viele Internetseiten informieren Dich zum Studium.**
- **Hochschulwebseiten sind leicht zu finden – und manchmal schwer zu bedienen.**

Tab. 5.4. Liste hilfreicher Webseiten

Name und Adresse	Was bietet die Seite?
Studis Online www.studis-online.de	Sehr umfangreiche Website mit Infos zum Studium. Eine gute Ausgangsseite für alle wichtigen Themen wie Praktika, Hochschulpolitik, Leistungsdruck oder Studienplatztausch. Die Artikel sind meist sehr aktuell und extrem gut recherchiert. Die derzeit beste Seite für Infos rund ums Studium, wenn auch etwas unübersichtlich.
Wege ins Studium www.wege-ins-studium.de	Staatliche Seite. Gute Informationen zu allen relevanten Gebieten.
Studien- & Berufswahl www.studienwahl.de	Staatliche Seite. Viele Informationen zu Studium und Ausbildung.
Unicum www.unicum.de	Das größte Studentenmagazin in Deutschland. Viele Infos rund ums Studentenleben.
Studieren.de www.studieren.de	Ähnlich wie Studis Online, allerdings weniger umfangreich.
ZEIT Campus www.zeit.de/campus	Die Seite des Studentenmagazins der ZEIT. Viele aktuelle Berichte.
Einstieg www.einstieg.com	Viele Tipps rund ums Studium findest Du auf der Seite des Studentenmagazins Einstieg.
E-Fellows www.e-fellows.net	Das Unternehmen vergibt nicht nur Stipendien, sondern veranstaltet auch Abiturientenmessen (► S. 80) und versorgt Dich mit weiteren Infos.

5.7 Studien- und Berufsberater

Professionelle Studienberater können sehr hilfreich sein – sie befassen sich immerhin tagein tagaus mit dem Thema Studienwahl. Dadurch entsteht allerdings auch ein Risiko: Sie entwickeln mitunter einen Tunnelblick und gehen nicht ausreichend auf Deine individuellen Probleme ein. Daher solltest Du Dich zwar beraten lassen, die Tipps aber durchaus kritisch sehen.

Kostenlose Hilfe bieten Dir die **Abi-Berater der Bundesagentur für Arbeit**. Für Deine lokale Arbeitsagentur klickst Du unter dem unten stehenden Link auf »Partner vor Ort«. Erfahrungsgemäß kennen viele Berufsberater der Bundesagentur die Hochschullandschaft und den Arbeitsmarkt nur oberflächlich. Oftmals werden sie Dir einige Broschüren in die Hand drücken, aber nicht auf Deine wirklichen Bedürfnisse eingehen. Denn für die Berater bist Du nur ein Fall, der abgearbeitet werden muss, und sie haben wenig eigenes Interesse an Deinem Erfolg. Zwar kannst Du Glück haben und einen guten Mitarbeiter erwischen, häufig ist das Gespräch aber Zeitverschwendung.

Eine bessere Beratung als bei der Bundesagentur erhältst Du häufig bei den **Studienberatungen in den Hochschulen** – denn diese haben ein tatsächliches Interesse an Deinem Studienerfolg. Die Nummer findest Du auf der jeweiligen Hochschulseite. Rufe einfach an und mache einen Termin aus. Du musst übrigens nicht zwangsläufig planen, an der Hochschule, von der Du Dich beraten lässt, auch ein Studium aufzunehmen. Eine Übersicht über die Studienberatungen der Hochschulen gibt es auch beim Hochschulkompass der Hochschulrektorenkonferenz.

Sollte dies alles nicht helfen, gibt es auch eine Reihe **privater Beratungsfirmen**. Diese nehmen zwischen 50 und 2 000 Euro für eine Beratung. Wenn Du Glück hast, wirst Du weitaus besser und individueller beraten, als es anderswo möglich wäre. Wenn Du allerdings Pech hast, schmeißt Du eine Menge Geld zum Fenster hinaus für Informationen, die Du auch gratis bekommen hättest. Investiere daher nur in Berater, wenn Du sehr ernsthafte Entscheidungsschwierigkeiten (oder viel zu viel Geld) hast. Der Deutsche Verband für Berufsberatung hat im Internet eine Datenbank mit Berufsberatern in ganz Deutschland.

@ Bundesagentur für Arbeit: www.arbeitsagentur.de

@ Hochschulrektorenkonferenz: www.hochschulkompass.de Klick auf Hochschulen > Kontaktstellen > Studienberatung

@ Deutscher Verband für Berufsberatung e. V.: www.bbregister.de

Das Wichtigste auf einen Blick

- **Die Studienberatung an Hochschulen ist gratis und häufig von guter Qualität.**
- **Erfahrungsgemäß ist die Beratung der Bundesagentur für Arbeit weniger hilfreich.**
- **Private Studienberater können sehr teuer sein, sind oftmals aber auch sehr gut.**

5.8 Hochschulmessen

Eine gute Möglichkeit, Dich aus erster Hand zu spannenden Hochschulen und Programmen zu informieren, sind Hochschul- und Abiturientenmessen. Bei diesen Veranstaltungen präsentieren sich Hochschulen, Experten und Unternehmen, um Dich als Studenten (oder als Kunden) zu gewinnen. Auch der Autor dieses Buches hält regelmäßig Vorträge auf Hochschulmessen.

Eine Hochschulmesse kann Dir einen guten Eindruck über Deine Möglichkeiten verschaffen und Dich auf neue Ideen bringen. Außerdem hast Du hast die Chance, Fragen zu stellen und mit Experten zu sprechen. Dies solltest Du unbedingt nutzen!

Eine Übersicht über bundesweit stattfindende Hochschulmessen findest Du in Tabelle 5.5. Die Messen finden übers gesamte Jahr verteilt statt und in jeder Stadt meist nur einmal. Solltest Du also nicht allzu weit reisen wollen, musst Du Dich früh kümmern.

Hinzu kommt auch noch eine sehr große Anzahl regionaler Messen, die sich lediglich um das Studienangebot in einer bestimmten Region kümmern. Dazu gehören zum Beispiel die Messen »Studieren in Berlin und Brandenburg« oder »Studieren in Mitteldeutschland«. Hinzu kommen unzählige regionale Infoabende, Tage der offenen Tür, Diskussionen etc. Eine gute Übersicht über entsprechende Termine bietet »Studieren.de« unter Service>Termine.

@ Studieren.de: www.studieren.de

Tab. 5.5. Hochschulmessenübersicht

Anbieter der Messe	Name, Website	Worum geht es?	Wo?
Einstieg.com	Einstieg Abi www.einstieg.com	Die größte überregionale Messe mit Infos zu Studium und Ausbildung. Sehr viele Hochschulen sind vertreten, auch internationale.	Köln, Karlsruhe, Frankfurt, Dortmund, Berlin, München
message – messe & marketing GmbH	abi pure / azubi- und Studientage www.azubitage.de	Interessante Vorträge und Aussteller. Die Messe hat aber jeweils einen eher regionalen Charakter. Außerdem liegt ein Schwerpunkt auf Berufsausbildungen, wobei auch Hochschulen vertreten sind.	In fast allen Bundesländern
e-fellows.net	Startschuss Abi www.e-fellows.net	Große Unternehmen, hoch interessante Veranstaltungen, hervorragende internationale Hochschulen. Sehr informative Messe mit Schwerpunkt Studium. Der Schwerpunkt liegt allerdings auf Jura, Wirtschaft und Technik.	Berlin, Stuttgart, Ruhrgebiet, Frankfurt
Scope Messe-strategie GmbH	Horizon www.horizon-messe.de	Viele Aussteller; vertreten sind Hochschulen, Wirtschaft und andere Institutionen. Außerdem bieten die Horizon-Messen ein gutes Rahmenprogramm. Es geht sowohl um Ausbildungen als auch ums Studium.	Münster, Stuttgart, Friedrichshafen, Thüringen, Bremen, Freiburg, Mainz

Das Wichtigste auf einen Blick

- **Auf Hochschulmessen kannst Du Dich unverbindlich und aus erster Hand zu Hochschulen und Studienmöglichkeiten informieren.**
- **Gehe eher zu den großen deutschlandweiten Messen, denn nur dort findest Du viele und interessante Hochschulen.**
- **Plane frühzeitig, denn die Messen finden in jeder Stadt meist nur einmal im Jahr statt.**

5.9 Besuch der Hochschule

Der persönliche Eindruck ist extrem wichtig. Alle logischen Abwägungen helfen Dir nicht, wenn Du plötzlich feststellst, dass Du Dich auf dem Campus unwohl fühlst. Daher solltest Du **unbedingt die Hochschule Deiner Wahl besuchen**, bevor Du Dich endgültig entscheidest.

Natürlich kostet Reisen Geld. Aber keine Informationsbroschüre, kein Zeitungsartikel, keine Beratung, kein Selbsttest und keine Auskunft von aktuellen Studenten können Dir einen so **authentischen Eindruck** vermitteln wie ein Besuch. Es ist besser, Du investierst ein wenig Geld in eine Reise zur Zielhochschule, als mindestens drei Jahre lang an der falschen Hochschule zu studieren.

Fast alle Hochschulen bieten so genannte **Hochschulinformationstage** an, die auch gerne mal neudeutsch »Open Campus Days« oder so ähnlich genannt werden. An diesen Tagen gibt es Campusführungen, Professorengespräche, viele Infostände sowie Kulinarisches. Die Termine sind sehr verschieden – manche Hochschulen haben ihre Informationstage im Herbst, andere im Winter oder Frühjahr. Du findest die Daten immer auf der Webseite der jeweiligen Hochschulen. Falls Du keine Termine findest, liegt das meist eher an der schlechten Internetseite als daran, dass es keine entsprechenden Infotage gibt. Rufe in dem Fall einfach die Hochschule an.

Die Webseite »Studis Online« bietet daneben eine Termindatenbank für Hochschulinformationstage an. Diese ist hilfreich, allerdings nicht immer vollständig. Ein Blick lohnt sich aber in jedem Fall.

Einige Hochschulen bieten sogar ganze **Orientierungswochen** an. Dabei hast Du die Möglichkeit, das Uni-Leben durch ein mehrtägiges »Probe-« oder »Schnupperstudium« zu testen. Auch hierfür erkundigst Du Dich am besten direkt bei Deiner Wunschhochschule.

Solltest Du den Tag der offenen Tür verpasst haben, kann Dir auch ein **spontaner Besuch** viel über die Atmosphäre auf dem Campus verraten. Setze Dich einfach in einzelne Vorlesungen. Dabei brauchst Du keine Hemmungen zu haben, denn die Dozenten freuen sich immer sehr über Interessenten. Im Falle von kleineren Seminaren gibt es ebenfalls selten Probleme, hier solltest Du im Zweifel den Dozenten vorher fragen. Ach ja, sprich im Anschluss an Vorlesungen Studenten bzw. Dozenten an und löchere sie mit Deinen Fragen!

Eine andere gute Möglichkeit, seine zukünftige Hochschule und sein zukünftiges Fach kennen zu lernen, sind **Schüleruniversitäten**. Viele Hochschulen bieten begabten Schülern die Möglichkeit, Kurse zu belegen und dort bereits Leistungspunkte zu sammeln, die dann auf das spätere Studium angerechnet werden. Wenn Du Dich umfassend vorbereiten möchtest, dann ist dies eine fantastische Möglichkeit: Du lernst das Uni-Leben kennen und kannst zusätzlich schon Punkte für Dein späteres Studium sammeln.

Egal wie und wann Du die Hochschule besuchst: Sprich mit aktuellen Studierenden! Denn nur sie können Dir eine gute Einschätzung vermitteln, wie die Situation an der Hochschule ist. Um ein solches Gespräch zu führen, gibt es zwei Wege:

- Einfach jemanden spontan ansprechen. Fast alle Leute werden Dir gerne Ratschläge geben.
- Vorher Termine machen. Dabei wendest Du Dich einfach per Internet an Leute, die Dir interessant erscheinen. Gute Ansprechpartner sind dabei natürlich Studentenvertreter sowie Professoren und Lehrstuhlmitarbeiter wie Doktoranten und wissenschaftliche Mitarbeiter. Letztere sind meist jünger und haben meist mehr Lust und Zeit, Fragen von zukünftigen Studierenden zu beantworten.

Nach Deinem Besuch kann es hilfreich sein, ein kleines schriftliches Fazit anzufertigen. Denn Erinnerungen können täuschen und nach zwei oder drei Monaten kannst Du wichtige Details vergessen haben.

@ Studis Online:
www.studis-online.de/StudInfo/termine.php

@ Studien- und Berufswahl:
www.studienwahl.de Klick auf Aktuelles > Infotage > Termine anzeigen

Das Wichtigste auf einen Blick

- **Besuche unbedingt die jeweilige Hochschule, bevor Du Dich für ein Studium entscheidest.**
- **Ideal für einen Besuch sind Hochschulinformationstage, die fast jede Hochschule mindestens einmal im Jahr organisiert.**
- **Manche Hochschulen bieten die Möglichkeit eines Schnupperstudiums.**
- **Sprich unbedingt mit Studierenden, wenn Du die Hochschule besuchst – denn sie können Dir einen Eindruck aus erster Hand vermitteln.**

Was studieren – ein Leitfaden

Dieses Kapitel zeigt Dir Deine **Studienmöglichkeiten** auf, beschreibt alle Studienrichtungen und nennt Dir gute Quellen, in denen Du bei Interesse weitere Informationen findest. Neben den größeren Fächern stellt der Autor Dir eine Reihe exotischer Studiengänge vor. Dies ist keine Liste von verfügbaren Studiengängen – die ändern sich so häufig, dass da das Internet ein besserer Ratgeber ist. Infos über alle deutschen Studiengänge findest Du im Hochschulkompass sowie auf »Studieren.de«.

Die meisten Studierenden entscheiden sich für Standardstudiengänge, die es an (fast) jeder Hochschule gibt. Doch mit der Umstellung auf Bachelor und Master wurden **viele neue, spannende Studiengänge** geschaffen wie zum Beispiel Energiemanagement, Klimaforschung oder Philosophy & Economics. In diesen Programmen liegen große Chancen: Du kannst exakt das finden, was Dich interessiert. Und Du zeigst, dass Du nicht mit der Masse schwimmst, sondern Deine Studienentscheidung individuell triffst. Also: Schau über den Tellerrand! Recherchiere, was interessant für Dich sein könnte!

Bei dem, was jetzt kommt, solltest Du noch eines beachten: **Denke groß**. Denn wenn Du Dir selber nicht zutraust, Deine Träume zu erfüllen, wer dann? Es klingt furchtbar amerikanisch, doch es geht hier um Deine Zukunft und Dein Leben. Wenn Du von einer Sache wirklich **überzeugt** bist, schaffst Du es fast immer auch.

Und lass Dich nicht täuschen – fast alle Studiengänge und Hochschulen schreiben in ihren Broschüren, dass die Zugangsvoraussetzungen hart seien und man im Studium äußerst viel arbeiten müsse. Sicher, man bekommt seinen Abschluss schließlich nicht (nur) fürs Rumsitzen. Doch in 90 Prozent der Fälle wirst Du feststellen, dass die Angaben doch arg übertrieben waren. Das ging mir als Autor bei Studienbeginn ebenso. Merke Dir: Alle Leute kochen nur mit Wasser.

6.1 Ich will etwas mit Sprachen!

Du bist gut in Sprachen? In Zeiten unaufhaltsamer Internationalisierung kann dies nur von Vorteil sein. Außerdem versetzt es Dich in die Lage, auf mexikanischen oder chinesischen Trödlermärkten in der Landessprache um nachgemachte Gucci-Taschen zu feilschen sowie mit lokalen Schönheiten in der Landessprache zu flirten.

Beschreibung

Für fremdsprachliche Fächer gibt es meist gewisse **Sprachvoraussetzungen**. Ansonsten brauchst Du vor allem Selbstdisziplin, denn Du bist meist recht frei in Deiner Schwerpunktsetzung. Und Du solltest gerne lesen. Viele Studiengänge in diesem Bereich haben geringe bis keine Hürden bei der Zulassung.

Gemeinsam ist allen sprachwissenschaftlichen Fächern, dass Lautsprache, Sprachstruktur, Grammatik und Vokabeln gepaukt werden – die deutsche Sprache bildet bei Letzterem eine logische Ausnahme. Und natürlich liest Du auch die jeweilige **Literatur** – bei Anglistik ist es die britische und amerikanische, bei Romanistik die französische und spanische. Dies gilt natürlich auch für Germanisten: Sie beschäftigen sich mit dem Deutschen als Umgangs- und Literatursprache, meist in Kombination mit anderen Fächern.

Germanisten befassen sich wissenschaftlich mit der deutschen Sprache und Literatur. Und Letztere reicht weit zurück: Die frühesten Texte stammen aus dem 8. Jahrhundert. Die Germanistik besteht aus drei Bereichen: Linguistik, Literaturwissenschaft sowie Mediävistik, die ältere deutsche Literatur und Sprache. Damit ist die Germanistik ein naher Verwandter der Literaturwissenschaft.

Die **Literaturwissenschaft** ist ein sehr populäres sprachwissenschaftliches Fach. Wenn Du in Deutsch besonders gerne Texte interpretiert hast, könnte das eine gute Wahl für Dich sein. In der **Linguistik** wird die Sprache an sich untersucht.

Etwas weiter weg vom Kern des Sprachstudiums sind kommunikationswissenschaftliche Studiengänge wie Journalistik (▶ S. 102) und Kommunikation (▶ S. 102), die Du im Abschnitt zu »Medien« (▶ S. 101) findest. Hier lernst Du weniger die Struktur und Grammatik einer Sprache kennen, sondern sie aktiv zu benutzen und zu interpretieren.

Ein sehr populärer Irrtum ist, dass man bei **Anglistik** und **Romanistik** in erster Linie die entsprechenden Sprachen lernt. Denn in diesen Fächern beschäftigst Du Dich mit Literatur, Sprache und Kultur der jeweiligen Sprachregion. Natürlich werden studienbegleitend Sprachkurse angeboten, doch gute Grundkenntnisse in den jeweiligen Sprachen werden bereits zu Beginn vorausgesetzt. Deine Kenntnisse müssen bei weitem nicht perfekt sein, doch mit einem 4-Wochen-Spanischkurs in Barcelona kurz vor Studienstart kommst Du nicht weit genug. Die Sprachhürde sowie die hohe Arbeitsbelastung sind wichtige Gründe für die recht hohen Abbrecherquoten der beiden Studiengänge – sie liegen bei bis zu 75 Prozent.

Wer es ganz klassisch haben möchte, kann sich für **Philologie** einschreiben – dabei handelt es sich zusammengefasst um die Sprach- und Literaturwissenschaft einer bestimmten Sprache. Wer zum Beispiel Afrikanische Philologie studiert, lernt zwei bis drei afrikanische Sprachen und liest dazu einen Haufen Literatur. Klassische Philologie umfasst Latein, Hebräisch und Griechisch.

Interdisziplinäre Formen

In der jüngeren Vergangenheit sind mehr und mehr sprachwissenschaftliche Studiengänge entstanden, die sich mit anderen Fächern mischen. Beispiele sind wirtschaftlich orientierte Fächer, Computerlinguistik oder internationale Studiengänge. Immer häufiger sind bei fremdsprachigen Studiengängen auch Doppelabschlüsse mit ausländischen Hochschulen.

Ausgefallene Studiengänge

Afrikanische Sprachen, Literaturen und Kunst, Universität Bayreuth: Hier beschäftigst Du Dich mit afrikanischer Literatur und Kunst und bekommst einen Einstieg in den Aufbau mehrerer afrikanischer Sprachen.

Mehrsprachige Kommunikation, FH Köln: Am Ende des Studiums solltest Du in der Lage sein, in mindestens drei Sprachen – eine davon Deutsch – zu arbeiten und zu kommunizieren. Ein möglicher Beruf ist der des Dolmetschers.
Deaf Studies, HU Berlin: Du lernst Sprache und Kultur Gehörloser kennen und wirst auf die Arbeit mit ihnen als Therapeut, Lehrer oder Dolmetscher vorbereitet.
Franko-Media, Universität Freiburg: Hier wird die frankophone Medienkultur gelehrt.

Berufsaussichten

Die Berufsaussichten sind für die meisten Sprachwissenschaftler eher mau: In typischen Bereichen wie dem Verlagswesen, den Medien und den Hochschulen hangeln sich viele Absolventen lange durch schlecht bezahlte Zeitverträge. Einen Vorteil haben Studierende, die sich nicht ausschließlich auf Sprachen konzentrieren, sondern gefragte Kombinationen wie Wirtschaft oder Informatik wählen. Auch Dolmetscher sind immer gefragt.

Weitere Informationen

Zu sprachwissenschaftlichen Studiengängen gibt es mehrere Studienführer. Der »Studienführer Sprach- und Literaturwissenschaften« befasst sich allerdings kaum mit der neuen Studienstruktur. Jochen Vogt gibt einen umfassenden Überblick über die Studieninhalte, aber nicht über Studiengänge. Im Buch »BA-Studium Germanistik« findest Du sowohl praktische Tipps als auch eine Einführung ins Fach. Im Internet gibt es ein paar Infos bei den jeweiligen Fachverbänden Germanistenverband, Anglistenverband sowie Romanistenverband. Mehr als eine Auflistung von Fakultäten kannst Du dort leider nicht erwarten.

Buchtipps:
Klaus-Michael Bogdal, Kai Kauffmann, Georg Mein: BA-Studium Germanistik, 2008, 345 Seiten, 12,95 €

Andreas Kunkel und Jule Scherer: Studienführer Sprach- und Literaturwissenschaften, 2004, 192 Seiten, 18,- €

Jochen Vogt: Einladung zur Literaturwissenschaft, 2008, 292 Seiten, 16,90 €

@ Germanistenverband: www.germanistenverband.de/hochschule

@ Anglistenverband: www.anglistenverband.de

@ Romanistenverband: www.deutscher-romanistenverband.de

Das Wichtigste auf einen Blick

- **Sprachwissenschaftliche Fächer setzen in der Regel gute Vorkenntnisse der jeweiligen Sprache voraus.**
- **Die Berufschancen sind leider schlechter als in anderen Fächern – abgesehen von gefragten Berufen wie Dolmetschen.**
- **In sprachwissenschaftlichen Fächern wirst Du viel lesen müssen.**

6.2 Ich will etwas Kreatives!

Du willst Dich ausleben und ausdrücken, ob grafisch, gestalterisch, musikalisch oder mit Worten. Dann bist Du in der Kreativbranche richtig.

Beschreibung

Wenn Du etwas Gestalterisches studieren möchtest, wirst Du kaum um ein **aufwändiges Zulassungsverfahren** herumkommen. In den meisten Fällen werden ausführliche Bewerbungsmappen verlangt, nur selten reicht ein Motivationsschreiben aus. Und diese musst Du früh abgeben:

Bei der Hochschule für Bildende Künste Dresden musst Du Deine Unterlagen zum Beispiel bis Mitte Januar eingereicht haben, um im darauf folgenden Wintersemester aufgenommen zu werden. Danach kommen oftmals weitere Bewerbungsrunden mit Gesprächen und schriftlichen wie praktischen Tests. Immerhin: Es gibt professionelle Helfer für Bewerbungsmappen. Gib im Übrigen nicht gleich auf, wenn es beim ersten Mal nicht klappt, sondern versuche, von der Kritik zu lernen und besser zu werden.

Kunst- und Musikhochschulen gehören zu den wenigen Hochschulen, an denen Du unter Umständen noch auf **Diplom** wirst studieren können. Diese Hochschulen haben sich besonders gegen die Einführung der neuen Studienabschlüsse gewehrt, da der Bachelor und Master stark strukturiert sind, was sich nur schwer mit dem sehr freien Kunststudium vereinbaren lässt. Viele Kunsthochschulen haben allerdings gute Wege gefunden, trotz der Umstellung die nötige Freiheit zu garantieren.

Grundsätzlich unterschieden wird zwischen **freier und angewandter Kunst** – auch wenn die Trennung nicht immer einfach ist. Zu freier Kunst zählen Malerei, Grafik, Schauspiel, Tanz und Bildhauerei. Schmiedereikunst, Modedesign, Bühnenbild, Glas und Keramik sind klassische Bereiche der angewandten Kunst. Ebenfalls künstlerisch ist die Architektur (▶ S. 89), die allerdings im Technik-Abschnitt behandelt wird.

Der **Studienaufbau** ist in künstlerischen Fächern völlig anders als in anderen Fachgebieten. In den meisten kunstwissenschaftlichen Studiengängen dienen die ersten beiden Semester der Orientierung: Dir werden die Grundlagen im selbständigen künstlerischen Arbeiten vermittelt. Ab dem dritten Semester arbeitest Du dann in Klassenateliers unter der Leitung einer Künstlerin oder eines Künstlers.

Eine Alternative zu den praktischen Kunststudiengängen sind die stärker **theoretischen Fächer** wie zum Beispiel Kunstgeschichte, Film- oder Theaterwissenschaft. Hier sind die Voraussetzungen meist weniger hart, Aufnahmeprüfungen aber trotzdem häufig. Ein spannendes **Querschnittsfach** ist Kulturwissenschaft, die allerdings von Hochschule zu Hochschule anders gestaltet ist. Während an einigen Orten Geschichte und Germanistik im Mittelpunkt stehen, sind es an anderen Musik, Kunst, Theater und Literatur. An vielen Musikhochschulen ist ein vierjähriger Bachelor in Verbindung mit einem zweijährigen Master möglich.

Interdisziplinäre Formen

Darüber hinaus gibt es viele Mischfächer wie Kunsterziehung, Musiktherapie, Theatertechnik und Theaterpädagogik. Auch fürs Lehramt sind künstlerische Fächer sehr gefragt. Die Bewerbungsvoraussetzungen sind von Hochschule zu Hochschule verschieden.

Ausgefallene Studiengänge

Szenisches Schreiben, Universität der Künste Berlin: In diesem Programm lernst Du, für Theater, Hörfunk und Film Texte zu schreiben.

Spiel- und Lernmitteldesign, Hochschule für Kunst und Design Halle: Dir wird die Gestaltung von Spielzeugen und Spielplätzen beige-

@ Wiki Books:
http://de.wikibooks.org/wiki/Die_Bewerbung_zum_Design-_und_Kunststudium

@ Kunst und Design Studieren:
www.design-studieren.de

Buchtipps:

Richard Jakoby: Musikstudium in Deutschland 2007. Musik - Musikerziehung – Musikwissenschaft, 2007, 151 Seiten, 14,95 €

Michael Jung: Studienführer Kunst und Design, 2008, 243 Seiten, 15,- €

Eva Heiming, Arndt Rüskamp: Design – Studienführer mit Olive, 2009, 480 Seiten, 19,90 €

Rita Carlsen, Annette Sommerfeld, Arndt Rüskamp Mythos Mappe 2. Designstudenten präsentieren ihre Bewerbungsmappen, 2008, 223 Seiten, 38,- €

Ulrike Boldt: Traumberuf Schauspieler. Der Wegweiser zum Erfolg, 2006, 207 Seiten, 16,90 €

Internationales Forum f. Gestaltung Ulm (Hrsg.): Design und Architektur. Studium und Beruf. Fakten, Positionen, Perspektiven, 2004, 504 Seiten, 24,50 €

bracht, wobei ein besonderer Schwerpunkt auf pädagogischen Aspekten liegt.

Kulturmanagement, Merkur FH Karlsruhe (privat): In diesem Studiengang lernst Du, im Kreativbereich organisatorisch tätig zu werden.

Berufsaussichten

Für diesen Fachbereich ist der Begriff »Berufschancen« wenig passend: Denn künstlerisches Arbeiten lässt sich kaum in Arbeitsstatistiken fassen, noch ist eine Festanstellung die typische Lebensform. Der zu erwartende Durchschnittsverdienst ist sicher nicht hoch. Doch all dies hängt mehr noch als in anderen Bereichen von Talent, Ehrgeiz und Glück ab.

Weitere Infos

Sehr **umfangreiche Tipps** zur Anfertigung einer Bewerbungsmappe plus einen Haufen nützlicher Links findest Du in einem sehr hilfreichen Wiki Books-Projekt, mithilfe dessen viele Hinweise zur Bewerbung gegeben werden. Eine kleine **Übersicht** über Deine Möglichkeiten bietet das kommerzielle Portal »Kunst und Design Studieren«. Ein riesiges Angebot an Büchern gibt es für Bewerber an Schauspielschulen – zwei davon sind hier aufgelistet. Eine – nicht mehr ganz aktuelle – Übersicht für angehende Architekten bietet das Internationale Forum für Gestaltung Ulm.

Das Wichtigste auf einen Blick

- **Die Bewerbung für kreative Fächer ist aufwändig und die Fristen enden früh.**
- **Die Bandbreite an kreativen Fächern ist riesig.**
- **Es bewerben sich viele Leute an Kunsthochschulen – wenn Du es wirklich willst, solltest Du nicht nach den ersten Rückschlägen aufgeben.**

6.3 Ich will etwas mit Technik!

Schon als Kind fandest Du Lego Technik am coolsten? An Deinem Auto schraubst Du selbst herum und hast zu Hause gerade ein per Handbewegung steuerbares Lichtsystem installiert? Dann solltest Du Dir überlegen, etwas mit Technik zu studieren.

Beschreibung

Gemeinsam ist fast allen technischen Fächern, dass Du in **Mathematik** keine Null sein darfst – idealerweise bist Du sogar richtig gut. Interesse für Physik, Chemie und Biologie ist, je nach Studienrichtung, ebenso von Vorteil. In den ersten ein bis zwei Jahren werden in allen Fächern die mathematisch-naturwissenschaftlichen Grundlagen gelegt. Danach wird vor allem Spezialwissen vermittelt. Technische Studiengänge werden sowohl an Universitäten (▶ S. 20) als auch an Fachhochschulen (▶ S. 22) gelehrt. Wie immer gilt: Erstere sind eher forschungsorientiert, Letztere sind mehr praxisbetont.

Leider haben die meisten technischen Studiengänge **hohe Abbrecherquoten**. Das liegt zum einen an der vergleichsweise hohen Arbeitsbelastung, zum anderen an mitunter falschen Erwartungen. Daneben werden in wirtschaftliche guten Zeiten manche Studenten bereits vor dem Abschluss abgeworben.

Mit Ausnahme des Architekturstudiums ist die **Frauenquote** nach wie vor sehr gering. Das sollte Dich aber, falls Du weiblich bist, nicht abschrecken, im Gegenteil: Manchmal werden Frauen sogar besonders gefördert, zum Beispiel durch Stipendien (▶ S. 173). Außerdem haben Frauen durch den Männerüberschuss den Flirtvorteil.

Bauingenieurwesen und Architektur sind einander relativ ähnlich – bei Ersterem kümmerst Du Dich stärker um Infrastrukturprojekte, wobei Technik und Physik eine größere Rolle spielen. Im Architekturstudium steht dagegen die Kreativität stärker im Vordergrund.

Falls Du Dich für ein **Architekturstudium** interessierst, musst Du an vielen Hochschulen ein halbes Jahr vorher eine Mappe mit Zeichnungen einreichen – Deine Chancen auf Aufnahme stehen aber gut, da es meist mehr Plätze als Bewerber gibt. Im Studium lernst Du das Verwirklichen von Ideen von ersten Skizzen bis zum Bau. Technische Aspekte wie Statik, Bauphysik und Baustoffkunde sind ebenso wichtig. Um als Architekt selbstständig arbeiten zu dürfen, brauchst Du übrigens einen Master.

Studierst Du **Bauingenieurwesen**, realisierst Du Projekte wie Autobahnen, Brücken, Tunnel und Kraftwerke. Hier lernst Du Physik, Materialkunde, Baurecht, Verkehrswesen, Wasserbau, Bodenkunde und vieles mehr. Das Fach ist nirgends zulassungsbeschränkt. Viele Studenten brechen ab oder wechseln zu Architektur, weil sie nicht mit den mathematischen und physikalischen Anforderungen zurechtkommen – hier ist Selbstdisziplin gefragt. Ökothemen haben stark an Bedeutung gewonnen und die Berufsbilder sind mannigfaltig.

Eine der vielfältigsten Ingenieurswissenschaften ist der **Maschinenbau**. Studenten dieses Fachbereichs entwickeln alles – von Kleinstmotoren bis zu ganzen Kraftwerken. Der Maschinenbauer setzt seine enormen physikalischen Kenntnisse ein, um Lösungen für immer neue Probleme zu finden. Daher gibt es in diesem Bereich auch eine Vielzahl von Spezialisierungsmöglichkeiten, zum Beispiel Verfahrens-, Energie-, Fertigungs- und Fahrzeugtechnik. Maschinenbauer arbeiten hauptsächlich mit dem Computer, mithilfe dessen sie ihre Lösungen simulieren können. Eine Hürde sind die extremen mathematischen Anforderungen.

Bei der **Elektrotechnik** geht es tiefer ins Detail, denn Du entwickelst Lösungen teilweise im Nanobereich. Du schaffst Dinge, die den Alltag erleichtern – an der Entwicklung von Smartphones, Bildschirmen, Datenspeichern und medizinischen Geräten sind immer Elektrotechniker beteiligt. Das Studium ist sehr umfassend und gilt als Bindeglied zwischen Informatik (▶ S. 107) und Maschinenbau. Die ersten Semester sind sehr theoretisch, später allerdings kannst Du Deine eigenen Schwerpunkte setzen und führst viele Experimente durch. Dabei sind Kreativität und Teamarbeit gefragt. Zu möglichen Spezialisierungen zählen Energieversorgung, Mikrosystemtechnik, Gebäudesystemtechnik, Nanoelektronik,

Optoelektronik und viele weitere. Energieeffizienz spielt inzwischen eine zentrale Rolle.

Ebenfalls zwischen zwei klassischen Disziplinen angesiedelt ist das **Wirtschaftsingenieurwesen**: Es ist eine Mischung aus Betriebswirtschaftslehre (▶ S. 103) und dem traditionellen Ingenieursstudium. Denn in jedem Betrieb sind Mitarbeiter gefragt, die sowohl vernünftig wirtschaften können, als auch die Bedürfnisse und Denkweise von Ingenieuren verstehen. Besonders, wenn Du Dich nicht entscheiden kannst, ist das eine gute Sache – Du wirst halt Generalist. Interessanterweise ist dieses Fach eine typisch deutsche Kombination, die es so im Ausland nicht gibt.

Wer Ingenieurswissenschaftlichen mit gesellschaftlichen Ansätzen verbinden möchte, der ist beim Studium der **Stadtplanung** richtig.

Interdisziplinäre Formen

Durch die Vielfältigkeit von technischen Studiengängen hast Du eine riesige Auswahl an Spezialisierungen und Verbindungen verschiedener Fächer. Du musst gar nicht bei einem Mainstreamstudiengang wie Maschinenbau einsteigen – warum nicht gleich Flugzeugbau, Automotive Engineering oder Mikroproduktionstechnik? Die Umstellung auf Bachelor und Master hat Deine Möglichkeiten zusätzlich erhöht. Denn nun kannst Du nach einem »normalen« Bachelor hochspezialisierte Master machen.

Berufsaussichten

Maschinenbauer und Ingenieure sind gefragt und werden es bleiben. Hier kannst Du selbst während Wirtschaftskrisen mit attraktiven Gehältern rechnen. Auch mit Elektrotechnik sollte Deine berufliche und finanzielle Zukunft vorerst gesichert sein, denn Absolventen dieser Studiengänge werden händeringend gesucht. Auch Wirtschaftsingenieure sind stets gefragt. Schwieriger ist es für Bauingenieure und Architekten, die sich meist mit niedrigen Einstiegsgehältern zufrieden geben müssen.

Ausgefallene Studiengänge

Bionik, HS Bremen: Welche Innovationen hält die Umwelt für die technische Entwicklung bereit? In diesem interdisziplinären Studiengang lernst Du, von der Natur zu lernen.

Systemtechnik – Génie des Systèmes, FH Offenburg / ULP Straßburg: Beim Doppelstudium in Deutschland und Frankreich wird nicht nur Maschinenbau gelehrt, sondern auch interkulturelle Verständigung.

Flugzeugbau, HAW Hamburg: Alles, was zur Entwicklung und Fertigung von Flugzeugen notwendig ist, lernst Du hier – von der Flugphysik bis zur Materialauswahl.

Aviation Business – Piloting and Airline Management, HTW des Saarlandes: In diesem Studiengang verbindest Du eine Ausbildung zum Piloten mit einem betriebswirtschaftlichen oder ingenieurwissenschaftlichen Studium.

Weitere Informationen

So vielfältig die Möglichkeiten, so umfangreich die Informationen. Wer sich grundsätzlich für ein Bauingenieurstudium interessiert, ist beim Buch von Klaus Henning richtig. Für Architekten lohnt sich der Blick in den Studienführer »Architektur-Innenarchitektur« von Traute Simmer-Otte.

Auch das Internet bietet reichhaltige Informationen: Der Verband der Elektrotechnik listet gezielt Informationen für Elektrotechniker. Für Maschinenbauer bietet der Fakultätentag Maschinenbau und Verfahrenstechnik im Internet sehr umfangreiche und nützliche Hinweise. Speziell für Bauingenieure bietet der Fakultätentag für Bauingenieurwesen unter der Rubrik »Publikationen« viele Infos. Wer sich fürs Wirtschaftsingenieurwesen interessiert, sollte sich im Internet beim Verband Deutscher Wirtschaftsingenieure sowie beim Fachbereichstag Wirtschaftsingenieurwesen informieren.

Buchtipps:
Wolfgang Henning: Studienführer Bauingenieurwesen, 2008, 168 Seiten, 15,- €

Traute Sommer-Otte: Studienführer Architektur-Innenarchitektur, 2008, 135 Seiten, 15,- €

@ Fakultätentag für Bauingenieurwesen und Geodäsie: www.ftbg.de

@ Verband der Elektrotechnik, Elektronik und Informationstechnik: www.vde.com

@ Fakultätentag Maschinenbau und Verfahrenstechnik: http://studieninfo.ftmv.de

@ Verband Deutscher Wirtschaftsingenieure: www.vwi.org

@ Fachbereichstag Wirtschaftsingenieurwesen: www.wirtschaftsingenieurwesen.de

Das Wichtigste auf einen Blick

- **Für technische Studiengänge solltest Du in Mathematik und Naturwissenschaften gut sein.**
- **Die Frauenquote ist vielfach niedrig.**
- **Die Berufsaussichten sind in den meisten technischen Fächern exzellent.**

6.4 Ich will etwas Gesellschaftswissenschaftliches!

Du interessierst Dich für die großen Zusammenhänge. Du willst wissen, was die Welt im Innersten zusammen hält. In diesem Fall solltest Du Dich zu Politik, Soziologie, Philosophie und Geschichte informieren, denn in diesen Fächern kannst Du Dich austoben.

Beschreibung

Von Unwissenden als »Laberfächer« verschrien, erreichst Du mit einem gesellschaftswissenschaftlichen Studium zwar nur selten königliche Einstiegsgehälter, dafür aber wird Dein Verstand königlich geschärft – jedenfalls dann, wenn Du Dich nicht irgendwie durchmogelst. Denn auch nach der Umstellung auf Bachelor und Master hast Du in fast allen Studiengängen dieser Art sehr viel Gestaltungsfreiraum. Der Nachteil ist, dass Du Dich leicht verzetteln kannst. Doch die meisten Studenten scheinen mit gesellschaftswissenschaftlichen Studiengängen glücklich zu sein, denn die Abbrecherquoten sind vergleichsweise gering.

Was am »Labervorurteil« stimmt, ist, dass Du in gesellschaftswissenschaftlichen Fächern besonders viele Referate halten musst. Wer gerne vor Publikum spricht, kann sich freuen, wer es hasst, vor einer großen Gruppe zu stehen, hat hier die Chance, dies zu trainieren. Denn in den meisten Berufen wirst Du diese Fähigkeit brauchen.

Im **Politikstudium** wirst Du nicht zum Politiker ausgebildet. Vielmehr lernst Du, wie politische Prozesse und Institutionen funktionieren. Dabei nutzen Politikwissenschaftler politische Theorien und empirische

Analysen. Du lernst im Bereich »Politische Theorie« die Ideen von Marx, Hobbes und Plato kennen, beschäftigst Dich mit politischen Systemen und internationalen Beziehungen. Darüber hinaus lernst Du Methoden der Sozialforschung. Falls Du wirklich Politiker werden möchtest, kannst Du später spezielle Masterprogramme studieren wie den »Master of Public Policy« an der Hertie School of Governance oder der Universität Erfurt.

In der **Soziologie** geht es darum, das menschliche Handeln in der Gesellschaft zu verstehen. Anders als bei der Psychologie ist die Perspektive aber nicht das Individuum, sondern die Gesellschaft. Soziologische Themen wären zum Beispiel: Wie wirken sich Überwachungskameras auf das Verhalten von Menschen aus? Warum wählen in einigen Regionen so viele Menschen rechtsradikal? Wie prägt Werbung unsere Glücksvorstellungen? Statistik ist ein wichtiger Bestandteil, daneben werden soziologische Theorien gepaukt. Außerdem ist ein Grundwissen in vielen anderen Disziplinen nötig, denn viele Fragen haben auch juristische, wirtschaftliche oder geschichtliche Aspekte. Eine interessante Kombination ist das Fach Gender Studies, das sich soziologisch und kulturwissenschaftlich mit der Konstruktion von Geschlechtern befasst. Die **Sozialwissenschaften** sind eine Mischung aus Politik und Soziologie.

Die **Geschichtswissenschaften** sind eine extrem vielschichtige Disziplin. Sie teilen sich in alte, mittlere und neuere Geschichte auf. Vor allem solltest Du gerne lesen. Sprachkenntnisse sind selten Pflicht, aber extrem hilfreich. Ab dem zweiten oder dritten Studienjahr spezialisierst Du Dich – zum Beispiel auf das Mittelalter, die Römerzeit oder die Neuzeit. Andere Spezialisierungen wären Teilgebiete wie Osteuropäische Geschichte, Rechtsgeschichte oder Wirtschafts- und Sozialgeschichte. Manche Universitäten bieten auf einzelne Regionen ausgerichtete Programme an. Eine Unterform ist die Archäologie. Mischformen wären zum Beispiel Kunstgeschichte und Literaturgeschichte.

Wirtschaftswissenschaftler und Juristen nehmen gerne für sich in Anspruch, besonders rational zu sein. Aber das stimmt nicht: Die wahren Logik-Helden sind fraglos die **Philosophen**. Neben den Werken aller wichtigen Philosophen von Homer über Kant und Hegel bis Sloterdijk wird Dir vor allem stringentes, logisches und abstraktes Denken beigebracht.

Interdisziplinäre Formen

In den vergangenen Jahren sind im gesellschaftswissenschaftlichen Bereich viele interdisziplinäre Studiengänge entstanden. Dazu gehört das immer stärker verbreitete Fach **Europastudien** (oder neudeutsch »European Studies«) oder Europäische Kulturwissenschaft. Darüber hinaus wird Politik häufig mit Wirtschaft und Kommunikationswissenschaft gemischt, Soziologie mit Management und Geschichte. Und auch Philosophie und Volkswirtschaftslehre sind miteinander kombinierbar, wie Du beim Studiengang Philosopy and Economics sehen kannst.

Eng betrachtet befassen sich Medien- und Kommunikationswissenschaft (▶ S. 109) ebenfalls mit der Gesellschaft. Die meisten Studiengänge, die mit der Umwelt (▶ S. 100) zusammenhängen, haben auch wichtige soziale und politische Komponenten – Beispiele dafür sind Geografie und Umweltwissenschaften.

Berufsaussichten

Die Berufsaussichten sind für die meisten Geisteswissenschaftler leider eher mau. Politologen verdienen weniger als der durchschnittliche Hochschulabsolvent und brauchen länger mit der Jobsuche. Soziologen haben es ein wenig besser, doch gut gestellt sind sie meist auch nicht. Besonders unbefriedigend ist die Lage der Geschichtswissenschaftler: Sie haben von allen Studiengängen die geringsten Aussichten auf einen unbefristeten Arbeitsvertrag.

Ausgefallene Studiengänge

Staatswissenschaften, Universität Erfurt: Eine Generalistenausbildung – dieses Studium beinhaltet Politik, Soziologie, Wirtschaft und Recht, wobei Du Deine Schwerpunkte frei wählen kannst.
Philosophy and Economics, Universität Bayreuth: Ziel des Studiums ist es, durch die Vermittlung von ökonomischen und philosophischen Stoffen die Analysefähigkeit der Absolventen zu schulen.
Integrierte Europastudien, Universität Bremen: Der europäische Einigungsprozess wird in Bremen aus politischer, kulturhistorischer, sozialwissenschaftlicher und ökonomischer Perspektive beleuchtet. Schwerpunkt ist Osteuropa.
Interkulturelle Studien, Universität Bayreuth: In einer Kombination aus Psychologie, Wirtschaft, Politik und Kommunikation lernst Du, mit Menschen anderer Kulturen sensibel und souverän umzugehen.

Weitere Informationen

Leider gibt es kaum gute Internetseiten mit Information zu gesellschaftswissenschaftlichen Studiengängen. Falls Du Dich für Soziologie interessiert, könnten das Soziologieforum sowie die Deutsche Gesellschaft für Soziologie interessante Infos für Dich haben. Die Seite »Berufe für Historiker« ist extrem gut gemacht, allerdings hilft sie nur wenig bei der Studienwahl.

Ein für Dich allerdings sicher spannendes Buch hat Gerhard Zacharias geschrieben – er bietet Orientierung für Abiturienten, die sich für Soziologie, Sozialwissenschaft oder Politik interessieren.

Das Wichtigste auf einen Blick

- **In gesellschaftswissenschaftlichen Fächern hast Du von Beginn an einen vergleichsweise großen Gestaltungsspielraum.**
- **Du wirst in jedem Fall mit vielen Theorien konfrontiert werden und musst viel lesen.**
- **Die Abbrecherquote ist niedrig, die Einstiegsgehälter sind es leider auch.**

Buchtipp:
Gerhard Zacharias: Studienführer Sozialwissenschaft. Soziologie, Politikwissenschaft, 2009, 326 Seiten, 15,- €

@ Deutsche Gesellschaft für Soziologie:
www.soziologie.de

@ Soziologieforum:
www.soziologie-forum.de

@ Berufe für Historiker:
www.berufe-fuer-historiker.de

6.5 Ich will etwas mit Menschen!

In jeder zweiten Politikerrede heißt es, dass die Menschen im Mittelpunkt stehen müssen. Für viele ist das nur Gerede – aber Du meinst das ernst. Du gehörst zu denen, die selbst helfen möchten.

Beschreibung

Wenn Du mit Menschen arbeiten möchtest, brauchst Du **Einfühlungsvermögen** und **Kommunikationsfähigkeit** auf der einen und **Durchsetzungsfähigkeit** auf der anderen Seite – denn wer ausschließlich nett ist, hilft niemandem. Je nachdem, ob Du in Jugendzentren, Drogenberatungsstellen, Schulen, Kindergärten oder Sozialämtern arbeiten möchtest, ist auch Durchhaltevermögen gefragt – als Drogenberater in Frankfurt am Main wird es natürlich härter als in einem Kindergarten auf dem Land. Und eines ist sicher: Die Arbeit kann sehr befriedigend und abwechslungsreich sein – und wird alles andere als ein langweiliger Bürojob.

Eine sehr beliebte Studienwahl ist das **Lehramt**. Dabei studierst Du zwei bis drei Fächer, zum Beispiel Mathematik und Sport, und erhältst gleichzeitig eine pädagogische Ausbildung. Da Schulen Ländersache sind, ist die Lehrerausbildung von Bundesland zu Bundesland verschieden. Das Lehramt bringt viel Freizeit mit sich. Dennoch solltest Du den Stress nicht unterschätzen: Viele Lehrer haben mit falschen Vorstellungen studiert und sind von den Schülern schlicht überfordert. Darauf reagieren sie auf verschiedene Arten: Resignation, Aggression, Depression – diese Dinge sind nicht selten. Hast Du allerdings die entsprechenden Fähigkeiten, kann das Lehramt ein wunderbarer und sinnstiftender Beruf sein, der außerdem familienverträglich und sicher ist.

Das Lehramtsstudium im Wandel

Die Lehrerausbildung wird derzeit in allen Bundesländern reformiert. Dabei ergeben sich viele neue Möglichkeiten und Studienwege. Dafür ist leider derzeit nichts so undurchschaubar wie der Dschungel an verschiedenen Modellen. Die meisten Hochschulen haben bereits auf Bachelor umgestellt, einige aber nicht. Trotz Unterschieden im Detail gibt es zwei Grundtypen: Beim einen steht bereits in der Bachelorzeit Pädagogik auf dem Programm. Hier musst Du Dich oftmals bereits zu Beginn Deines Studiums für die entsprechende Schulform entscheiden. Beim anderen – dem so genannten polyvalenten Modell – studierst Du im Bachelor nur die Fächer, die Du Dir ausgesucht hast, und setzt dann einen ein- bis zweijährigen Master of Education (kann auch anders heißen!) drauf. In diesem Fall wählst Du die Schulform erst mit Deiner Bewerbung fürs Masterprogramm.

Beide Varianten haben Vor- und Nachteile: Kommt die Pädagogik erst im Master, kannst Du Dich nach dem Bachelor noch immer um-

▼

entscheiden. Merkst Du, dass das Lehramt nichts für Dich ist, kannst Du rausgehen und hast mit Deinem Bachelor einen unabhängigen berufsqualifizierenden Abschluss – eine sehr beruhigende Perspektive. Pädagogik und Praxisanteile von Beginn haben dagegen den Vorteil, dass Du besser auf den Beruf vorbereitet wirst und im Zweifel schon bald merken kannst, ob das Lehramt das Richtige für Dich ist. Andererseits hast Du so keinen unabhängigen Bachelor, an den Du im Zweifel auch einen anderen Master anhängen kannst.

Mit Erziehung und Bildung vor allem außerhalb der Schule befasst sich die **Erziehungswissenschaft**, auch Pädagogik genannt. Hier geht es darum, wie Menschen aller Altersgruppen lernen und wie man Bildung sinnvoll gestaltet. Das Studium ist theorielastig, analytisches Denken ist gefragt. Im Studium kannst Du Dich spezialisieren, zu Beispiel auf interkulturelle Pädagogik, Erwachsenenbildung, Sozialpädagogik oder Medienpädagogik. Ein sehr wichtiges Feld ist auch die frühkindliche Erziehung.

Wer es lieber praktisch hat, für den ist das Studium der **Sozialen Arbeit** spannend. Natürlich hat es viele Theorieanteile (sonst wäre es ja eine Ausbildung), doch dieses Fach bereitet Dich konkret für die Arbeit als Sozialarbeiter vor. Im Vergleich zu anderen Studiengängen steht daher die Praxis im Vordergrund. Einfühlungsvermögen, Geduld, Toleranz und psychische Robustheit sind wichtig, denn Du wirst meist mit Menschen umgehen müssen, die sich selbst nicht helfen können – alte Menschen, Behinderte, Obdachlose und Drogensüchtige zum Beispiel. Für viele Leute ist dies auf Dauer hart. Wichtig ist auch ein gewisses Kommunikationstalent, vor allem, wenn Du auf der Straße arbeitest.

Du möchtest als Profiler Serienkiller überführen? Menschen aus ihren Depressionen führen? Und deswegen **Psychologie** studieren? Damit bist Du zwar schon im richtigen Studiengang, doch das Fach geht weit über den Stoff von Fernsehserien hinaus. In der Psychologie stehen Statistikkenntnisse und Naturwissenschaften stark im Mittelpunkt des Studiums. Du untersuchst psychische Funktionen wie Emotionen, Gedächtnis und Entscheidungen. Dazu lernst Du, wie das Gehirn aufgebaut ist, wie Denkprozesse und Wahrnehmung funktionieren. Die Psychologie arbeitet mit naturwissenschaftlichen Methoden genauso wie mit sozialwissenschaftlichen. Viele Studenten sind anfangs über die viele Theorie enttäuscht – doch Psychologie ist eine handfeste Wissenschaft und trifft häufig naturwissenschaftlich klare Aussagen. Falls Du Psychotherapeut werden möchtest, musst Du übrigens nach dem Studium eine kostenpflichtige Zusatzausbildung absolvieren.

Eine neue Disziplin, die zwischen sozialen und gesundheitlichen (► S. 97) Studiengängen steht, ist die **Pflege**. Die Alterung der Gesellschaft sorgt für einen gestiegenen Bedarf an Fachleuten im Pflegebereich. In diesem Studium geht es vor allem darum, wie man Pflege effizient organisiert und gleichzeitig den Patienten ein möglichst angenehmes Leben bietet. Als Student dieser Disziplin beschäftigst Du Dich mit allem, was für Pflege relevant ist. Voraussetzung ist meist allerdings eine abgeschlossene Berufsausbildung im Pflegebereich.

Interdisziplinäre Formen

Weitere Fächer, in denen Du viel mit Menschen zu tun hast, sind unter anderem Ethnologie und Ernährungswissenschaften. Wenn man es weit betrachtet, gehören auch Touristik und BWL dazu – doch das wird unter »Wirtschaft« (▶ S. 103) abgehandelt. Und wie in allen Bereichen gibt es auch im Umgang mit Menschen sehr viele übergreifende Disziplinen. Beispiele dafür sind Theaterpädagogik, Medienpädagogik und Wirtschaftspsychologie.

Berufsaussichten

Lehrer werden gesucht und dies wird sich vermutlich auch in den kommenden Jahren nicht ändern. Auch Erziehungswissenschaftler haben relativ gute Chancen – dies jedoch bei meist sehr niedrigen Gehältern. Ähnliches gilt für Sozialarbeiter, für die es zwar ausreichend Positionen gibt, die allerdings häufig schlecht bezahlt und vor allem befristet sind. In der nächsten Krise gibt es dann oftmals keinen Anschlussvertrag. Psychologen haben es dagegen gut: Wer das harte Studium durchstanden hat, dem stehen viele Positionen zur Auswahl.

Ausgefallene Studiengänge

Lehr-, Lern- und Trainingspsychologie, Universität Erfurt: Psychologie mit Schwerpunkt auf der Analyse von Lehr- und Lernprozessen.
Heilpädagogik, diverse Hochschulen: Hier lernst Du, benachteiligte und behinderte Menschen in allen Lebenslagen zu unterstützen.
Early Education, FH Neubrandenburg: Vorbereitung auf die Arbeit in Kindertagesstätten und ähnlichen Einrichtungen.
Kognitionswissenschaft, Universität Tübingen und Universität Freiburg: Eine Mischung aus Psychologie, Technik-, Natur und Geisteswissenschaften. Hier geht es darum, wie Lernen, Denken und Sprechen funktioniert.

Weitere Informationen

Wer sich weiter informieren möchte, hat dazu viele Möglichkeiten. Fürs Lehramt lohnt sich unter anderem ein Blick auf das Buch von Margarete Hucht und Andreas Kunkel. Auch zu Pflegewissenschaften und für Pädagogik gibt es spannende Bücher. Zu allen Studienrichtungen findest Du ebenfalls Informationen im Netz.

Das Wichtigste auf einen Blick

- **Bei sozial ausgerichteten Fächern sind Einfühlungsvermögen und Durchsetzungsfähigkeit äußerst wichtig.**
- **Das Lehramt ist mit viel Stress verbunden.**
- **Das Psychologiestudium ist sehr mathelastig.**
- **Die Berufschancen sind je nach Fach gut, die Gehälter dagegen nicht immer.**

@ Lehramt bei Studis-Online: www.studis-online.de/Studienfuehrer/lehramt.php

@ Selbsteinschätzungstest für angehende Lehrer: www.cct-germany.de

@ Forum zum Thema Sozialarbeit: www.sozialarbeit.de

@ Infos zum Psychologiestudium: www.psychologie-studium.info

@ Infos zum Pflegestudium: www.pflegestudium.de

Buchtipps:

Karin Krause: Studienführer Pflege- und Gesundheitswissenschaften. Vom Krankenbett zur Universität, 2007, 243 Seiten, 16,90 €

Karin Bock, Werner Thole: Erziehungswissenschaft studieren. Aus-, Fort- und Weiterbildung im Pädagogikstudium, 2009, 220 Seiten, 18,- €

Margarete Hucht und Andreas Kunkel: Studienführer Lehramt, 2004, 192 Seiten, 18,- €

6.6 Ich will etwas mit Gesundheit!

Das Studium im Gesundheitsbereich ist eine Herausforderung – doch es gibt kaum Studiengänge, die nützlicher sind und durch die Du anderen Menschen besser helfen kannst.

Beschreibung

Die Anforderungen sind je nach Studium sehr unterschiedlich. Belastbar und ehrgeizig musst Du in jedem Fall sein – Zahnärzte, Tierärzte und Chirurgen brauchen daneben vor allem eine ruhige Hand. Diese ist für Biomediziner, die eher in die Forschung gehen, weniger elementar, dasselbe gilt für Sportstudenten. Im Gesundheitsbereich sind die meisten Studiengänge zulassungsbeschränkt (▶ S. 144).

Die klassischen Möglichkeiten sind klar abgegrenzt: Humanmedizin, Tiermedizin, Zahnmedizin, Pharmazie. Zum Zeitpunkt der Drucklegung konnte man diese Fächer nur in Ausnahmefällen auf Bachelor studieren; der Standardabschluss ist nach wie vor das **Staatsexamen** (▶ S. 29). Die neuen Abschlüsse wirst Du hauptsächlich bei der Sportwissenschaft sowie bei neueren Fächern wie Biomedizin, Ergotherapie und Gesundheitsmanagement finden.

Es dürfte Dich wenig überraschen, dass Du bei **Medizin** in erster Linie lernst, wie der menschliche Körper funktioniert – und wie man ihn repariert, wenn er es nicht mehr tut. Elementare Voraussetzung hierfür ist natürlich auch zu wissen, wie man eine Krankheit oder Verletzung richtig diagnostiziert. Chemie, Biologie und Physik sind dabei zentrale Bestandteile des Studiums. Vor allem aber musst Du eines tun: auswendig lernen und hart arbeiten. Das Studium dauert bis zur Ärztlichen Prüfung laut Regelstudienzeit über sechs Jahre. Danach folgt für viele noch die Weiterbildung zum Facharzt, was weitere fünf bis sieben Jahre dauert. Schon während des Studiums sind viele Praktika Pflicht. Eine große Hürde ist die harte Zulassungsquote – daher zieht es viele Studenten ins Ausland, zum Beispiel nach Budapest (▶ S. 46). Oder sie klagen sich rein (▶ S. 156). Helfen kann ein erfolgreich bestandener Medizinertest (siehe Box).

Der Medizinertest

Der Test für Medizinische Studiengänge – kurz Medizinertest – ist ein auf das Medizinstudium zugeschnittener Test, den angehende Mediziner ein einziges Mal belegen können. Ein gutes Testergebnis hebt die zugrunde gelegte Abiturnote an. Wer zum Beispiel einen Abischnitt von 2,0 hat und den Medizinertest mit einer glatten 1,0 besteht, der hat bei der Bewerbung für Medizin an bestimmten Hochschulen einen rechnerischen Schnitt von 1,5 – und damit deutlich bessere Chancen auf einen Studienplatz. Der Medizinertest wird allerdings nur in der Schweiz und Österreich landesweit anerkannt.

▼

@ TMS Info:
http://www.tms-info.org/

In Deutschland sind es die Universitäten Heidelberg, Mannheim, Ulm, Freiburg, Tübingen, Lübeck und Bochum.

In dem Test werden räumliches Denken, Konzentration, Textverständnis sowie Grundlagen von Mathematik, Physik und Biologie getestet. Informationen zum Medizinertest findest Du im Internet bei TMS Info, der offiziellen Informationsseite für den Test.

Ähnlich aufgebaut ist das Studium der **Tiermedizin** (oder: Veterinärmedizin). Da es hier jedoch um Tiere geht, gibt es einige Besonderheiten. Zusätzlich zur medizinischen Ausbildung lernst Du einiges über die Haltung und Hygiene von Tieren sowie die Schlachttieruntersuchung und das öffentliche Veterinärwesen.

Das **Zahnmedizinstudium** hat ebenfalls einen ähnlichen Aufbau wie Medizin. Hauptsächlich geht es natürlich um die Behandlung von Zahn- und Kieferkrankheiten. Doch auch innere Medizin und Hals, Nasen, Ohren stehen auf der Tagesordnung – denn viele Probleme sind miteinander verbunden. Anfangs besuchst Du viele Grundlagenveranstaltungen mit den normalen Medizinstudenten. Als angehender Zahnmediziner musst Du Biss haben und viel auswendig lernen. Ungeschickt solltest Du nicht sein, denn in der späteren Arbeit sind handwerkliche Fähigkeiten gefragt. Die Kosten sind hoch, denn Du wirst mehrere tausend Euro für Deine eigenen Instrumente investieren müssen. Wenn Du Dich sehr vor Mundgeruch ekelst, solltest Du Dir das mit dem Zahnarztberuf zweimal überlegen – wobei man sich daran gewöhnt.

Eines der lernintensivsten Fächer, die Du studieren kannst, ist die **Pharmazie**. Es ist dem Studium der Chemie (► S. 109) sehr nahe, denn Du lernst, mit allen medizinischen Stoffen umzugehen, sie zu entwickeln, herzustellen und zu beurteilen. Eine wichtige Rolle spielen auch Molekularbiologie und Physik. Angehende Pharmazeuten verbringen sehr viel Zeit im Labor. Außerdem erhältst Du eine medizinische Grundausbildung. Da sich das Fach rasant entwickelt musst Du bereit sein, auch im Beruf stets dazuzulernen.

Das Studium der **Sportwissenschaft** ist praktisch angelegt – neben einem fitten Geist brauchst Du auch einen fitten Körper. Als Sportwissenschaftler forschst Du, wie sich Leistungen steigern lassen, lernst Ursprünge und Regeln und kulturelle Bedeutung von Sportarten und setzt Dich mit körperlicher Gesundheit im Allgemeinen auseinander. Nach dem allgemeinen Beginn konzentrierst Du Dich auf Felder wie Sportmedizin, Trainingswissenschaft oder Biomechanik. Als Bewerber musst Du vorher einen Eignungstest bestehen.

Zwei ebenfalls medizinische Fächer, **Psychologie** und **Pflege**, findest Du in der Sektion »Ich will etwas mit Menschen!« (► S. 94).

Interdisziplinäre Formen

Ein weiterer gesundheitswissenschaftlicher Studiengang ist die **Ernährungswissenschaft**. In dem interdisziplinären Fach lernst Du alle mit der

Ernährung verbundenen Prozesse und Konsequenzen kennen – wie reagiert der Körper warum auf welche Ernährung? Weitere interdisziplinäre Studiengänge sind zum Beispiel Medizinmanagement, Biomedizin und Gesundheitsmanagement.

Berufsaussichten

Mediziner aller Art werden stets gesucht. Mit einem Studium der Medizin, Zahnmedizin oder Pharmazie musst Du Dir über Arbeitslosigkeit keine Sorgen machen. Zahnärzte und Pharmazeuten verdienen vielfach sehr gut, bei Medizinern hängt dies von der Spezialisierung ab. Tiermediziner sind durchaus gefragt, allerdings stärker in der Industrie. Die meisten Sportwissenschaftler werden Lehrer – für die anderen sind die Berufsaussichten recht gut, die Durchschnittsgehälter allerdings weniger.

Ausgefallene Studiengänge

Molekulare Biomedizin, Universität Bonn: Eine Mischung aus molekularen Naturwissenschaften und Medizin – Du wirst vor allem auf die Rolle eines Forschers vorbereitet.
Integrative Gesundheitsförderung, Fachhochschule Coburg: Den Studenten wird ganzheitliche Gesundheitsförderung in allen Lebensbereichen vermittelt.
Pharmazeutische Biotechnologie, Fachhochschule Biberach und Fachhochschule Krems: Studenten lernen hier die Erforschung und Produktion von Arzneimitteln.

Weitere Informationen

Weitere Informationen zum Medizinstudium bekommst Du im Internet unter anderem beim sehr gut gemachten Portal »medizinstudient.de« sowie bei »MedUni.com«. Angehende Veterinärmediziner finden auf dem privaten Portal »tiermedizin.de« weitere Infos. Solltest Du Dich für Pharmazie interessieren, könnte Dir die Homepage des Bundesverbandes der Pharmaziestudierenden weiterhelfen. Für zukünftige Sportwissenschaftler bietet die Vereinigung für Sportwissenschaft gute Informationen. Falls Du Dich für Zahnmedizin interessierst, solltest Du Dich an den Bundesverband der Zahnmedizinstudenten wenden. Angehende Mediziner aller Fachrichtungen können sich im Buch von Detlev Gagel und Thomas Peters informieren. Sehr informativ ebenso: Das Buch »Abenteuer Medizinstudium«.

Das Wichtigste auf einen Blick

- **Viele medizinische Fächer schließen nicht mit Bachelor und Master, sondern mit dem Staatsexamen ab.**
- **Die Berufsaussichten für Mediziner aller Art sind hervorragend – das Gehalt hängt dagegen stark von der Spezialisierung ab.**
- **Der Medizinertest kann Dir helfen, Deinen NC für Medizin zu verbessern.**
- **Die Sportwissenschaft ist sehr praktisch ausgelegt.**

@ medizinstudent.de:
www.medizinstudent.de

@ MedUni.com:
www.meduni.com

@ Bundesverband der Pharmaziestudenten:
www.bphd.de

@ Bundesverband der Zahnmedizinstudenten:
www.zahniportal.de

@ Tiermedizin:
www.tiermedizin.de

@ Vereinigung für Sportwissenschaft:
www.sportwissenschaft.de

Buchtipps:
Christian Weier, Jens Plasgar, Jan-Peter Wulf: Abenteuer Medizinstudium. Der Medi-Learn Studienführer, 2008, 327 Seiten, 19,90 €

Detlev E. Gagel, Thomas Peters: Studienführer Medizin. Humanmedizin, Tiermedizin, Zahnmedizin, 2007, 214 Seiten, 18,- €

6.7 Ich will etwas mit Umwelt!

Klimawandel, Artensterben, Überdüngung, Abholzung von Wäldern – es gibt kaum jemanden, dessen Stirn sich bei diesen Begriffen nicht in Sorgenfalten legt. In umweltbezogenen Studiengängen lernst Du viel über die Vorgänge und Zusammenhänge in der Natur.

Beschreibung

Abgesehen von Geografie sind die meisten Studiengänge im Umweltbereich nicht klar umfasst. Es gibt über 30 verschiedene Studiengänge, die mit dem Wort »Umwelt-« beginnen. Und falls Du Dich für Umweltwissenschaften entscheidest, kannst Du Dir nicht sicher sein, dass Du in Lüneburg und Oldenburg trotz gleichen Titels auch das Gleiche lernst. Daher ist die Beschreibung einzelner Studiengänge in diesem Bereich mitunter schwierig. Eines lässt sich dennoch recht generell sagen: Du solltest Dich für Naturwissenschaften begeistern können.

Geografie ist in einem gewissen Sinne das Fach zum Klimawandel – denn dieser ist nicht nur ein geophysikalisches Phänomen, sondern hat auch konkrete Auswirkungen auf die Gesellschaft. Die Geografie ist ein Studium auf der Schnittstelle zwischen Naturwissenschaften und Gesellschaftswissenschaften. Das Fach ist extrem vielseitig und es gibt viele Spezialisierungsmöglichkeiten. Dazu gehören unter anderem Sozial- und Wirtschaftsgeografie, Stadtgeografie oder Hydrogeografie.

Obwohl es dem Titel nach ähnlich klingt, ist das Studium der **Geowissenschaften** nicht dasselbe wie die Geografie. In diesem Fach erforschst Du das Innere der Erde und versuchst herauszufinden, wie sie aufgebaut ist und wie zum Beispiel Erdbeben, Vulkanausbrüche und Tsunamis entstehen. Du lernst etwas über die Mechanismen von Ozeanen, Gebirgen und Gletschern und deren Wechselwirkungen. Hinter dem Namen Geowissenschaften verbergen sich mehrere Fachdisziplinen: Geologie, Paläontologie, Mineralogie und Geophysik. Während des Studiums unternimmst Du viele Exkursionen. An verschiedenen Universitäten kannst Du jeweils verschiedene Schwerpunkte setzen – die Unterschiede sind anders als in anderen Studiengängen sehr groß. Von den Studenten werden Teamarbeit und aktive Mitarbeit sowie Lust auf Naturwissenschaften verlangt.

Ein klassischer Studiengang im Bereich Umwelt sind die **Agrarwissenschaften**. Sie richten sich aber nicht nur an Leute, die später Landwirte werden möchten. Das Studium enthält Elemente von Biologie und Chemie, sowie Pflanzen-, Tier- und Bodenkunde. Hinzu kommen Technik und Betriebswirtschaft. Die Schwerpunktsetzung ist von Hochschule zu Hochschule verschieden.

Nur schwer eingrenzbar ist das Studium der **Umweltwissenschaften**. In diesem Fach lernst Du die umfassende Analyse von Umweltproblemen. Das Studium hat natur-, sozial-, wirtschafts- und rechtswissenschaftliche Anteile, die Gewichtung dagegen ist unterschiedlich.

Im Studium der **Forstwirtschaft** werden Dir die technischen, naturwissenschaftlichen und sozio-ökonomischen Kompetenzen vermittelt, die Du brauchst, um Waldgebiete effizient zu managen.

Ganz nah an der Geografie und den Geowissenschaften ist die **Meteorologie** – allerdings erforschst Du weniger das Innere der Erde, sondern das Äußere. Meteorologie wird auch die »Physik der Atmosphären« genannt.

Interdisziplinäre Formen

Auch wenn bereits die genannten Fächer alle in gewissem Maße interdisziplinär sind, geht es mit den Mischmöglichkeiten noch weiter. Hinter fast jede Fachbezeichnung lässt Dich natürlich ein »-informatik«, ein »-management« oder ein »-wirtschaft« klemmen. Waldwirtschaft? Geoinformatik? Agrarmanagement? Gibt es alles.

Berufsaussichten

So unterschiedlich die Fächer, so unterschiedlich die Möglichkeiten. Geowissenschaftler haben eher mittelmäßige Berufsaussichten, ähnliches gilt für Geografen. Agrarwissenschaftler dagegen haben gute Chancen auf dem Arbeitsmarkt, da viele Bauern in Rente gehen und Nachfolger suchen.

Ausgefallene Studiengänge

Infrastruktur und Umwelt, Bauhaus Universität Weimar: Ingenieurwissenschaftliches Studium, in dem Du lernst, mit der Infrastruktur und der Umwelt städtischer Räume umzugehen.
Internationale Weinwirtschaft, FH Wiesbaden: Du lernst die wissenschaftlichen Grundlagen des Weinbaus, der Oenologie und der Wirtschaftswissenschaft.
Landnutzung – Agrarwissenschaft und Gartenbauwissenschaft, Technische Universität München: Ein interdisziplinäres Studium, das Ingenieurs- , Natur- und Biowissenschaften mit betriebswirtschaftlichen und politischen Kenntnissen verknüpft.
Ozeanografie, Universität Hamburg: Hier lernst Du die Funktionsweise der Meere kennen. Unter anderem wirst Du Ozeane kartografieren und Ozeane in all ihren Details untersuchen.

Weitere Informationen

Falls Du Dich für Geografie interessierst, kannst Du im Internet unter »Geographen.info« sowie unter »Geographie.de« einiges erfahren.

@ Forum für Geografiestudenten: www.geographen.info

@ Liste aller Geografiestudiengänge: www.geographie.de

Das Wichtigste auf einen Blick

- **Umweltwissenschaftliche Fächer sind meist interdisziplinär.**
- **Du solltest Dich für Naturwissenschaften begeistern können.**
- **Die Berufsaussichten sind durchschnittlich.**

6.8 Ich will etwas mit Medien!

Du bist kommunikativ, schreibst gerne und findest Zeitung, Internet, Radio, Film und Fernsehen wahnsinnig spannend? Du bist neugierig und interessierst Dich dafür, Dingen auf den Grund zu gehen? Du kannst Dir gut vorstellen, journalistisch zu arbeiten? Nun, dann solltest Du weiterlesen.

Beschreibung

Bei Medienstudiengängen sind vor allem die so genannten Soft Skills gefragt: analytisches Denken, sprachliche Sensibilität und Leidenschaft. Ganz um Mathe und Statistik kommst Du auch hier nicht herum. Wenn Du Journalistik studieren möchtest, hilft Dir eine gewisse Textsicherheit sehr. Wer Kommunikationswissenschaft oder Medien studiert, bekommt keine Ausbildung zum Journalisten – dies ist ein sehr häufiger Irrtum. Medienstudiengänge sind beliebt, daher sind die Zugangsvoraussetzungen häufig hart.

Da viele Studenten etwas mit Medien studieren möchten, haben sich leider einige unseriöse Anbieter breit gemacht. Eine große Zahl privater Akademien und Hochschulen bieten journalistische oder medienwissenschaftliche Studiengänge an, die qualitativ fragwürdig sind. Falls Du eine Privathochschule (▶ S. 26) in Betracht ziehst, solltest Du Dich über ihre Seriosität informieren und recherchieren, ob der angebotene Bachelor überhaupt anerkannt ist. Frage zum Beispiel aktuelle Studierende oder Absolventen nach ihren Erfahrungen.

In der **Kommunikationswissenschaft** beschäftigst Du Dich mit jeder Form des Informationsaustausches – per Internet, Zeitung, Radio oder auch im direkten Kontakt. Im Vordergrund stehen allerdings Massenmedien. Typische Fragen sind unter anderem: Wie wirken Nachrichten und wie wählen Nachrichtensender sie aus? Wie wirkt sich Kriegsberichterstattung auf die Meinungen von Menschen aus?

Die **Medienwissenschaft** ist eher geisteswissenschaftlich ausgerichtet und beschäftigt sich mit dem Medium selbst, zum Beispiel mit der Geschichte und Theorie von Radio, Fernsehen und Zeitung. Es um die Medien selbst und ihre kulturelle Bedeutung. Die Überschneidungen mit der Kommunikationswissenschaft sind natürlich groß.

Die **Journalistik** ist dagegen im höchsten Maße praktisch angelegt. Hier studierst Du Nachrichten, Texte und Medien nicht nur theoretisch, sondern Du lernst vor allem aktiv, sie zu produzieren. Recherchemethoden und Redaktionsarbeit stehen ebenfalls im Mittelpunkt.

Interdisziplinäre Formen

Im Medienbereich gibt eine Vielzahl an interdisziplinären Studienmöglichkeiten. Journalismus lässt sich mit beliebigen Fächern kreuzen und wird gerne im Nebenfach studiert. Außerdem gibt es eine Reihe von Kombinationsmöglichkeiten wie Medieninformatik, Kommunikationsdesign und Medienmanagement.

Berufsaussichten

Der Einstieg im Medienbereich ist nicht einfach. Viele Jobs sind befristet, kaum bezahlt und erst nach vielen, vielen Praktika überhaupt erreichbar. Leichter ist es in der Unternehmenskommunikation.

Ausgefallene Studiengänge

Filmwissenschaft, FU Berlin und Universität Mainz: Du beschäftigst Dich mit dem Film als Kunstform, als Informations- und Unterhaltungsmittel sowie als historisches Dokument.
Mediapublishing, Hochschule der Medien Stuttgart: Durch dieses Studium wirst Du zum Spezialisten im Management und Marketing eines Verlages sowie im technischen Herstellungsprozess von Büchern.
Online-Journalismus, Hochschule Darmstadt: Eine Journalistenausbildung mit Schwerpunkt Internetmedien.
Film- und Fernsehproduktion, Hochschule für Film und Fernsehen Potsdam-Babelsberg: Wenn Du zum Fernsehen möchtest, bist Du in diesem Studiengang richtig – denn hier lernst Du, wie Sender funktionieren, planen und sich vermarkten.

Weitere Informationen

Es ist wenig überraschend, dass es für den Medienbereich auch Medien gibt, bei denen Du Dich informieren kannst. Im Internet hilft die Seite »medienstudienführer.de«, der alle angebotenen Studiengänge beschreibt und Dich zusätzlich über Stipendien informiert. Einen Blick wert ist ansonsten das Ratgeberbuch von Huberta Kritzenberger.

@ medienstudienführer.de: www.medienstudienfuehrer.de

Buchtipp:
Huberta Kritzenberger: Medienberufe. Der erfolgreiche Weg zum Ziel, 2006, 136 Seiten, 14,95 €

Das Wichtigste auf einen Blick

- **Ein gutes Gefühl für Sprache und Kommunikation sind Grundvoraussetzung in medienwissenschaftlichen Studiengängen.**
- **Medien- und Kommunikationswissenschaften bilden nicht zum Journalisten aus.**
- **Der Numerus clausus ist vielfach aufgrund der Beliebtheit der Fächer sehr hoch.**
- **Wer journalistisch arbeiten möchte, muss einen langen Atem mitbringen.**

6.9 Ich will etwas mit Wirtschaft!

Du möchtest lernen, wie das Wirtschafts- und Finanzsystem funktioniert? Du hast Spaß am Organisieren? Du möchtest eine Führungsposition einnehmen? Voilà, die Wirtschaftswissenschaften sind Dein Ding.

Beschreibung

Voraussetzung bei jedem wirtschaftswissenschaftlichen Fach sind gute Englischkenntnisse und annehmbare Fähigkeiten in Mathematik –letzteres gilt vor allem für die Volkswirtschaftslehre (VWL). Durchhaltevermögen hilft ebenfalls, denn Dinge wie Bilanzierung und komplizierte ökonomische Modelle empfinden viele als Hürde. Häufig sind wirtschaftswissenschaftliche Fächer zugangsbeschränkt, allerdings sind die Hürden anders als in der Medizin meist erträglich.

Studenten des Faches **Betriebswirtschaftslehre** (BWL) werden zu Pragmatikern ausgebildet: Sie lernen vor allem, effizient zu denken und Ressourcen möglichst kostensparend einzusetzen. Die Inhalte sind vielfältig: Auf dem Plan stehen unter anderem Dinge wie Bilanzierung, Marketing, Controlling, Personalmanagement, juristische Grundlagen und Steuerlehre. Grundzüge der Volkswirtschaftslehre werden ebenfalls gelehrt. Anders als die VWL ist die BWL stets praxisbezogen. Daneben steht die Arbeit mit Menschen im Vordergrund. Dies alles macht die BWL zu dem Fach mit den meisten Studenten in Deutschland.

An Fachhochschulen stehen bei BWL mehr Praktika und praktische Übungen auf dem Programm, an Universitäten wird die Theorie stärker betont. Du kannst Dich sowohl zum Generalisten ausbilden lassen als auch zum Spezialisten in einem bestimmten Gebiet. Gerade in der BWL gibt es überdies ein sehr großes Angebot an bi-nationalen Studiengängen (▶ S. 45).

Die **Volkswirtschaftslehre** (VWL) konzentriert sich im Gegensatz zur BWL auf das gesamte Wirtschaftssystem – zudem ist die VWL analytischer. Du erfährst, wie Finanzmärkte funktionieren (oder eben nicht funktionieren), wie Preise zustande kommen und wie Wirtschaftswachstum erzeugt wird. Außerdem lernst Du, verschiedene Arten von Steuern und Subventionen zu bewerten. Statistik und Mathematik stehen stark im Vordergrund. Wer nicht gerne rechnet, sollte etwas anderes studieren. In der VWL machst Du nur wenige Projekte im Team; ein großer Teil des Studiums besteht aus Vorlesungen und Übungen. Die Fachliteratur ist meist auf Englisch.

Viele Hochschulen bieten das Fach **Wirtschaftswissenschaften** an. Dabei handelt es sich um eine Mischung aus BWL und VWL. Falls Du Dich also zwischen den beiden nicht entscheiden kannst; kein Problem – Du musst es gar nicht.

Interdisziplinäre Formen

Es gibt keine Disziplin, die mit so vielen verschiedenen Fächern in Kombination studiert werden kann wie die Wirtschaftswissenschaft und dabei vor allem die BWL. Nehme ein beliebiges Fach und hänge den Begriff »-management« oder »-wirtschaft« an – die Chancen sind groß, dass es dieses Fach tatsächlich gibt. Denn managen lässt sich ungefähr alles – zum Beispiel Gesundheit, Kultur, Bibliotheken, Medien, die Umwelt und Touristik. Im Technik-Unterkapitel wurde bereits das beliebte Fach Wirtschaftsingenieurswesen (▶ S. 90) beschrieben. Ebenfalls populär ist die Wirtschaftsinformatik (▶ S. 108).

Berufsaussichten

Die BWL ist und bleibt ein lukratives Fach: Die wenigsten Absolventen werden arbeitslos und die meisten erzielen schnell Gehälter, von denen Absolventen anderer Disziplinen nur träumen können. Anders sieht es für VWLer aus: Ihre Berufsaussichten sind zwar recht gut, Topgehälter jedoch nicht die Regel.

Ausgefallene Studiengänge

Verkehrswirtschaft, TU Dresden: In diesem Studium lernst Du die wirtschaftlichen und verfahrenstechnischen Grundlagen von Verkehrssystemen kennen.
Tourismuswirtschaft, FH Oldenburg/Ostfriesland/Wilhelmshafen: Betriebswirtschaftslehre mit Schwerpunkt Tourismus.
Textile and Clothing Management, Hochschule Niederrhein: Der englischsprachige Studiengang bereitet Dich auf eine Tätigkeit in der Bekleidungsindustrie vor. Inhalte sind Management, Mode und Technologie.
Philosophy & Economics, Uni Bayreuth: Hier lernst Du VWL und BWL gemeinsam mit Philosophie – zwei Fachgebiete, die viel häufiger zusammen gedacht werden sollten.

Weitere Informationen

Zum Wirtschaftsstudium findest Du im Internet unter anderem auf den privatwirtschaftlichen, jedoch höchst umfangreichen Seiten »Wiwi-Treff« und »Wiwi-Online« gute Informationen. Ebenfalls lohnt sich ein Blick auf die umfangreiche Linksammlung »VWL-BWL«. Möglicherweise interessant ist der Studienführer Wirtschaftswissenschaften von Wolfgang Henning.

@ Wiwi-Treff:
www.wiwi-treff.de

@ Wiwi-Online:
www.wiwi-online.de

@ VWL-BWL:
www.vwl-bwl.de

Buchtipp:
Wolfgang Henning: Studienführer Wirtschaftswissenschaften, 2007, 239 Seiten, 15,- €

Das Wichtigste auf einen Blick

- **Wer etwas mit Wirtschaft studiert, sollte gut in Mathematik sein, vor allem in der VWL.**
- **BWLer haben beste Berufsaussichten bei gleichzeitig hohen Gehältern.**
- **Gerade die Betriebswirtschaftslehre ist reich an interdisziplinären Alternativen.**
- **Das Fach Wirtschaftswissenschaften ist eine Mischung aus BWL und VWL.**

6.10 Ich will etwas mit Recht!

Du hast Durchhaltevermögen? Du möchtest ein klassisches Fach studieren? Logisches Denken liegt Dir? Anwalt ist Dein Traumberuf? Dann denke mal über ein Jurastudium nach!

Beschreibung

Neben der Philosophie ist die Rechtswissenschaft DIE **klassische Studiendisziplin**. Was Du vor allem brauchst: Disziplin und Durchhaltevermögen – denn die Materie kann durchaus trocken sein. Die Zulassungsbeschränkungen sind bei Jura moderat: An manchen Universitäten gibt es keinen Numerus Clausus und dort wo es ihn gibt ist er wie bei den Wirtschaftswissenschaften überwindbar.

Das **Jurastudium** ist von wenigen Ausnahmen abgesehen noch nicht auf den Bachelor umgestellt. Im mindestens achtsemestrigen Studium, das traditionell mit dem Staatsexamen (▶ S. 29) endet, lernst Du alles über die verschiedenen Bereiche des Rechts und wirst trainiert, Fälle im so genannten Gutachtenstil zu lösen. Du studierst die drei großen Rechtsgebiete Strafrecht, Zivilrecht und Öffentliches Recht. Hinzu kommen viele Spezialgebiete wie Europarecht oder Umweltrecht. Nach dem ersten Staatsexamen – das übrigens eine recht hohe Durchfallquote hat – geht es für zwei Jahre ins Referendariat. Dort klapperst Du alle klassischen Arbeitsbereiche für Juristen ab: unter anderem Gerichte, die Staatsanwaltschaft, Rechtsanwälte sowie Ministerien, Verbände und Botschaften. Darauf folgt das zweite Staatsexamen. Etwa 80 Prozent aller Juristen werden Anwälte.

Jura und Bachelor

Die juristischen Fakultäten haben sich lange gegen die Umstellung auf Bachelor und Master gewehrt und tun dies noch immer. Das Argument lautet ähnlich wie bei den Medizinern, dass ein Jurabachelor nur wenig Sinn ergebe. Doch diese Front bröckelt bei den Juristen gewaltig. Denn ein Jurabachelor wäre gerade für diejenigen, die weder Anwalt noch Richter werden möchten, höchst nützlich. Außerdem bereitet das Jurastudium heute noch immer in erster Linie auf das Richteramt vor, auch wenn nur wenige Prozent der Absolventen tatsächlich diesen Beruf ergreifen. Eine Umstellung auf Bachelor und Master wäre vor allem den Studierenden zu wünschen. Einzelne Hochschulen starten bereits Modellprojekte. Die Entwicklung bleibt abzuwarten.

An einer Handvoll Universitäten wird inzwischen auch ein **Bachelor** in Jura angeboten, auf den ein Master folgt. Damit kannst Du zwar nicht als Anwalt oder Richter arbeiten, allerdings hast Du vielfach die Option, das Staatsexamen mit zu machen.

Interdisziplinäre Formen

Neben den reinen juristischen Fächern gibt es eine Reihe von Mischformen – unter anderem das populäre Fach Wirtschaftsrecht sowie Rechtsmanagement.

Berufsaussichten

Bei Jura zählt die Leistung: Wer Topnoten hat, kann von Beginn an extrem hohe Gehälter erzielen. Andere Absolventen müssen sich zu Beginn mit sehr niedrigen Löhnen zufrieden geben. Sehr viele Absolventen machen sich als Anwälte selbstständig und verdienen nach ein paar Jahren anständig. Als Jurist hat man also gute Chancen – ein sicheres Studium ist es aber trotzdem schon lange nicht mehr.

Ausgefallene Studiengänge

Wirtschafts- und Umweltrecht (LL.B.), FH Trier: Neben Kenntnissen im Wirtschafts- und Umweltrecht werden auch betriebswirtschaftliche Grundlagen gelehrt.

Comparative and European Law, Universität Oldenburg mit der Rijksuniversiteit Groningen: In dem internationalen Bachelorprogramm lernst Du deutsches, niederländisches und europäisches Recht. Der Schwerpunkt liegt auf internationalen Wirtschaftsbeziehungen.
Europäische Rechtslinguistik, Universität zu Köln: Hier wird Dir beigebracht, mit juristischen Texten in verschiedenen Sprachen umzugehen. Ideal für die Europäische Union!
Unternehmensjurist (LL.B.), Universität Mannheim: Eine Mischung aus Jura und BWL an einer der renommiertesten Wirtschaftsunis Deutschlands. Das Interessante an dem Bachelor: Du hast die Option, im Anschluss ein Staatsexamen zu machen.

Weitere Informationen

Für weitere Informationen könnte das Projekt »Jura-Wiki« für Dich interessant sein. Dort gibt es eine eigene Seite für Studieninteressierte. Eine Übersicht über alle juristischen Studiengänge bietet der Deutsche Juristen-Fakultätentag auf seiner prähistorisch designten Webseite. Gute Einblicke in das Jurastudium liefern außerdem die Bücher »Jura erfolgreich studieren« sowie »Studienführer Jura«.

@ Jura-Wiki:
www.jurawiki.de/JuraStudium

@ Deutscher Juristen-Fakultätentag:
www.djft.de

Buchtipps:
Christof Gramm und Heinrich A. Wolf: Jura erfolgreich studieren, 2008, 240 Seiten, 12,90 €
Olaf Grosch: Studienführer Jura, 2007, 224 Seiten, 19,90 €

Das Wichtigste auf einen Blick

- Das klassische Jurastudium endet noch immer mit dem Staatsexamen.
- Die meisten juristischen Bachelorstudiengänge sind interdisziplinär.
- Du brauchst eine gute Motivation, denn der Stoff kann trocken sein. Das Jurastudium ist vor allem gegen Ende sehr arbeitsaufwändig.
- Die Berufsaussichten sind gut, wenn auch leider nicht mehr so hervorragend wie vor 20 Jahren.

6.11 Ich will etwas mit Computern!

Die Informatik ist aus unserem Alltag nicht mehr wegzudenken und bestimmt ihn in Form von Smartphones, Internetdiensten und sozialen Netzwerken immer mehr. Als Informatiker gehörst Du zu denjenigen, die dafür sorgen, dass all diese Dinge auch funktionieren.

Beschreibung

Dass bei einem **Informatikstudium** mathematische und technische Fähigkeiten gefragt sind, dürfte keine Überraschung sein. Was Du außerdem noch brauchst, sind Teamfähigkeit und Kommunikationsbegabung. Denn als Informatiker arbeitest Du meist in großen Gruppen. Deine Auftraggeber sind nur selten Fachleute. Du musst ihre Wünsche verstehen und ihnen Deine Lösung verständlich machen können.

Beim Studienfach Informatik soll Dir unter anderem die Fähigkeit vermittelt werden, Dich Dein Leben lang in neue Softwares und Abläufe einarbeiten zu können. Du lernst die Grundlagen von Programmierung, Datenbanken, Prozessen und Rechnersystemen kennen. Mathe und Elektrotechnik sind ebenfalls wichtig. Praktika sind meist Pflicht. Die Abbrecherquote ist zwar sehr hoch, die Chance, einen gut bezahlten Job zu bekommen, aber auch.

Die **Wirtschaftsinformatik** mischt die Informatik mit betriebswirtschaftlichen Kenntnissen. Du lernst vor allem zu bewerten, welche Arten von Software Unternehmen brauchen und wie man geschäftliche Abläufe mit Hilfe von Software optimieren kann.

Interdisziplinäre Formen

Informatik ist heutzutage in fast allen Fachbereichen wichtig. Daher gibt es neben der Wirtschaftsinformatik noch eine große Menge anderer interdisziplinärer Fächer. Dazu gehören zum Beispiel die Computerlinguistik, die unter anderem Computerprogramme »intelligenter« machen möchte, sowie die Bio-, Medizin- und Geoinformatik.

Berufsaussichten

Die Berufsaussichten für Informatiker sind gut und werden es vermutlich auch bleiben. Der Verdienst liegt deutlich über dem Durchschnitt.

Ausgefallene Fächer

Internet Computing, Universität Passau: Hier studierst Du Informatik mit Schwerpunkt Internettechnologie. Am Ende bist Du Experte in allen Feldern, die mit »e« beginnen: eCommerce, eLerning, eSecurity.

Mediensysteme, Universität Weimar: Absolventen dieses Studiums können Systeme im Medienbereich entwerfen und bewerten – ein spannender Mix aus Informatik, Mathematik und Systemwissenschaften.

Informationsdesign, Hochschule der Medien Stuttgart: Elektronische Informationen so aufarbeiten, dass sie auch verständlich sind – das lernst Du in diesem interdisziplinären Studium.

@ Arbeitskreis Wirtschaftsinformatik an Fachhochschulen: www.akwi.de/studienfuehrer/

@ SFINF: http://sfinf.fsinf.de

Buchtipp: Karl Kurbel u.a.: Studienführer Wirtschaftsinformatik 2009/10. Studieninhalte – Anwendungsfelder – Berufsbilder, 2009, 222 Seiten, 24,90 €

Weitere Informationen

Das Gebiet der Informatik verändert sich schnell. Ein sehr guter Ausgangspunkt für die Recherche ist SFINF, ein digitaler Studienführer für angehende Informatiker, sowie die Internetseite des Arbeitskreises Wirtschaftsinformatik an Fachhochschulen

Das Wichtigste auf einen Blick

- **Im Computerbereich wichtig sind Teamfähigkeit und mathematische Begabung.**
- **Die Abbrecherquote ist relativ hoch.**
- **Jobchancen und voraussichtlicher Verdienst und sind sehr gut.**

6.12 Ich will etwas Naturwissenschaftliches!

In den drei Naturwissenschaften lernst Du, wie die Dinge im Innersten funktionieren. Wenn Du Dich also für die Elemente interessierst, für Energie und Wirkungsmechanismen, falls in Dir ein Forschergeist steckt und Du gerne im Labor stehst, dann solltest Du Dir die Naturwissenschaften näher anschauen.

Beschreibung

Unverzichtbar sind für Physik, Biologie und Chemie gute Vorkenntnisse in allen Naturwissenschaften und Mathematik. Doch keine Angst, nur in Physik sind die Matheanforderungen extrem. In Biologie und Chemie geht es. Die Arbeitsbelastung ist generell hoch. Die Aufnahmebedingungen sind dagegen human: Chemie ist meist zulassungsfrei, Physik an vielen Hochschulen ebenfalls. Bei Biologie ist es etwas härter, eine zwei vorm Komma sollte es schon sein – doch dies ist von Hochschule zu Hochschule verschieden.

Die **Biologie** hat in den vergangenen Jahren massive Änderungen durchgemacht. Ging es früher hauptsächlich um Botanik und Zoologie, hat sich das Fach inzwischen extrem erweitert. Biologen erforschen inzwischen alles, was lebendig ist, also Tiere, Pflanzen, Menschen und Einzeller. Und dies im ganz Kleinen und ganz Großen: Das Objekt der Untersuchung kann eine einzelne Zelle oder ein ganzes Ökosystem sein.

Als Biologe betreibst Du viel Feldforschung und Laborarbeit. Chemische und mathematische Kenntnisse sind zentral. Die Biologie bringt eine riesige Zahl von Ablegern hervor – dazu gehören unter anderem die Fächer Humanbiologie, Biomedizin und Bioinformatik. An den Hochschulen kannst Du verschiedene Schwerpunkte setzen, denn die Möglichkeiten des Faches sind fast unbegrenzt. Die Fülle an Spezialbereichen hat allerdings einen Nachteil: Das Studium ist sehr arbeitsintensiv. Der Master ist Standard, etwa zwei Drittel der Absolventen promovieren.

Chemie steckt in fast allem drin, seien es Lampen, Autoreifen, Winterjacken oder Brötchen. Chemiker beschäftigen sich mit den Eigenschaften von Soffen und chemischen Verbindungen. Am Anfang des Studiums stehen die Grundlagen wie organische, anorganische und physikalische Chemie sowie Mathematik und Physik. Sehr früh arbeiten Chemiestudenten im Labor. Das Studium erfordert viel Präsenz und Teamarbeit. Das Studium der Chemie dauert lange – denn 90 Prozent der Absolventen promovieren am Ende. Die Abbrecherquote ist leider recht hoch, denn die ersten beiden Semester gelten als schwierig. Doch wer sich durchbeißt, studiert ein hochgradig interessantes Fach.

Als **Physiker** studierst Du die elementaren Gesetzmäßigkeiten des Universums. Es geht um die fundamentalsten Prinzipien allen Seins. Physiker forschen über Zeit, Raum, Materie sowie deren Zusammenhänge. Die Mathematik ist dabei die Sprache der Physik – ohne gute Mathekenntnisse geht es nicht. Zentrale Fächer zu Beginn sind theoretische Physik und Experimentalphysik, bei der Du viel im Labor stehst. Wie überall kannst Du auch in der Physik Schwerpunkte setzen: Dazu gehören zum

Beispiel Nanophysik und Lasertechnik oder aber auch Astronomie. Auch hier ist die Abbrecherquote hoch, doch keine Angst, es wird mit der Zeit leichter. Wer das erste Jahr übersteht, übersteht auch meist das gesamte Studium.

Interdisziplinäre Formen

Die Grenzen zwischen Biologie, Physik und Chemie werden immer offener. Inzwischen gibt es eine riesige Anzahl an interdisziplinären Studiengängen. Typische Programme sind hierbei Biochemie und Biophysik. Auch mit Informatik und Ingenieurwissenschaften gibt es viele Überschneidungen. Eine hochinteressante Entwicklung ist das Fach Wirtschaftsphysik, in dem Du physikalische Lösungen auf Wirtschaftsabläufe überträgst.

Eine Sonderform ist die **Lebensmittelchemie**, die meist mit dem Staatsexamen (▶ S. 29) abschließt, da Lebensmittelchemiker später häufig in der staatlichen Lebensmittelüberwachung arbeiten.

Berufsaussichten

Chemiker haben meist gute Chancen auf dem Arbeitsmarkt, verdienen zu Beginn aber aufgrund ihrer häufig noch laufenden Promotion nicht allzu viel – was sich dann später ändert. Die Berufsaussichten für Physiker sind glänzend, ihre Kenntnisse werden in vielen Branchen dringend nachgefragt. Die Gehälter sind dementsprechend gut. Im Lehramt werden Chemiker und Physiker meist händeringend gesucht und können sich ihren Arbeitsort aussuchen.

Die Berufsaussichten von Biologen sind traditionell etwas schlechter als die von Chemikern und Physikern – sie verdienen weniger und suchen im Schnitt länger. Dennoch stehen sie gut da im Vergleich mit anderen Disziplinen.

Ausgefallene Studiengänge

Biologische Diversität und Ökologie (B.Sc.), Uni Göttingen: Basierend auf dem Studienfach Biologie erhalten die Studenten tiefe Kenntnisse über Flora und Fauna sowie über Methoden der ökologischen Forschung.

Geosciences and Astrophysics, Jacobs University Bremen (privat): In diesem Studiengang werden Erd- und Weltraumwissenschaften zusammen gedacht und gelehrt.

Water Science – Wasser: Chemie, Analytik, Mikrobiologie, Universität Duisburg-Essen: Du beschäftigst Dich mit der chemischen und mikrobiologischen Analyse von Wasser.

Pflanzenbiotechnologie, Uni Hannover: Hier lernst Du die Arbeit mit Zellkulturen sowie mit der ganzen Pflanze. Ziel ist die Optimierung von pflanzlicher Produktion.

Bauphysik, Hochschule für Technik Stuttgart: Hier lernst Du, wie man ein Gebäude physikalisch richtig baut – es geht um grundlegende Dinge wie Wärmedämmung, Feuchtigkeit, Schall, Energie und vieles mehr.

Weitere Informationen

Deine Informationsmöglichkeiten sind in den Naturwissenschaften riesig. Biologen finden auf den Internetseiten des Verbandes Biologie, Biowissenschaften und Biomedizin eine umfangreiche Beschreibung von verschiedenen Studiengängen. In Buchform wartet der Verband mit einem äußerst umfangreichen Studienführer auf – die meisten Infos gibt es aber auch online. Falls Du Dich für Biotechnologie interessierst, hilft das Bundesministerium für Bildung und Forschung.

Angehende Chemiker können sich unter »chemie-im-fokus.de« vom Verband Deutscher Chemiker sowie bei der Gesellschaft Deutscher Chemiker informieren. Und auf »Chemiestudent.de« findest Du ein Forum, in dem Du andere Studenten fragen kannst.

Die Deutsche Physikalische Gesellschaft bietet auf ihrer Webseite ein paar Tipps zum Physikstudium. Bessere Infos findest Du unter Umständen im Physikerforum »Physikerboard«. Daneben hilft der umfangreiche Studienführer »Big Business und Big Bang«.

@ Verband Biologie, Biowissenschaften und Biomedizin: www.studienfuehrer-bio.de

@ Bundesministerium für Bildung und Forschung: www.biotechnologie.de

@ Verband Deutscher Chemiker: www.chemie-im-fokus.de

@ Gesellschaft Deutscher Chemiker (Broschüre): www.gdch.de

@ Chemiestudent.de: www.chemiestudent.de

@ Deutsche Physikalische Gesellschaft: www.dpg-physik.de

@ Physikerboard: www.physikerboard.de

Buchtipps:
Verband Biologie, Biowissenschaften und Biomedizin (Hrsg.): Studienführer Biologie: Biologie, Biochemie, Biotechnologie, Bioinformatik, 2005, 640 Seiten, 25,50 €

Max Rauner, Stefan Jorda: Big Business und Big Bang. Berufs- und Studienführer Physik, 2008, 278 Seiten, 17,90 €

Das Wichtigste auf einen Blick

- **In Physik sind die mathematischen Anforderungen sehr hoch, für Biologie und Chemie reichen gute Kenntnisse.**
- **Laborarbeit ist in allen Disziplinen wichtig.**
- **Physiker haben glänzende Chancen auf dem Arbeitsmarkt, sehr gut sieht es auch für Chemiker aus. Auch Biologen stehen gut da.**
- **Lehrer mit naturwissenschaftlichen Fächern werden händeringend gesucht.**

6.13 Ich will etwas mit (oder ohne) Mathe!

Die Schönheit eines mathematischen Beweises nimmt Dir manchmal den Atem. Oder die Schwierigkeit, Matrizenrechnung zu durchschauen, lässt Dich würgen. Es gibt wohl neben Sport kaum ein Fach, das gleichzeitig so viele Schüler in die Verzweiflung treibt und anderen warm ums Herz werden lässt.

Beschreibung

Die **Mathematik** ist die Basis vieler Wissenschaften, vor allem der Natur- und Ingenieurwissenschaften. Doch auch andere Fachbereiche wie VWL oder Psychologie kommen nicht um die Mathematik herum. In der Mathematik lernst Du, Probleme systematisch zu lösen und schöpferisch zu denken. Ohne mathematische Methoden sind Innovation und Fortschritt kaum denkbar. Anders als in anderen Fächern kennt die Mathematik klare Antworten, Wahrheiten und Beweise – dies macht unter anderem die Schönheit des Faches aus.

Das Studium beginnt mit Analysis und Algebra, die die Grundlagen für alles bilden, was danach kommt: Numerik, Stochastik, Differenzialgleichungen, Optimierung und mathematische Modellierung. Die Informatik gewinnt im Mathestudium zunehmend an Bedeutung. Im dritten

Studienjahr und dann vor allem im Master hast Du viele Möglichkeiten der Spezialisierung.

Eine gute Note im Leistungskurs Mathematik hilft beim Mathestudium, ist aber keine Erfolgsgarantie – denn die Mathematik ist an der Universität anders angelegt als in der Schule. Denn hier geht es weniger ums Rechnen, sondern mehr ums logische Denken. Auch mit einer mittelguten Mathenote kannst Du Erfolg haben. Das Studium ist sehr arbeitsintensiv, daher gibt es eine hohe Abbrecherquote. Auch hier gilt: Wer das erste Jahr übersteht, schafft in der Regel auch den Rest.

Wo Mathe wichtig ist – und wo nicht

Wenn Du Mathematik aber in jedem Fall vermeiden möchtest, solltest Du Dir diese beiden Listen anschauen – sie erheben allerdings keinen Anspruch auf Vollständigkeit.

Fächer mit viel Mathe:

- Informatik,
- Ingenieurswissenschaften,
- alle Naturwissenschaften,
- Psychologie,
- Soziologie,
- Wirtschaft,
- Architektur,
- Geografie,
- Geowissenschaften sowie
- Medizin.

Fächer (fast) ohne Mathe:

- Geschichte,
- Jura,
- Sprachwissenschaften,
- Literatur,
- Pädagogik,
- Pflege,
- Politikwissenschaften,
- Journalistik,
- Philosophie und
- Kunst.

Interdisziplinäre Formen

Die Mathematik ist eine Schlüsselwissenschaft, daher gibt es viele interdisziplinäre Formen. Dazu gehören unter anderem Wirtschaftsmathematik (Mathe und Wirtschaft), Technomathematik (Mathe, Informatik und Ingenieurwissenschaften), Biomathematik (Mathe und Biologie) und Computermathematik (Mathe und Informatik).

Berufsaussichten

In einem Wort: hervorragend. Mathematiker werden immer gesucht, sowohl die Jobchancen als auch die Gehälter sind exzellent.

Ausgefallene Studiengänge

Finanzmathematik, TU Chemnitz: Eine Mischung aus Mathematik, Informatik und Wirtschaft – ideal, wenn Du Dich für die Finanzwelt interessierst.

Mathematische Biometrie, Universität Ulm: In diesem Studiengang lernst Du, im Gesundheitssektor zu arbeiten, wo Du medizinische, epidemiologische und pharmazeutische Studien durchführst und auswertest.

Weitere Informationen

Umfangreiche Informationen zu allen Gebieten der Mathematik findest Du auf der Infoseite der Deutschen Mathematiker-Vereinigung.

@ Deutsche Mathematiker-Vereinigung: www.mathematik.de

Das Wichtigste auf einen Blick

- In der Mathematik geht es in erster Linie um logisches Denken.
- Die Abbrecherquote ist im ersten Jahr hoch, wer danach noch dabei ist, schafft in der Regel das Studium auch.
- Die Jobaussichten sind sehr gut.

6.14 Exkurs: Wo soll es nach dem Studium hingehen?

Der wichtigste Ratschlag dieses Buches lautet: **Wähle das Studium, das zu Dir passt und das Dich glücklich macht.** Tatsächlich sind die meisten Kapitel genau auf dieses Ziel ausgerichtet: das richtige Studium für Dich zu finden.

Die spätere Karriere spielt bei der Studienwahl natürlich stets eine Rolle. Daher findest Du in diesem Exkurs einige Anregungen dazu, wie es nach dem Studium weitergehen kann und was Deine Ziele sein könnten. Dieser Exkurs bleibt zwangsläufig kurz – denn bis zu Deiner Berufswahl bleibt noch sehr viel Zeit und Deine Interessen und Vorlieben können sich bis dahin noch mehrfach ändern.

Noch ein Wort vorweg: Die Medien berichten seit vielen Jahren darüber, dass Jungakademiker kaum Jobs fänden und sich mit endlosen Praktika durchschlagen müssten. Häufig fällt der Begriff »**Generation Praktikum**«. Dieses Phänomen gibt es zwar wirklich, es gilt aber vor allem für die Medienbranche. In den meisten Berufsbereichen ist es nicht allzu schwer, einen Job nach der Hochschule zu finden – auch wenn dies natürlich immer von der aktuellen Wirtschaftslage abhängt.

Der Ratschlag lautet daher: Habe Deine beruflichen Möglichkeiten im Blick, aber werde nicht zum Sklaven Deines Lebenslaufes. Denn wer nur auf die Berufsaussichten schaut, kann auch aufs falsche Pferd setzen.

6.14.1 Welche Jobmöglichkeiten gibt es?

@ Berufenet:
http://berufenet.arbeitsamt.de/

@ Abi Magazin:
www.abi.de

Du weißt, was Du studieren möchtest, aber nicht, was Du damit machen kannst? Oder Du hast umgekehrt einen Beruf vor Augen, bei dem Du nicht weißt, was Du studieren solltest, um ihn ergreifen zu können? Für diese Probleme gibt es Lösungen. Eine gute Informationsquelle ist das **Berufenet** der Bundesagentur für Arbeit. Hier wird sowohl erklärt, was Du mit welchem Fach beruflich machen kannst, als auch was Du studieren kannst, um einen bestimmten Beruf ergreifen zu können. Die Informationsdichte ist hoch, die Bedienbarkeit teilweise aber genauso konfus, wie man es von einer großen Behörde erwarten würde.

Ebenfalls von der Bundesagentur ist das **Abi Magazin**. Dieses stellt auf seiner Webseite eine Reihe von Berufen für Akademiker vor. Nicht so umfangreich wie das Berufenet, dafür aber übersichtlicher und bei den genannten Berufen auch detaillierter.

Es wäre **unseriös**, eine Prognose aufzustellen, welche Branchen langfristig besonders **sichere Jobs** bieten. Als Ingenieur kann es sein, dass Du Dich auf eine Technologie spezialisierst, die in dreißig Jahren niemanden mehr interessiert. Eine jetzt boomende Branche kann sich innerhalb von kurzer Zeit in Luft auflösen. Die Wirtschaft ist immer in Bewegung, daher gibt es nur eine Art von Job, die man wirklich als sicher bezeichnen kann: die Beamtenlaufbahn (▶ S. 116).

@ Informationssystem Studienwahl und Arbeitsmarkt:
www.uni-due.de/isa

Falls Du trotz mangelnder Seriosität einen Blick ins **Arbeitsmarktorakel** werfen möchtest, sei Dir das Informationssystem Studienwahl und Arbeitsmarkt der Universität Duisburg Essen empfohlen. Es basiert auf wissenschaftlichen Methoden und kann Dir zumindest für mittelfristige Entwicklungen Anhaltspunkte geben.

6.14.2 Was verdiene ich wo?

Dein zukünftiges **Einkommen** ist von Fach zu Fach verschieden. Natürlich hängt es zum Teil von einem selbst ab, doch ein durchschnittlich talentierter Betriebswirt wird sich fast immer eine deutlich größere Wohnung leisten können als ein ebenso gut ausgebildeter Germanist.

Der Spiegel hat im Jahre 2006 gemeinsam mit der Unternehmensberatung McKinsey unter dem Titel »Studentenspiegel 2« eine große Umfrage unter Absolventen durchgeführt. Dabei ging es unter anderem um das erste Gehalt sowie um die Dauer der Jobsuche.

Von Fach zu Fach gibt es **immense Unterschiede**: Während nur sechs Prozent der Wirtschaftsinformatiker nach einem halben Jahr noch keinen Job hatten, waren es 29 Prozent der Geschichtswissenschaftler – und das bei deutlich geringeren Verdienstaussichten. Betriebswirte haben im Durchschnitt 3 161 Euro pro Monat brutto verdient, wenn sie frisch von der Universität kamen – bei den Kollegen von der Volkswirtschaft waren es nur 2 823 Euro. Und bei Politikwissenschaftlern, die sich inhaltlich nicht extrem von den Volkswirten unterscheiden, waren es nur 1 998 Euro.

Mit der Zeit werden die Unterschiede in der Bezahlung meist noch größer: Selbst wenn der frisch von der Uni kommende Architekt und der Wirtschaftsingenieur pro Jahr ihr Gehalt um etwa fünf Prozent steigern, öffnet sich die Schere: Denn fünf Prozent von 1 870 Euro ist deutlich weniger als fünf Prozent von 3 227 Euro.

Eine Warnung zu ◘ Abbildung 6.1: Es handelt sich um **Durchschnittswerte**. Die Bezahlung ist von Branche zu Branche verschieden – wenn Du

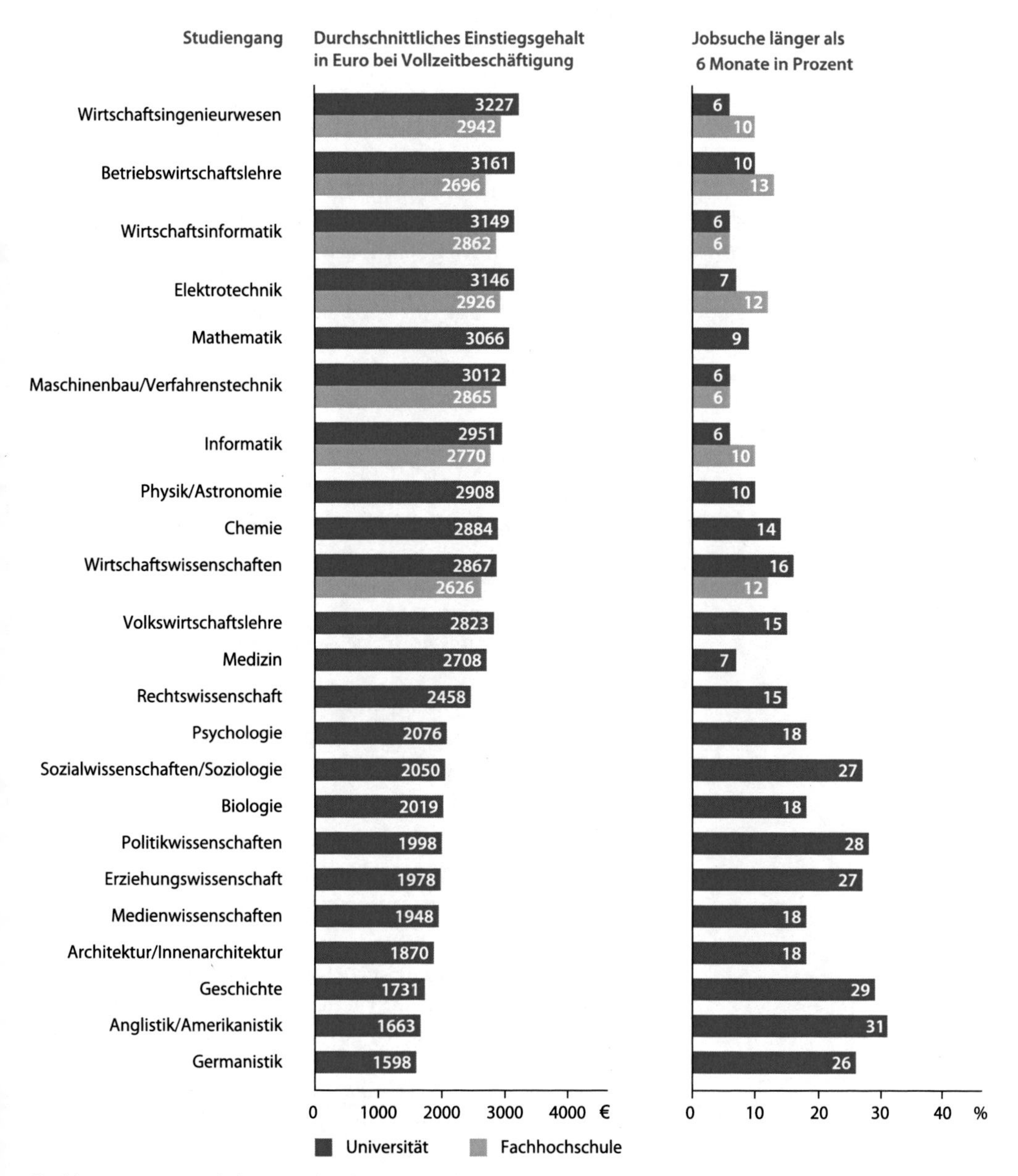

◘ **Abb. 6.1.** Einstiegsgehälter und Jobsuchzeiten (Quelle: Studentenspiegel 2, 2006)

als Geschichtswissenschaftler zur Boston Consulting Group gehst, verdienst Du weitaus mehr als der BWLer, der zur kleinen Nichtregierungsorganisation wechselt.

6.14.3 Wie komme ich in den öffentlichen Sektor?

Beamte sind unkündbar außer sie haben sich gröbste Verfehlungen zuschulden kommen lassen. Wer einen Job als Lehrer, Diplomat, EU-Beamter oder Verwaltungsbeamter anstrebt, ist, sobald er verbeamtet ist, auf der sicheren Seite.

Grundsätzlich ermöglichen alle an Universitäten und Fachhochschulen gemachten Masterabschlüsse ihren Absolventen den Zugang zum höheren öffentlichen Dienst.

@ Verwaltungshochschulen: www.verwaltungshochschulen.de

@ Hochschule der Bundesagentur für Arbeit: www.fh-arbeit.de

Falls Du Dich für einen Job in Ministerien und Verwaltungen interessierst, kannst Du auch an eine **Verwaltungshochschule** gehen. Zusätzlich gibt es die kirchlichen Hochschulen sowie die Universitäten der Bundeswehr. Und es geht noch spezieller – die Bundesagentur für Arbeit bildet ihren Nachwuchs an einer eigenen Fachhochschule mit Standorten in Mannheim und Schwerin aus. An den Verwaltungshochschulen bist Du in der Regel von Beginn an »Beamter auf Widerruf« und erhältst ein monatliches Gehalt von 900 Euro. Der Nachteil: Es besteht Dienstpflicht, so dass Du nicht einfach so krank machen kannst. Die Chancen auf Übernahme in den öffentlichen Dienst sind hoch – die Bewerbungsvoraussetzungen allerdings ebenso.

@ Polizeihochschulen: www.polizeifachhochschulen.de

@ Bundeswehruniversitäten: www.unibw.de

Auch **Polizei und Bundeswehr** haben eigene Hochschulen. Willst Du über die Bundeswehr studieren, musst Du Dich als Zeitsoldat verpflichten, erhältst aber auch während des Studiums Deinen Sold. Gerade für finanzschwache Studenten ist dies eine attraktive Alternative. Die Polizei bildet die eigenen Kommissare für den gehobenen Dienst an ihren Hochschulen aus.

Fürs Lehramt (▶ S. 94) empfiehlt sich das entsprechende Studium. Diplomat und EU-Beamter kannst Du grundsätzlich mit allen Studiengängen werden, musst aber komplizierte Prüfungen über Dich ergehen lassen.

6.14.4 Wie komme ich in die Forschung?

Nicht nur Universitäten und Forschungsinstitute arbeiten wissenschaftlich, auch in Unternehmen kannst Du Forschung betreiben. Falls es Dich in diese Richtung treibt, solltest Du in jedem Fall an einer **Universität** studieren. Denn nur hier wirst Du für die Karriere eines Forschers ausgebildet. Außerdem ist die für Wissenschaftler fast unverzichtbare Promotion nur an einer Universität möglich.

Falls Du wissenschaftlich arbeiten möchtest, musst Du vor allem in Deinem Fach gut sein – dies ist eine Grundvoraussetzung. Daneben aber sollte auch Dein Fach gut sein. Idealerweise studierst Du bei **international**

renommierten Professoren in möglichst kleinen Gruppen. Wo Du diese Voraussetzungen findest, sagen Dir Wissenschaftsrankings (▶ S. 123).

Ein weiteres interessantes Ranking ist das CHE ExcellenceRanking. Es ist in der Rankingliste nicht aufgeführt, da es hier um die besten Master- und Promotionsprogramme Nordwesteuropas geht, was für Abiturienten weniger relevant ist. Falls Du aber in die Wissenschaft gehen möchtest, könnte sich ein Blick lohnen. Das ExcellenceRanking wurde 2009 zum ersten Mal erhoben und hat damals die Fächer Biologie, Chemie, Physik, VWL, Mathematik, Politik und Psychologie umfasst.

@ CHE ExcellenceRanking: www.excellenceranking.org

6.14.5 Wie studiere ich nah am Betrieb?

Du suchst Freiheit und Unternehmertum statt verstaubter Bürokratie? Effizienz und logische Entscheidungen? Dann bist Du tendenziell richtig in der freien Wirtschaft. Allerdings nur tendenziell, denn so manches Unternehmen ist bürokratischer als die Karikatur einer Verwaltung.

Wenn Du definitiv im so genannten »ersten Sektor« arbeiten möchtest, solltest Du ein möglichst praktisch ausgerichtetes Studium wählen. Germanistik hilft Dir da weniger als **Betriebswirtschaftslehre** (▶ S. 103). Das Studium an einer Fachhochschule oder an einer Berufsakademie ist meist näher an der Wirtschaft als das Universitätsstudium. Eine gute Idee ist ein duales Studium (▶ S. 45) – denn so vereinst Du Theorie und Praxis und sammelst vom ersten Tag an praktische Erfahrungen.

Auch ein Studium an einer Business School kann für Deine Karriere in der freien Wirtschaft hilfreich sein. E-fellows.net stellt einige der anerkanntesten Business Schools auf seiner Website vor.

@ E-fellows.net: www.e-fellows.net Klick auf Schüler > Für Schüler > Hochschul- & Unternehmensportraits

6.14.6 Wie komme ich in den Medienbereich?

Du möchtest journalistisch arbeiten? Damit hast Du einen hoch interessanten Berufswunsch – und einen hart umkämpften.

Es gibt vermutlich keinen Bereich, in dem die Spanne zwischen Talent und Verdienst so groß ist wie im Medienbereich – viele hervorragende Leute verdienen **kaum Geld**. Einige schaffen es, eine feste Anstellung zu guten Konditionen zu bekommen. Sehr viele Leute hangeln sich allerdings von einem unterbezahlten befristeten Vertrag zum nächsten oder leben als freie Journalisten nahe am Existenzminimum. Gemeinsam ist den meisten, dass nach dem Studium für sie eine Phase des Tingelns von Praktikum zu Praktikum anbricht. Trotzdem: Der Journalistenberuf ist sehr attraktiv. Wenn Du es also wirklich möchtest, solltest Du Dich nicht von Zweifeln abhalten lassen.

Es gibt drei Wege, einen Job im Medienbereich zu bekommen:

1. Du studierst direkt an einer **Journalistenschule**. Die Aufnahmebedingungen sind hart, Du wirst in jedem Fall Arbeitsproben abgeben müssen. Eine Arbeit in der Schülerzeitung oder einem regionalen Magazin hilft Dir sehr.

2. Ein **Volontariat**. Dabei handelt es sich um die am meisten verbreitete Form. Du bekommst Deine Ausbildung direkt in einem Medienunternehmen. Theoretisch kannst Du Dich dafür auch direkt nach dem Abitur bewerben. Da die Anzahl der Plätze allerdings begrenzt ist, wirst Du ohne Studium nur mit mehrjähriger Berufserfahrung eine Chance haben. Was Du vor dem Volontariat studiert hast, ist eher unwichtig. Viele wählen allerdings eine Kombination aus einem medienorientierten (► S. 101) Studium und einem anderen Fach. Dies könnten Wirtschaft oder Politik sein, aber auch weniger häufige Kombinationen wie Biologie oder Mathematik. Mit letzteren hast Du vor allem in der spezialisierten Fachpresse gute Chancen.
3. Der **Quereinstieg**. Du studierst – wie vor dem Volontariat – ein Fach oder eine Fächerkombination Deiner Wahl und probierst dann den Einstieg.

@ Deutscher Journalisten-Verband:
www.djv.de (Menüpunkt »Journalismus Praktisch«)

In jedem Fall hängen Deine Erfolgschancen stark an vorher geleisteten Praktika und anderen Erfahrungen in der Medienbranche. Auch nach dem Studium wirst Du wahrscheinlich noch Praktika machen müssen.

Sehr gute Informationen und Übersichten über Journalistenschulen findest Du beim Deutschen Journalisten-Verband.

6.14.7 Wie kann ich mit meiner Arbeit die Welt verbessern?

Etwas Gutes tun – mit diesem Plan starten vielen ihr Studium. Es gibt einige sehr offensichtliche Lösungen, wenn man Menschen helfen möchte: Soziale Arbeit, Medizin, Pflege, Lehramt oder – je nach Weltanschauung – Theologie. Doch vielleicht möchtest Du keines dieser Fächer studieren und trotzdem etwas Gutes tun. Zum Beispiel in der UN, der EU, anderen internationalen Organisationen, als Entwicklungshelfer, bei Greenpeace oder Amnesty International? Dies wünschen sich viele.

Tatsächlich gibt es nach dem Mediensektor kaum ein so beliebtes Arbeitsumfeld wie dieses. Und tatsächlich gibt es kein Studienprogramm, das direkt auf diesen Sektor vorbereitet. **Gefragt** sind allerdings immer Wirtschaftswissenschaftler, Juristen und Sprachwissenschaftler sowie Absolventen technischer Fächer. Auch Politikwissenschaftler haben je nach Spezialisierung Chancen.

Wichtiger noch als das richtige Studium sind in diesem Bereich die richtigen **Praktika und Erfahrungen**. Denn die Jobvergabe findet in diesem Feld anders als in der freien Wirtschaft häufig über Kontakte, Seil- und Sippschaften statt. Diese hast Du zu Beginn natürlich nicht – doch Du kannst sie Dir aufbauen. Und dort, wo Jobs nach offenen Verfahren vergeben werden, helfen die entsprechenden Erfahrungen Dir dabei, Dich von der Konkurrenz abzusetzen.

Mit etwas Mühe ist es nicht allzu schwer, an gute Praktika zu kommen. Du solltest Dich vor allem an **größere Organisationen** halten, denn nur hier werden auch häufig genug Jobs frei. Auch die Teilnahme an einem Freiwilligendienst kann extrem hilfreich sein – denn gerade in der UN und der Entwicklungshilfe werden Leute mit »Felderfahrung« gesucht.

Ein guter Start bereits vorm Studium wäre ein halbes oder ganzes Jahr im Ausland im Rahmen des Weltwärts-Programms (▶ S. 205), im Rahmen dessen Du an einem Entwicklungshilfeprojekt teilnimmst. Auch andere Freiwilligendienste im Ausland (▶ S. 204) helfen Dir später beim Einstieg in diesen Bereich.

Wenn Du Dich im »Weltverbesserungssektor« weiterbilden möchtest, gibt es außerdem eine Reihe hilfreicher Masterprogramme – doch eines nach dem anderen. Finde erst einmal den richtigen Bachelor. Planung ist gut, doch wenn man bereits zehn Schritte im Voraus denkt, verpasst man viele gute Dinge im Jetzt.

Das Wichtigste auf einen Blick

- **Denke darüber nach, was Du mit Deinem Studium beruflich machen könntest – mache diese Überlegung aber nicht zu Deiner einzigen Entscheidungsgrundlage.**
- **Keine Angst vor Arbeitslosigkeit! Die »Generation Praktikum« gibt es nur in ganz wenigen Branchen.**
- **Die Durchschnittsgehälter unterscheiden sich von Fach zu Fach stark.**

7

Wie gut sind das konkrete Programm und die Hochschule?

Solltest Du das Buch chronologisch lesen, weißt Du inzwischen in etwa, was Du studieren möchtest. Doch die Frage lautet nun: Wo genau? Dieses Kapitel soll Dir dabei helfen, das für Dich beste Programm an der für Dich besten Hochschule auszuwählen.

Im Hinblick auf die **Qualität Deiner Hochschule** und Deines Studiums gibt es viele Fragen: Wie ist die Betreuung? Wie viel Wahlfreiheit hast Du im jeweiligen Studiengang? Wie ist die Arbeitsintensität? Gibt es genug Plätze in der Bibliothek? Bei 369 staatlich anerkannten Hochschulen in Deutschland fällt die Wahl nicht immer leicht. Im Folgenden zeigt Dir dieses Buch, wie Du die **Qualität Deiner Wunschhochschule** bewerten kannst.

Statt der Zusammenfassungen, die Du aus den anderen Kapiteln kennst, erhältst Du am Ende jedes Abschnitts Fragen, die Du Deinen Zielhochschulen zu den jeweiligen Themen stellen kannst.

7.1 Hochschulrankings

Welche Hochschule ist die beste? Wenn Du Dir eine klare Antwort auf diese Frage durch Rankings erhoffst, wirst Du eine Enttäuschung erleben. Die beste Hochschule gibt es nicht – vielmehr gibt es für jeden Studierenden seine persönlich ideale Hochschule. Und oft vermitteln Bestenlisten einen Eindruck von Genauigkeit, die man gar nicht erreichen kann.

Der Grund dafür liegt auf der Hand: Jeder Student hat andere Interessen und nicht jede persönliche Vorliebe entspricht dem Bewertungsmaßstab eines Rankings. Und was genau macht den Unterschied zwischen Platz 11 und Platz 12 aus? Mitunter vielleicht nur zwei zusätzlich veröffentlichte Artikel in einer Fachzeitschrift. Ist das für Dich wirklich relevant? Eher nein.

Trotzdem sind Rankings wichtig:

- Erstens erhältst Du wichtige Anhaltspunkte über die Qualität von Lehre, Forschung und Betreuung.
- Zweitens erfährst Du etwas über die Reputation von Hochschulen. Auch potentielle Arbeitgeber lesen Rankings!
- Drittens kann ein vorderer Platz in einem bedeutenden Ranking auch als selbst erfüllende Prophezeiung die Qualität eine Hochschule verbessern: Gute Studenten und Hochschullehrer werden angezogen, Drittmittel großzügiger gewährt und schwups ist die Hochschule tatsächlich besser.

Es ist noch nicht lange her, da waren Hochschulrankings in Deutschland etwas Ungewöhnliches: Natürlich hatten einige Hochschulen einen besonders guten Ruf, jedoch ging man davon aus, dass an allen Hochschulen des Landes ein **vergleichbar hohes Niveau** der Lehre angeboten wurde. Dies war schon immer ein **Irrtum** – inzwischen hat sich die Realität aber in den Köpfen festgesetzt.

Bei den Rankings hat sich in Deutschland inzwischen eines als Standard durchgesetzt – das **CHE Hochschulranking**, das einmal im Jahr erhoben und in Zusammenarbeit mit der ZEIT veröffentlicht wird. Es ist in Methodik, Tiefe und Umfang das mit Abstand beste und erfährt die höchste Beachtung. Daher mein Ratschlag: Lies in jedem Fall das Ranking des CHE. Und die anderen je nach Geschmack und Informationsbedarf.

Die wichtigsten Infos zu den bekanntesten Rankings sind in diesem Buch für Dich zusammengetragen. Ein Rat: Lass Dich nicht von der Masse der Rankings erschlagen. Am Ende zählt, dass Du Dich mit Deinem Programm wohl fühlst.

Ranking: CHE Hochschulranking

Region: Deutschland, Österreich, Schweiz, Niederlande

Fachbereiche: Übergreifend, mit Aufschlüsselung nach Fachbereichen

Was und wie wird bewertet? Studiensituation, Betreuung, Bibliotheksausstattung, Publikationen, Laborausstattung, Forschungsreputation, Reputation bei Professoren und vieles mehr. Es werden Studenten und Lehrende befragt.

Wie nützlich ist es? Das CHE Hochschulranking ist das aussagekräftigste. Denn nur hier kannst Du frei Deine Beurteilungskriterien wählen. Gleichzeitig unterteilt das CHE nach Spitzen-, Mittel- und Schlussgruppe, anstatt einzelne Rangplätze zu vergeben. Diese Art der Darstellung ist einzigartig und behauptet keine Genauigkeit, die es nicht geben kann. Das Ranking wird dadurch transparent. Es ist außerdem unpopulistisch, da man nicht einzelne Hochschulen als die absoluten Spitzenreiter herauspicken kann. Das CHE-Ranking wird jährlich im Frühjahr in Zusammenarbeit mit der ZEIT veröffentlicht. Die Niederlande waren zur Zeit der Drucklegung neu im Programm und die verfügbaren Daten für niederländische Universitäten gingen weniger in die Tiefe als in Deutschland. Dies ändert sich allerdings hoffentlich mit der Zeit.

Internet: www.das-ranking.de

Ranking: CHE Forschungsranking

Region: Deutschland, Österreich, Schweiz, Niederlande

Fachbereiche: Übergreifend, mit Aufschlüsselung

Was und wie wird bewertet? Vor allem statistische Angaben wie Anzahl der Veröffentlichungen und Drittmittel werden bewertet. Es handelt sich – wie der Titel bereits sagt – um ein reines Forschungsranking.

Wie nützlich ist es? Das CHE-Forschungsranking ist ähnlich aufgebaut wie das entsprechende Hochschulranking. Allerdings geht es in diesem Fall einzig um wissenschaftliche Reputation.

Internet: www.che.de

Ranking: Karriere – Deutschlands Super-Unis

Region: Deutschland

Fachbereiche: Wirtschaft, Ingenieurwesen, Informatik, Jura, Medienwissenschaften

Was und wie wird bewertet? Kriterien sind Studiensituation, Praxisbezug und Attraktivität in der Wirtschaft. Befragt werden – hauptsächlich im Internet – Studierende, Absolventen, Personaler aus der Wirtschaft sowie die Hochschulen selbst.

Wie nützlich ist es? Es ist nützlich, falls Du eine Karriere in der freien Wirtschaft anstrebst. Es werden jeweils nur die 15 bestbewerteten Institutionen genannt. Anders als der Titel es vermuten lässt, werden auch FHs miteinbezogen. Allerdings sieht man schon am marktschreierischen Titel, dass eine Präzision vorgetäuscht wird, die es so in Wirklichkeit gar nicht geben kann. Die größte Kritik trifft aber die Erhebungsart: Es handelt sich um eine Onlineumfrage, die naturgemäß offen für Manipulation und Ungenauigkeiten ist.

Internet: www.karriere.de

Ranking: Focus

Region: Deutschland

Fachbereiche: Übergreifend, mit Aufschlüsselung nach Bereichen

Was und wie wird bewertet? Professoren werden befragt, daneben zählt die Anzahl der Zitierungen. Hinzu kommen Betreuungsrelation und Studiendauer. Die Forschung steht klar im Vordergrund.

Wie nützlich ist es? Der Nutzen ist eher begrenzt, da die Studiensituation nicht ausreichend beachtet wird. Das Focus Ranking ist klassisch als Rangliste aufgebaut. Studenten werden nicht befragt. Es findet in der Fachöffentlichkeit nur vergleichsweise wenig Beachtung.

Internet: www.focus.de/wissen/campus/hochschulen/

Ranking: Spiegel Studentenspiegel

Region: Deutschland

Fachbereiche: Übergreifend, Aufschlüsselung nach Fachbereichen

Was und wie wird bewertet? Es werden online die Hochschulen gesucht, an denen die besten Studenten studieren.

Wie nützlich ist es? Als Ergänzung ist dieses Ranking sehr brauchbar. Das Magazin versucht, per Onlinebefragung zu ergründen, an welcher

Hochschule die leistungsmäßig besten Studenten studieren. Die Befragung hat aber vor allem ein Problem: die Ergebnisse. Denn nach der Befragung sind die Unterschiede von Hochschule zu Hochschule nicht sehr groß – damit ist die Aussagekraft gering. Hinzu kommt das Problem jeder Onlineumfrage: Sie ist leicht manipulierbar. Ein Blick lohnt sich aber durchaus.

Internet: www.studentenspiegel.de

Ranking: Exzellenzinitiative der Bundesregierung

Region: Deutschland

Fachbereiche: Übergreifend, keine Aufschlüsselung

Was und wie wird bewertet? Die Hochschulen mit der besten Forschung, den besten Graduiertenschulen sowie die zukunftsweisendsten Konzepten werden bewertet.

Wie nützlich ist es? Es ist sehr hilfreich, wenn Dir die Reputation Deiner Hochschule wichtig ist. Und spätestens bei der Jobsuche nützt es: Die Exzellenzuniversitäten sind überall bekannt und Du bekommst inzwischen deutlich mehr Respekt für ein Studium an der FU Berlin (Eliteuniversität) als an der Uni Hamburg (keine Eliteuniversität). Bei der Exzellenzinitiative der Bundesregierung handelt es sich allerdings weniger um ein Ranking als um einen Club der Besten. Die ausgewählten Universitäten erhalten nicht nur mehr Geld, sondern auch mehr Aufmerksamkeit. Zwar ist die Qualität der Lehre kein Bewertungsfaktor. Trotzdem ist der Gewinn an Reputation groß und zusammen mit den erhöhten Geldmitteln kann dies für Dich nur von Vorteil sein.

Internet: www.bmbf.de

Ranking: FAZ

Region: Deutschland, Österreich, Schweiz

Fachbereiche: Private Wirtschaftshochschulen

Was und wie wird bewertet? Es handelt sich um eine Befragung von Alumni nach Gehalt, Berufschancen und Art der Anstellung.

Wie nützlich ist es? Es ist spannend, falls Du an einer Privatuni (▶ S. 26) Wirtschaft studieren möchtest. Ansonsten völlig irrelevant. Da es von 2006 stammt, ist es daneben etwas veraltet.

Internet: www.hochschulanzeiger.de/ranking2006

Ranking: Meinprof.de

Region: Deutschland

Fachbereiche: Übergreifend, Aufschlüsselung nach Lehrenden

Was und wie wird bewertet? Studenten bewerten ihre Professoren.

Wie nützlich ist es? Das Ranking ist sehr interessant, wenn Du Dich zusätzlich informieren möchtest. Natürlich sind die Bewertungen höchst subjektiv, doch sie können Dir einen guten zusätzlichen Eindruck darüber verschaffen, wie die Lehre empfunden wird.

Internet: www.meinprof.de

7.2 Internationale Rankings

Neben den genannten nationalen Rankings gibt es auch ein paar internationale. Und die bekanntesten findest Du hier. Nationale Rankings anderer Länder sind hier allerdings nicht aufgeführt – die wichtigsten wurden im Auslands-Kapitel (► S. 45) in den jeweiligen Abschnitten behandelt.

Ranking: Shanghai Ranking

Region: Weltweit

Fachbereiche: Übergreifend, keine Aufschlüsselung

Was und wie wird bewertet? Es handelt sich um ein reines Forschungsranking, daher wird ausschließlich die wissenschaftliche Leistung analysiert. Wichtigste Fakten: Nobelpreise und Zitierungen von Mitarbeitern in Fachzeitschriften.

Wie nützlich ist es? Solltest Du in Deutschland studieren wollen: kaum. Dies liegt vor allem daran, dass so gut wie keine deutschen Universitäten vertreten sind. Daneben sind die Kriterien sehr fragwürdig: Es zählen unter anderem die Anzahl der Nobelpreise, die Professoren der jeweiligen Universität seit Anfang des vergangenen Jahrhunderts erhalten haben. Was ein 70 Jahre alter Nobelpreis über Forschungsqualität einer Uni aussagt, wissen nur die Chinesen. Solltest Du international studieren wollen, kann es allerdings interessant sein - vor allem, wenn Du Dich für die Qualität der Forschung interessierst. Dass kaum deutsche Universitäten vertreten sind, liegt nicht nur daran, dass hierzulande die Universitäten nicht mit den Top-Unis in England und den USA mithalten können:

- Erstens werden Veröffentlichungen englischsprachiger Universitäten bereits deswegen öfter zitiert, weil sie durchweg englischsprachig sind.
- Zweitens findet ein großer Teil der Forschung in Deutschland nicht an Universitäten, sondern an externen Forschungsinstituten statt – und dies wird in den Rankings nicht berücksichtigt.

- Drittens sind deutsche Universitäten in der Forschung tatsächlich vergleichsweise weniger produktiv als angelsächsische.

Internet: http://ed.sjtu.edu.cn/ranking.htm

Ranking: Times World University Ranking
Region: Weltweit

Fachbereiche: Übergreifend, keine Aufschlüsselung

Was und wie wird bewertet? Dies ist ein Forschungsranking, es geht um die forschungsstärksten und einflussreichsten Universitäten.

Wie nützlich ist es? Die Reputation der Hochschule als Forschungseinrichtung steht hier im Mittelpunkt. Immerhin: Auch die Betreuungsrelation und der Anteil ausländischer Studierender spielt eine Rolle. Die Prozedur ist deutlich differenzierter als die des Shanghai Rankings. Auch hier kommen deutsche Hochschulen eher schlecht weg – aus denselben Gründen wie denen im Shanghai Ranking.

Internet: www.timeshighereducation.co.uk/

7.3 Betreuung

Eine gute Betreuung durch Deine Professoren kann Dein Studium ungemein erleichtern. Bei Problemen hast Du einen direkten Ansprechpartner, sie helfen Dir, ein gutes Auslandssemester zu bekommen und beraten Dich bei Hausarbeiten und zu Seminaren. Auch für Deine Abschlussarbeit ist es sehr nützlich, wenn Du Deine Ideen und Probleme direkt und unbürokratisch mit Deinem Betreuer besprechen kannst. Wenn die Betreuung gut ist, wirst Du meist auch Klausur- und Hausarbeitsnoten schnell bekommen.

Leider ist an vielen Hochschulen die Betreuung alles andere als ideal: Viele Professoren sind nur während der offiziellen Sprechstunden ansprechbar und diese sind oft Wochen im Voraus ausgebucht.

Mit der Umstellung auf Bachelor und Master sollte die Qualität der Betreuung deutlich verbessert werden – doch erfolgreich war dies nur selten. An vielen Hochschulen wird Studenten nun ein fester Mentor zur Seite gestellt, doch wenn dieser zeitlich überfordert ist, hilft Dir dies wenig. Zwar wurden die Budgets der Hochschulen leicht erhöht, gleichzeitig gibt es aber auch mehr Studierende. Daher hat sich hier praktisch wenig bewegt. Von Traumzuständen wie in den USA (► S. 57), Großbritannien (► S. 46) oder Schweden (► S. 55) sind wir hier noch weit entfernt.

Welcher **Betreuungsschlüssel** gut ist, hängt vom Fach ab. Manche Fächer sind naturgemäß betreuungsintensiver als andere. Die gleiche Quote, die für einen Betriebswirt phantastisch wäre, könnte für einen Mediziner absolut katastrophal sein. 2008 kamen laut Bildungsbericht der Bundesregierung im Schnitt 109 Studierende auf einen Professor in Wirtschaft, Recht und Sozialwissenschaften. In den Sprach- und Kulturwissenschaften mussten sich 81 Studenten einen Professor teilen, bei Ingenieuren 56. In der Humanmedizin waren es 34. Künstlerische Studiengänge hatten mit 25 Studenten pro Professor die beste Quote.

Infos zur Betreuung findest Du unter anderem im CHE-Hochschulranking, wo unter anderem die Anzahl der Studierenden pro Professor genannt wird. Auch die Häufigkeit von Sprechstunden und die Qualität der Kontakte werden bewertet.

@ Das CHE-Ranking bei der ZEIT: www.das-ranking.de

@ Deutscher Bildungsbericht: www.bildungsbericht.de/

Die beste Art und Weise sich schlau zu machen, ist immer noch der **Besuch an der Hochschule**. Dort kannst Du mit aktuellen Studenten und Lehrenden sprechen, beispielsweise in Anschluss an den Besuch von Vorlesungen. In der Tendenz werden Dir Studenten ehrlicher antworten, denn Professoren wollen ihre Hochschule natürlich positiv darstellen.

Fragen

- **Wie viele Studenten kommen auf einen Professor?**
- **Gibt es einen unkomplizierten direkten Draht zum Professor?**
- **Gibt es Tutorien?**
- **Bieten Lehrstühle informelle Treffen an, wie z. B. akademische Stammtische oder gemeinsame Besuche von Fachtagungen?**
- **Existiert ein Mentorenkonzept?**
- **Gibt es Hilfestellungen für Kontakte zur Wirtschaft und akademischen Welt?**
- **Wie schnell erhältst Du einen Sprechstundentermin – oder ist es sogar üblich, einfach an die Tür zu klopfen?**

7.4 Qualität der Lehre

Was nützt Dir die beste Hochschule mit einer riesigen Bibliothek und Weltklasseforschung, wenn die Lehre zum Weglaufen ist? Nicht viel.

Viele Dinge wurden bereits im Bereich **Betreuung** (► S. 127) erwähnt. Denn ohne guten Personalschlüssel geht keine gute Lehre. Bei vielen Lehrenden pro Student wird dadurch meist auch die Lehre besser. Doch es gibt noch viel mehr Punkte, auf die Du achten solltest.

In allen Fällen gilt: Ein Blick ins CHE-Ranking hilft. Doch die Details findest Du nicht im Ranking. Dafür solltest Du Dich an Studenten der jeweiligen Hochschule wenden. Schreibe Nachrichten per StudiVZ und Facebook, sprich Leute beim Besuch an, trete in Kontakt zu Studentenvertretern, all dies wird Dir ungemein helfen, Dir einen Überblick über die jeweilige Situation zu verschaffen.

Folgende Punkte sind wichtig:

- Wie gut kannst Du Deine **eigenen Schwerpunkte** setzen? Denn neben dem Standardstoff wirst Du schnell eigene Vorlieben und Abneigungen innerhalb Deines Fachs entwickeln. Formal findest Du dies heraus, indem Du die Studienordnung liest – dabei allerdings handelt es sich teilweise um Fachlatein. Du fragst also besser aktuelle Studenten.

- Selbst wenn die Studienordnung eine eigene Schwerpunktsetzung zulässt, bringt Dir das gar nichts, wenn Du keine **Wahlmöglichkeiten bei Lehrveranstaltungen** hast. Hat Deine Fakultät nur wenig Personal, wird sie lediglich die wichtigsten Kurse anbieten – und Du bist gezwungen, das zu nehmen, was kommt.
- Daran anschließend ergibt es Sinn zu wissen, wie **überfüllt** die Kurse sind und ob man auch seine Wunschseminare bekommt. Dafür sprichst Du am besten mit Studenten höherer Semester. Tipp: Wende Dich an Leute, die mindestens im dritten oder vierten Semester sind. Denn ganz am Anfang sind selbst an hervorragend organisierten Hochschulen die Veranstaltungen überlaufen. Normalerweise legt sich das nach einem halben bis ganzen Jahr. Wenn Du also Erstsemester fragst, werden sie sich selbst an sehr gut organisierten Hochschulen beschweren.
- Es ist wichtig, dass vorgeschriebene Veranstaltungen **regelmäßig angeboten** werden und vor allem auch **zugänglich** sind. Es ist nicht angenehm, wenn Du unbedingt an einer Veranstaltung teilnehmen musst, Du aber wegen Überfüllung keinen Platz bekommst oder sie zu selten angeboten wird. Im schlimmsten Fall musst Du länger studieren, nur weil Du an bestimmten Seminaren nicht teilnehmen konntest.
- Wird auch wirklich das gelehrt, was für die Prüfungen **relevant** ist? Es ist durchaus ärgerlich, wenn man sich für die Prüfung auf die Vorlesungsinhalte vorbereitet hat und der Dozent überlegt, auf einmal den Schwerpunkt auf Theorien zu legen, die er irgendwann einmal im Nebensatz angeschnitten hat. Solche Dinge erfragst Du am besten bei Studenten.
- An vielen Hochschulen wird die Qualität der Lehre per **Lehrevaluationen** überprüft. Die Ergebnisse werden dann veröffentlicht. Dies ist aber nicht immer der Fall. Eine andere Möglichkeit ist ein Blick auf die Webseite »Meinprof.de« (▶ S. 126).

Neben dem CHE-Ranking, einem Hochschulbesuch und dem Kontakt zu Studenten kann zur Klärung dieser Fragen auch ein Blick auf die Website der Hochschule helfen.

Fragen

- **Inwieweit können Studenten ihre eigenen Schwerpunkte setzen?**
- **Wie viele Seminare werden angeboten?**
- **Sind die Seminare überfüllt?**
- **Werden Seminare regelmäßig angeboten?**
- **Wie relevant ist der gelehrte Stoff für die Prüfungen?**
- **Werden die Hochschullehrer evaluiert?**

7.5 Qualität der Forschung

Warum sollte die **Forschung** an einer Hochschule für Dich interessant sein, wenn Du doch als Student eher mit der Lehre konfrontiert bist? Nun, aus zwei Gründen:

- Dieses Kriterium sollte Deine Wahl vor allem dann beeinflussen, wenn Du möglichst **wissenschaftlich arbeiten** möchtest bzw. promovieren willst.
- Gute Forschung bedeutet bessere **Reputation** Deiner Hochschule.

Wichtige Merkmale für die Qualität der Forschung sind unter anderem die Höhe der **Forschungsmittel**, die von außen kommen, und die Forschungsreputation des Fachbereiches. Die Reputation lässt sich zum einen daran ablesen, wie häufig Artikel von Professoren der jeweiligen Hochschule in **Fachzeitschriften** zitiert werden, sowie am Image bei anderen Professoren. Dabei ist jedoch Vorsicht geboten: Viele Professoren veröffentlichen viele unsinnige oder altbackene Artikel, nur um eine lange Liste zu haben. Das zu beurteilen fällt einem Laien naturgemäß schwer. Das CHE-Forschungsranking ist da eine zuverlässige Quelle.

Relevant sind auch die Anzahl der **Promotionen** und Habilitationen pro Professor, die der jeweilige Fachbereich hervorbringt. Hier gilt: Mehr ist mehr.

Wenn die Hochschule zur **Eliteuniversität** gekürt wurde oder sie wenigstens so genannte Exzellenzcluster hat, spricht auch dies für eine gute Forschungsreputation. Informationen zu Zitierungen, Promotionen und Habilitationen solltest Du auf der Website des jeweiligen Fachbereiches finden – denn dies sind harte Fakten, an denen man wenig tricksen kann.

Fragen

- **Ist die Hochschule Exzellenzuni oder hat sie ein Exzellenzcluster?**
- **Wie viele Doktoranden gibt es pro Professor?**
- **Wie viele Papers veröffentlichen die Professoren der jeweiligen Fachrichtung pro Jahr?**
- **Wie ist die Reputation bei anderen Professoren?**

7.6 Die Bibliothek

Das »Herz« jeder Hochschule ist – neben den Cafés – die **Bibliothek**. Eine gute Bibliothek ist fürs Studium unverzichtbar. Denn hier wirst Du wahrscheinlich zumindest während der Prüfungsphasen einen großen Teil Deiner Zeit verbringen.

Zentral für Dich sollten vier Punkte sein:

- Achten solltest Du darauf, ob ausreichend **Arbeitsplätze** vorhanden sind – es ist nicht angenehm, sich in der Prüfungsphase um die letzten freien Tische prügeln zu müssen.

- Besonders wichtig ist **die Ausstattung der Bibliothek mit Fachbüchern**: Hier sollte von der Hochschule nicht gespart werden, denn anders als der vielleicht morbide Charme des Bibliotheksgebäudes aus den 1960er-Jahren ist die Auswahl an Fachbüchern entscheidend für Deinen Studienerfolg. Bei Deinen ersten Hausarbeiten wird Dir der Unterschied zwischen einer schlecht ausgestatteten Bibliothek, in der keines der gesuchten Bücher vorhanden ist, und einer guten Bibliothek auffallen, in der Du alles findest, was Du suchst.
- Beachte in diesem Zusammenhang aber, dass sich die Qualität einer Bibliothek nicht nur an den Büchern in den Regalen misst, sondern auch an der Zahl freigeschalteter **Zugänge zu den Onlinearchiven** wissenschaftlicher Zeitschriften (so genannte E-Journals). Denn ein großer Teil der aktuellen wissenschaftlichen Diskussion findet nicht in Büchern, sondern in Journals statt. Keine Bibliothek kann mehr als die wichtigsten Journals vorrätig haben. Doch dafür gibt es Datenbanken. Eine gut ausgestattete Bibliothek hat einen Zugang zu allen wichtigen Journals. Damit kannst Du alle relevanten Artikel lesen, als PDF herunterladen und ausdrucken. Gerade in höheren Semestern ist dies eine unverzichtbare Hilfe. Tipp: Für viele Fachgebiete ist JSTOR eine der wichtigsten Datenbanken.
- Ebenfalls wichtig sind die **Öffnungszeiten** der Bibliothek. Wenn Du ein Nachtarbeiter bist, können Dir Schließzeiten gegen 19 Uhr durchaus einen Strich durch die Rechnung machen. Gute Hochschulbibliotheken sind bis mindestens 22 Uhr geöffnet und auch am Sonntag verfügbar. Die genauen Öffnungszeiten findest Du im Netz.

Wie immer findest Du im CHE-Ranking (▶ S. 69) ausführliche Informationen zur Qualität der Bibliotheken. Wenn Du Dich vor Ort informieren möchtest, hast Du an vielen Hochschulen die Möglichkeit, an Bibliotheksführungen teilzunehmen. Hier erfährst Du von Mitarbeitern alles Wichtige über die Bibliothek, die Literaturrecherche und das Ausleihverfahren.

Fragen

- **Kannst Du Dir vorstellen, in der Bibliothek täglich zu arbeiten?**
- **Wie sind die Öffnungszeiten?**
- **Gibt es auch in Prüfungszeiten ausreichend Platz?**
- **Gibt es genügend Fachbücher? Sind gefragte Bücher mehrfach vorhanden?**
- **Wie sind die Zugänge zu Onlinearchiven? Gibt es einen vollen oder nur einen Teilzugang zu JSTOR?**
- **Hat die Bibliothek ein gutes Café oder ist eines in Reichweite?**

7.7 IT-Ausstattung

Du wirst Dein Studium vermutlich mit einem Laptop oder einem festen Computer beginnen. Aber selbst ohne eigenen Rechner bist Du nicht verloren: Jede Hochschule hat **IT-Arbeitsplätze** für ihre Studenten. So hast Du auch ohne eigenen Computer die Möglichkeit, Deine Hausarbeiten zu schreiben und das Internet zu nutzen.

Auch mit eigenem Computer ist die Ausstattung an Deiner Hochschule relevant für Dich: Gerade bei mathematischen und statistischen Fragestellungen kommt häufig **Spezialsoftware** zum Einsatz, die Du an den Hochschulrechnern nutzen kannst.

Zur IT-Ausstattung zählen auch ein **WLAN** auf dem Campus sowie die Zugänglichkeit zu multimedialen Formaten. Wobei das WLAN ein zweischneidiges Schwert ist: Viele Studenten arbeiten effizienter, wenn Facebook, Youtube, Spiegel Online und Twitter nicht einen Mausklick entfernt sind.

Die Wichtigkeit einer guten IT-Ausstattung hängt auch von Deinem Studiengang ab: Studierst Du Sozialwissenschaften, kommst Du ohne gute Computer aufgrund der vielen Statistik nicht aus – denn die Statistikprogramme sind teuer und laufen meist nur auf hochschuleigenen Rechnern. Auch Psychologie ist ohne gute IT nicht vernünftig studierbar.

Infos zur IT-Ausstattung findest Du auf der Website Deiner Hochschule meist unter der Rubrik **»Rechenzentrum«**. Auch das CHE-Ranking bewertet die IT-Ausstattung. Am besten ist jedoch ein Besuch: So kannst Du Dir auf eigene Faust ein Bild machen.

Fragen

- **Wie aktuell sind die vorhandenen Computer?**
- **Gibt es Computer in ausreichender Menge?**
- **Gibt es ein WLAN, und wenn ja, überall oder nur an bestimmten Orten?**
- **Kannst Du übers Hochschulnetz mit Deinem eigenen Rechner auf Onlinedatenbanken zugreifen oder musst Du einen Unirechner nutzen?**

7.8 Praxisbezug

Je nach Fach kann ein Studium schon sehr praxisfern sein. In der Tendenz ist Philosophie zwar abgehobener als Betriebswirtschaftslehre, doch die Elfenbeinturmgefahr lauert überall. Hochschulen versuchen Abhilfe zu schaffen, indem sie den **Praxisbezug** – oder neudeutsch die »Employability« – erhöhen. Wunderbarerweise behauptet jede Hochschule von sich, »praxisrelevante Stoffe zu vermitteln« und »Team- und Kommunikationsfähigkeit groß zu schreiben«. Doch leider ist die Wirklichkeit kein Werbeprospekt – diese Aussagen bringen Dir für sich genommen zunächst wenig neue Erkenntnisse.

Die **Wichtigkeit des Praxisbezuges** ist dabei relativ – vielleicht möchtest Du auch gar keine Praxisanteile im Studium und Dich eher auf deine theoretische Ausbildung konzentrieren. Dies wäre durchaus nachvollziehbar und hängt von den individuellen Vorlieben ab.

Ist Dir der Praxisbezug wichtig, solltest Du unter anderem auf Praktikantenprogramme bei für Dich interessanten Firmen und Organisationen achten. Auch berufspraktische Seminare sind hilfreich: Dazu können Dinge wie Seminare für den Umgang mit Datenbanken und Präsentationstraining gehören, aber auch Rhetorikkurse und Bewerbungstraining.

Die meisten dieser Fragen kannst Du direkt an die Studienberatung richten. Ansonsten hilft die Kontaktaufnahme mit anderen Studenten (► S. 75).

Fragen

- Besteht ein **Praktikaprogramm**? Und wenn ja, handelt es sich bei den Firmen und Organisationen um ein paar regionale Mittelständler oder um nationale und international tätige?
- Werden nebenher **berufspraktische Seminare** angeboten?
- Wird **Teamarbeit** gefordert und gefördert?
- Sind die Studieninhalte tatsächlich **praxisrelevant**? Wende Dich in diesem Punkt am besten an Studierende höherer Semester.

7.9 Karriereservice

Vor einigen Jahren hatten nur wenige deutsche Hochschulen einen Karriereservice. Inzwischen ist er fast zum Standard geworden – die Betonung liegt hier auf »fast«.

Der Karriereservice hilft Dir bei der Bewerbung für Praktika und Jobs, bei der Erstellung eines Lebenslaufes und bei der Karriereplanung. Er veranstaltet Seminare und Weiterbildungen zu berufspraktischen Themen. Außerdem hält der Karriereservice Kontakt zu Unternehmen und kann im Idealfall Praktika vermitteln. Auch die oben erwähnten Karrieremessen werden hier organisiert.

Bei dieser Schilderung handelt es sich natürlich um den Idealfall. Viele Karriereservices kranken an **chronischem Personalmangel** und beschränken sich darauf, lediglich einige Praktika zu vermitteln und alle paar Monate ein Seminar zu veranstalten.

Jedes Studium findet irgendwann sein Ende – und dann wirst Du einen Job brauchen. Einer der besten Wege, mit vielen Unternehmen in Kontakt zu treten, sind **Karrieremessen**, die typischerweise vom Karriereservice organisiert werden. Idealerweise finden diese direkt an Deiner Hochschule statt. Und je mehr interessante Arbeitgeber präsent sind, desto besser für Dich.

Auf Karrieremessen präsentieren sich regionale und überregionale Unternehmen und werben um zukünftige Praktikanten, Trainees und Mitarbeiter. Insgesamt gilt: Je interessanter die Studenten einer Hochschule für die jeweiligen Firmen sind, desto mehr werden kommen und desto höher wird der betriebene Aufwand sein.

Viele Leute glauben, dass Unternehmen alles wissen und genau dort hingehen, wo die besten Leute sind. Das stimmt nicht. Sie gehen dort hin, wo sie *glauben*, die besten Leute zu finden. Und sie gehen an die großen Hochschulen, weil sie da auf mehr Leute treffen. Wenn Du also an eine kleine und innovative Hochschule gehst, kann es leicht passieren, dass die großen Firmen die jeweiligen Karrieremessen übersehen. Das heißt aber nicht, dass das Studium dort schlechter ist. Du solltest Dir also Karrieremessen anschauen – aber Deine Entscheidung nicht davon abhängig zu machen.

@ studentenpilot: www.studentenpilot.de/karriere/karrieremessen

@ Studis Online: http://www.studis-online.de/Karriere/termine.php

Informiere Dich also direkt auf der Seite einer Wunschhochschule oder statte dem Karriereservice einen Besuch ab und schau Dich um. Es ist wie bei den Karrieremessen: Zuerst musst Du sicherstellen, ob es überhaupt einen Karriereservice gibt. Und wenn ja, solltest Du Dich über seine Qualität informieren. Ein schlechtes Zeichen ist es auch, wenn es gar keine Karrieremesse gibt. Gerade bei größeren Hochschulen bedeutet dies, dass Deiner beruflichen Zukunft nur wenig Bedeutung beigemessen wird.

Termine der einzelnen Messen findest Du zum Beispiel bei »studentenpilot«, bei »Studis Online« und auf den Internetseiten der Hochschulen.

Fragen

- Gibt es einen Karriereservice?
- Wie viele Mitarbeiter hat er?
- Ist der Karriereservice leicht erreichbar?
- Was bietet der Karriereservice an? Kannst Du Bewerbungen und Lebensläufe mit ihm durchsprechen?
- Wird ein Praktikantenprogramm organisiert?
- Wie viele berufspraktische Seminare werden organisiert und wie gut sind sie?
- Gibt es Karrieremessen?
- Welche Art von Arbeitgebern kommen, kleinere und regionale oder große und internationale?
- Sind die Arbeitgeber für Dich persönlich interessant?

7.10 Internationale Ausrichtung

Selbst wenn Du in Deutschland bleiben möchtest, ist eine internationale Ausrichtung Deines Studiums von Vorteil: Denn Mehrsprachigkeit und eine gewisse kulturelle Gewandtheit werden überall gerne gesehen. Doch noch wichtiger als Karrieregründe sind die vielfältigen Erfahrungen, die Du bei einem Studium im Ausland machen wirst.

Die internationale Ausrichtung einer Hochschule zeigt sich unter anderem daran, wie leicht Du ein Semester oder ein Jahr im Ausland einlegen kannst. Die einfachste Art und Weise, eine Zeit lang in einem anderen Land zu studieren, ist das **ERASMUS-Programm**. Es handelt sich dabei um ein Programm der EU zur Förderung von Auslandsaufenthalten von

Studierenden und Dozenten. Während Du im Ausland bist, bekommst Du einen so genannten Mobilitätszuschuss. Der kann bei bis zu 250 Euro im Monat liegen – die genauen Zahlen schwanken jedoch von Jahr zu Jahr und von Hochschule zu Hochschule.

Wenn Du also während Deines Studiums ins Ausland möchtest, solltest Du an eine Hochschule gehen, die **möglichst viele ERASMUS-Plätze** bietet. Aber wie viel ist viel? An einer sehr kleinen Hochschule können bereits fünfzehn Plätze pro Studiengang sehr viel sein – an einer größeren wäre dies allerdings lächerlich wenig. Daher heißt es: kritisch nachfragen! Informationen erhältst Du zunächst beim internationalen Büro oder beim akademischen Auslandsamt der Hochschule. Dieses wird Dir allerdings fast in jedem Fall sagen, dass die **Anzahl der Plätze** ausreicht, selbst wenn es nicht stimmt. Überprüfen kannst Du dies, indem Du Studenten älterer Semester fragst, wie leicht man entsprechende Plätze erhält (▶ S. 75).

Wichtig auch: **Masse ist nicht gleich Klasse.** Oder: Wenn Du Dein Spanisch aufbessern möchtest, hilft es wenig, wenn Deine Hochschule nur Kooperationen mit Finnland, Russland und Schweden hat. Schön ist es jedoch, wenn Deine Hochschule Programme mit international renommierten Universitäten unterhält. Auch dies erfährst Du schnell im internationalen Büro.

Hochschulen organisieren ebenfalls Austauschprogramme mit Hochschulen aus dem **außereuropäischen Ausland**. Diese sind meist heiß begehrt, vor allem, wenn es in die USA geht. Auch dazu kannst Du Dich direkt an der Hochschule informieren.

Das Vorhandensein von Plätzen garantiert noch nicht, dass es auch tatsächlich leicht möglich ist, ins Ausland zu gehen. Eine Hürde könnte Dir im Wege stehen: die Studienordnung. Es wurde bereits mehrfach erwähnt, dass einige Bachelorstudiengänge sehr verschult sind und man einen Haufen Pflichtveranstaltungen absolvieren muss. Falls Du Dein Studium möglichst innerhalb der Regelstudienzeit durchziehen möchtest (oder musst), kann es leicht passieren, dass Dir Deine Pflichtmodule einen Strich durch die Rechnung machen. Informiere Dich also vorher, ob ein Auslandssemester vorgesehen ist und wie es sich mit dem Studium verträgt.

Natürlich sind Austauschprogramme das wichtigste Kriterium, um die internationale Ausrichtung zu bestimmten. Einige weitere:

- das Angebot an **Lehrveranstaltungen**, die in anderen Sprachen gehalten werden; wenn Du Dein Englisch verbessern willst, kann dies sehr hilfreich sein;
- der **Anteil ausländischer Studierender**. Es kann sehr bereichernd sein, mit Studenten aus aller Welt gemeinsam zu lernen und zu leben. Allerdings solltest Du Dir die Sprachvoraussetzungen anschauen – wenn die Hälfte Deiner Mitstudenten internationale sind, sie aber gleichzeitig kaum deutsch beziehungsweise englisch sprechen, kann das den Unterricht etwas bremsen.

- **Veröffentlichungen** Deiner Professoren auf Englisch. Eine für Juristen und Germanisten unsinnige Frage, doch in den meisten Disziplinen ist Englisch inzwischen die Standardsprache. Wer also in der Forschung etwas werden möchte, schreibt oftmals auf Englisch.

@ Deutscher Akademischer Austauschdienst: www.daad.de

Informationen zum Erasmusprogramm, zum Studium im Ausland sowie zu Stipendien findest Du auf der Website des Deutschen Akademischen Austauschdienstes.

Fragen

- **Wie viele Erasmusplätze gibt es für den Fachbereich Deines Interesses? Sind es genug?**
- **Mit welchen außereuropäischen Hochschulen gibt es Kooperationen? Sind international bekannte dabei?**
- **Gibt es Kooperationen mit Ländern, die Dich besonders interessieren?**
- **Lässt das Studium ein Semester oder ein Jahr im Ausland zu, ohne dass Du Dein Studium verlängern musst?**
- **Wie ist das Angebot an fremdsprachigen Lehrveranstaltungen?**
- **Wie viele ausländische Studierende gibt es?**
- **Veröffentlichen Deine Professoren auf Englisch?**

7.11 Sprachkurse

Fast alle Hochschulen bieten **Sprachkurse** an – denn viele Studiengänge erfordern das Lernen einer Fremdsprache. Doch selbst, wenn Du fürs Studium keine Fremdsprachenkenntnisse brauchst, kannst Du in der Regel Sprachkurse belegen. Der Unterschied liegt im Angebot und darin, wie leicht Du tatsächlich einen Kurs belegen kannst.

Französisch, Englisch, Spanisch werden normalerweise an allen Hochschulen gelehrt. Weniger gängige Sprachen wie Hebräisch, Urdu und Arabisch findest Du dagegen nicht immer. Solltest Du daran interessiert sein, während Deines Studiums mehr Sprachen zu lernen, solltest Du Dich also vorher über das **Angebot informieren**. Neben Standardsprachkursen kannst Du auch fachspezifische Seminare wie »Business English« oder »Französisch für Mediziner« belegen.

Das beste Sprachkursangebot nützt Dir wenig, wenn Du keinen **Zugang** erhältst. Denn hier liegt ein Problem: Viele Hochschulen verlangen Geld für Sprachkurse, falls Du sie nicht als Teil Deines Studiums machen musst. Häufig sind daneben die Plätze derart begrenzt, dass die Kursteilnahme einem Glücksspiel gleichkommt. Falls Du also Wert auf Sprachkurse legst, wäre dies ein Punkt, zu dem Du Dich näher informieren könntest.

Einige Hochschulen locken Studenten mit besonders umfangreichen Sprachkursen. Manche bieten beispielsweise eine so genannte **fachspezifische Fremdsprachenausbildung** an. Dabei lernst Du neben Sprache und Fachtermini auch etwas über das Fachgebiet im jeweiligen Land.

Denkbar wäre beispielsweise eine fachspezifische Fremdsprachenausbildung in Französisch für Juristen. Hier würdest Du Dein Französisch verbessern und gleichzeitig etwas übers französische Rechtssystem lernen. Diese Programme laufen meist über mehrere Semester.

Den Umfang und die Verfügbarkeit von Sprachkursen findest Du auf den Internetseiten der jeweiligen Hochschulen. Dort solltest Du nach dem Sprachenzentrum suchen. Dieses findest Du meist bei den Sprachwissenschaften. Auch ein direkter Anruf hilft. Vor allem aber kannst Du wie immer Studenten kontaktieren und fragen.

Fragen

- **Bietet die Hochschule Sprachkurse an?**
- **Sind die Sprachkurse gratis?**
- **Ist es leicht, einen Platz zu bekommen?**
- **Gibt es die Sprachen, die Dich interessieren?**
- **Gibt es auf Dein Fach ausgerichtete Sprachkurse?**
- **Gibt es eine fachspezifische Fremdsprachenausbildung?**

7.12 Werbeaussagen lesen und interpretieren

Merke Dir folgende Regel: **Zahlen und Fakten sind überzeugender als Worte**. Eine Werbebroschüre, die abstrakt mit wohlklingenden Formulierungen wirbt (»anerkannte Abschlüsse«; »internationale Ausrichtung«) kann Dir kein klares Bild des Studienganges vermitteln. Überzeugender sind konkrete und verbindliche Zahlen (»internationale Ausrichtung durch Partnerschaften mit 35 europäischen Hochschulen«) und klar formulierte Fakten (»unsere Abschlüsse sind akkreditiert durch die Agenturen A und B«).

Nachfolgend in Tabelle 7.1 die persönlichen TOP-6 unverbindlicher Werbephrasen für Studiengänge des Autors und daneben die Fragen, mit

Tab. 7.1. Was steckt eigentlich hinter Phrasen?

Phrasen	Fragen zum Nachhaken
»hohes Niveau der Lehrveranstaltungen«	Wer sind Ihre Dozenten? Wie hoch ist die Durchfallquote?
»international anerkannter Abschluss«	Sind Ihre Abschlüsse akkreditiert? Wenn ja, von wem?
»Wir haben ein hartes Auswahlverfahren und nehmen nur die Besten!«	Wie hoch liegen die Bewerberzahlen? Was wird im Auswahlverfahren geprüft?
»internationale Ausrichtung«	Wie hoch ist der Anteil an ausländischen Studierenden? Mit welchen Hochschulen bestehen Partnerschaften? Welche internationalen Dozenten unterrichten?
»exzellentes Betreuungsverhältnis«	Wie viele Studenten nehmen durchschnittlich an Seminaren teil? Wie viele Studenten schließen in Regelstudienzeit ab?
»arbeitsmarktgerechte Ausbildung«	Vermittelt Ihre Einrichtung Kontakte zu Unternehmen?

denen Du nachhaken kannst, zum Beispiel während eines Besuches (► S. 80). Wetten, dass Dir mindestens eine dieser Phrasen bereits begegnet ist?

Hochschulen sind normalerweise stolz auf ihre Errungenschaften und werden sie Dir bereitwillig mitteilen. Sollte man Dir auf mehrmalige Nachfrage keine genauere Information geben können, ist das ein Signal dafür, dass die Inhalte der Phrasen nicht der Realität entsprechen.

Fragen

- **Womit genau belegt die Hochschule ihre Werbeaussagen?**

7.13 Behindertenfreundlichkeit

Deutsche Hochschulen sind häufig **schlecht auf behinderte Studenten vorbereitet**. Behinderte Studenten brauchen häufig – abhängig von der konkreten Behinderung – länger für ihr Studium als ihre nichtbehinderten Kommilitonen. Doch sie haben in den meisten Bundesländern keinen gesetzlichen Anspruch auf verlängerte Studienzeiten. Wenn es auch keine entsprechenden Schutzklauseln in den Prüfungsordnungen gibt, geraten sie häufig in Schwierigkeiten mit Dozenten, die kein Verständnis für die jeweilige Situation haben oder zusätzlichen Aufwand scheuen.

Inzwischen wurden die meisten Hochschulen für **Rollstuhlfahrer** fit gemacht. Anders ist es für Blinde: Sie brauchen spezielle technische Geräte und Unterstützung, um die Texte im Studium lesen zu können. Auch einer Powerpoint Präsentation können sie nicht folgen. Nur wenige Hochschulen leisten sich die für Blinde notwendigen Hilfen – zu den löblichen Ausnahmen gehören unter anderem die Universität Hannover, die Universität Marburg, sowie die LMU München.

@ Behinderung und Studium: www.behinderung-und-studium.de

Doch so individuell jeder Mensch ist, so individuell ist auch eine Behinderung. Daher solltest Du Dich, falls Du gehandicapt bist, direkt an die Studienberatung Deiner Zielhochschule wenden. Weitere Informationen gibt es bei der Bundesarbeitsgemeinschaft Behinderung und Studium e.V.

Fragen

- **Haben Behinderte Anspruch auf ein verlängertes Studium?**
- **Ist ein barrierefreies Studium möglich?**
- **Werden behinderten Studenten eventuell nötige Hilfsmittel zur Verfügung gestellt?**

7.14 Andere Qualitätsindikatoren

Es wurden viele Qualitätsmerkmale aufgezählt. Aber das war noch längst nicht alles. Zusätzliche Abwägungen, die Dir bei Deiner Entscheidung weiterhelfen, sind zum Beispiel:

Wie gut ist die **Erfolgsquote?** Hier handelt es sich um statistische Angaben zu Absolventenzahlen, Durchfallquoten und Notendurchschnitt. Es ist weder gut, wenn 100 Prozent bestehen (denn dann hat der Abschluss wenig Wert), noch, wenn es nur 15 Prozent sind (denn dann ist die Wahrscheinlichkeit groß, dass Du nicht zu den Glücklichen gehörst).

Vergibt die Hochschule **Preise und Stipendien**? Vielleicht sogar mit Mitteln von außerhalb? Dies würde für die Institution sprechen.

Ist die **Homepage** sauber und übersichtlich? Dies sagt viel über die Einstellung der Hochschule gegenüber ihren Studenten aus.

War man an der Hochschule bei Anrufen oder bei Deinem Besuch (► S. 80) **freundlich zu Dir**? Wurden Deine Fragen beantwortet oder hat man Dich ignoriert? Es kann zwar immer sein, dass jemand einen schlechten Tag hat, trotzdem ist es ein schlechtes Zeichen, wenn man Dich wie einen Bittsteller behandelt.

Und zuletzt der **allerwichtigste Punkt**: Hast Du ein **gutes Gefühl** bei der Sache? Es kann praktisch einiges gegen eine Hochschule sprechen, wenn Dir aber bei Deiner Recherche und möglicherweise auch bei Deinem Besuch (► S. 80) Dein Bauch sagt, dass diese Hochschule die richtige ist, dann ist sie das vermutlich tatsächlich. Sollte sich Dir dagegen beim Anblick Deiner neuen geistigen Heimat der Magen umdrehen und schlechtes (Mensa-)Essen als Grund dafür ausgeschlossen sein, solltest Du dringend noch ein weiteres Mal über Deine Wahl nachzudenken. Denn an erster Stelle steht nicht der perfekte Lebenslauf. Der steht vielleicht an dritter Stelle.

An erster Stelle stehst Du.

Wie bewerben?

Die Bandbreite ist groß bei der Bewerbung für einen Studienplatz: In vielen Fällen ist sie ein Kinderspiel und Du musst einzig einige Unterlagen zusammensuchen und einreichen. In anderen Fällen wirst Du Motivationsschreiben anfertigen und Dich an der Hochschule vorstellen müssen. Und wenn Du Pech hast, stehst Du vor einem Chaos an Absagen, Wartelisten, Auslosungen und Zusagen. Doch was auch immer passiert: Dieses Kapitel liefert Dir die besten Tipps, um das Verfahren erfolgreich zu durchstehen und Deinen Traumstudienplatz zu erhalten. Und damit hast Du der Konkurrenz schon einmal einiges voraus!

Es gibt drei Grundtypen von Aufnahmeverfahren an Hochschulen:

- Der Studiengang ist **zulassungsfrei** (▶ S. 144). Du schickst Deine Unterlagen ordnungsgemäß und pünktlich ab und bist angenommen.
- Die Zulassung ist **bundesweit beschränkt** (▶ S. 144). Eine Zentralstelle prüft Deinen Antrag und weist Dir im Erfolgsfall einen Studienort zu.
- Der Studiengang ist **örtlich zulassungsbeschränkt** (▶ S. 146). Du bewirbst Dich direkt bei der Hochschule und wirst entweder anhand Deines Abischnitts genommen oder musst ein Auswahlverfahren durchlaufen. Dies ist die bei weitem häufigste Form.

@ Hochschulkompass:
www.hochschulkompass.de

Dabei kann es durchaus passieren, dass ein bestimmtes Fach an einer Hochschule örtlich zulassungsbeschränkt ist und an anderen frei. Einen Überblick dazu findest Du im Hochschulkompass der Hochschulrektorenkonferenz.

Nur Mut!

Entgegen der weitläufig verbreiteten Annahmen und Werbeaussagen von Hochschulen werden nicht nur *die besten Abiturienten* in die beliebten Programme aufgenommen. Auch durchschnittliche Abiturienten haben eine Chance. Das liegt daran, dass Hochschulen zwei Interessen haben:

- **Sie möchten Studenten aufnehmen.**
- **Sie möchten die besten Studenten aufnehmen.**

Leider kann das zweite Ziel jedoch oft nicht erreicht werden. Denn

- **erstens bewerben sich die besten Abiturienten nicht bei jedem Studiengang, sondern nur bei einigen wenigen;**
- **zweitens gibt es viele sehr gute und beliebte Studiengänge für eine geringe Anzahl von Abiturienten, die tatsächlich die Besten sind – wie viele Leute haben schon einen Schnitt von 1,3?**

Solltest Du nicht zu den Besten Deines Jahrganges gehören, liegt hier Deine Chance: Natürlich werden die besten und überzeugendsten Bewerber sofort aufgenommen. Ein Teil dieser Elite springt aber wieder ab, weil ihnen ja auch andere Optionen offenstehen. Der Rest der Studienplätze wird an durchschnittliche Abiturienten per Nachrückverfahren weitergegeben. Bleib also am Ball!

Die Bewerbungsverfahren sind von Hochschule zu Hochschule unterschiedlich. Gemeinsam ist ihnen, dass die **Abiturnote** mir Ausnahme von künstlerischen Studiengängen überall die wichtigste Rolle spielt. Und falls Du nicht genommen wirst, kannst Du noch immer versuchen Dich reinzuklagen (▶ S. 156). Dieses Buch verrät, wie dies funktioniert.

Noch ein Tipp: Sollte es mit dem Traumstudium trotz aller Ratschläge nicht sofort klappen, gibt es viele andere Dinge zu tun. Lasse das halbe oder ganze Jahr, das Du plötzlich hast, nicht einfach sinnlos verstreichen. Du wirst später im Leben wahrscheinlich nie wieder in der Situation sein, frei und ohne Druck über Deine Zeit entscheiden zu können. Nutze diese Zeit dafür, etwas zu erleben, **etwas Sinnvolles zu tun** und als Mensch zu wachsen. Einige Ideen, was das sein könnte, erhältst Du in Kapitel 10 (▶ S. 203).

Die besten Tipps fürs Traumstudium

- **Vergleiche die Zulassungsverfahren und NCs der Hochschulen und bewirb Dich bei den für Dich geeignetsten.**
- **Schreibe viele Bewerbungen.**
- **Nimm in jedem Fall an den Losverfahren teil, solltest Du keine direkte Zulassung bekommen.**
- **Bewirb Dich auch zum Sommersemester, dann gibt es zwar weniger Plätze, aber noch weniger Bewerber.**
- **An kleineren und weniger attraktiven Studienorten stehen die Chancen auf Aufnahme meist besser, da dort die Bewerberzahlen niedriger sind.**
- **Ziehe das Ausland (▶ S. 43) in Betracht, falls Du mit Deiner Bewerbung in Deutschland scheiterst.**
- **Verpasse keine Bewerbungsfristen.**

Die Hochschulrektorenkonferenz führt eine stets aktuelle Fristenliste auf seiner Website. Hier findest Du alle Bewerbungsfristen von staatlich anerkannten Hochschulen in Deutschland.

@ Fristenliste: www.hochschulkompass.de unter Studium > Download > Fristenübersicht

8.1 Formalien und Fristen

Egal, um welche Art der Zulassung es sich handelt – **halte Dich an Fristen und Formalien**, denn die Einhaltung der Formalien ist äußerst wichtig. Es mag Dich überraschen, doch oft ist ein großer Teil von Bewerbungen für Studienplätze unvollständig oder es werden andere formale Kriterien nicht erfüllt. In manchen Fällen hast Du als Bewerber noch die Gelegenheit zur Nachlieferung – häufig wird eine unvollständige Bewerbung aber einfach aussortiert.

Zu den formalen Kriterien gehören folgende Fragen:

- Wie sind die Fristen? Zählt der Poststempel oder läuft die Frist mit Eingang bei der Zielhochschule ab?
- Muss die Bewerbung in einfacher oder in doppelter Ausfertigung verschickt werden?
- Hast Du alle verlangten Dokumente beigelegt?
- Reicht beim Abiturzeugnis eine einfache Kopie oder muss sie beglaubigt sein?

- Wird ein Lebenslauf verlangt?
- Bei nicht deutschsprachigen Studiengängen: Erfüllst Du die sprachlichen Zugangsvoraussetzungen (► S. 64)?

Das Wichtigste auf einen Blick
- **Halte Dich an Fristen!**
- **Schicke alle verlangten Unterlagen ein.**

8.2 Zulassungsarten

Es gibt drei Arten von Aufnahmeverfahren zu Studiengängen in Deutschland: Du kannst auf zulassungsfreie, bundesweit zulassungsbeschränkte sowie örtlich zulassungsbeschränkte Studiengänge treffen.

8.2.1 Zulassungsfreie Studiengänge

Im Wintersemester 2009/10 hatten 47,9 Prozent aller Studiengänge keine Zulassungsbeschränkung. Das heißt, dass Du lediglich ein Abitur haben und Deine Unterlagen vollständig einsenden musst. Mit Abitur hast Du einen Anspruch auf Aufnahme in den jeweiligen Studiengang.

Deine Einschreibung erfolgt in der Regel im Studierendensekretariat der Hochschule. Auf dessen Webseite erhältst Du auch die Unterlagen, die für die Immatrikulation nötig sind. In den meisten Fällen ist das ein Einschreibeantrag, in den Du Deinen Studienfachwunsch und Deine persönlichen Daten eintragen musst. In vielen Hochschulen kannst Du Dich auch online einschreiben. Trotzdem ist es nötig, zusätzlich einen unterschriebenen Antrag einzureichen – entweder per Post oder persönlich. Außerdem brauchst Du eine Bescheinigung von Deiner Krankenkasse, dass Du versichert bist.

8.2.2 Bundesweite Zulassungsbeschränkung

Bundesweit zulassungsbeschränkte Studiengänge werden von der Stiftung für Hochschulzulassung vergeben. Diese nannte sich früher »Zentralstelle für die Vergabe von Studienplätzen« (oder kurz: ZVS) und war bei allen Bewerbern gefürchtet – denn sie entschied über Wohl, Wehe und Studienort der Abiturienten. Inzwischen sind die Zuständigkeiten der Stiftung gehörig geschrumpft, denn sie ist mit Stand Frühjahr 2010 nur noch für **Diplom-Psychologie, Pharmazie und alle medizinischen Fächer zuständig**.

Die Vergabe der Plätze erfolgt nach dem 20-60-20-Schlüssel:
- 20 Prozent der Plätze werden an die besten Abiturienten vergeben (Numerus Clausus),
- 60 Prozent nach Kriterien der jeweiligen Hochschule,
- 20 Prozent der Plätze gehen an die Studenten mit der längsten Wartezeit.

Die ersten 20 Prozent der Studienplätze werden an die Studenten mit den besten Abiturnoten vergeben. Mit welcher Note man dort noch reinrutscht, hängt vom Jahr ab. Wenn in einem Jahr 20 Prozent der Bewerber einen Schnitt von 1,4 oder besser haben, dann kann im nächsten Jahr die Grenze auch erst bei 1,5 oder bereits bei 1,2 erreicht sein. Es kann also **keinen festen »Numerus clausus«** (NC) geben – er errechnet sich jedes Jahr neu. Alte Zahlen dienen zur Orientierung, mehr aber nicht.

Mit 60 Prozent werden die meisten Studenten anhand **individueller Kriterien der Hochschulen** genommen. Dabei spielt die **Abiturnote** immer die wichtigste Rolle, viele Hochschulen gewichten sie aber nach bestimmten Fächern. So kann die Geschichtsnote eine weniger wichtige Rolle spielen als Kenntnisse in Chemie und Biologie. Andere Möglichkeiten sind Pluspunkte für eine vorangegangene Ausbildung. Die genauen Kriterien findest Du auf der Website der Stiftung für Hochschulzulassung. Die Hochschulen filtern teilweise auch danach, ob sie als erste oder zweite Präferenz genannt werden. Informiere Dich also vorher gut.

Um auch Bewerbern mit einer schlechteren Abinote als dem jeweils aktuellen NC die Chance auf ein Studium zu geben, werden weitere 20 Prozent der Studienplätze **nach Wartezeit** vergeben. Deine Wartezeit beginnt mit der Aushändigung Deines Abiturzeugnisses. Note und Wartezeit werden nicht miteinander verrechnet – Du musst mit einer Abinote von 3,5 also genauso lange auf Deine Zulassung zum Medizinstudium warten wie ein Abiturient mit 2,6. Vorsicht: Wenn Du ein anderes Studium beginnst, zählt das nicht als Wartezeit! Ausbildung, Zivildienst und Bundeswehr zählen dagegen.

Du kannst sechs Wunschhochschulen angeben. Und diese Möglichkeit solltest Du auch ausschöpfen, denn so steigt die Chance, dass Du genau in die Kriterien einer einzelnen Hochschule passt.

Wenn Du planst, erst einmal zur Bundeswehr zu gehen, Deinen Zivildienst zu machen oder ein Freiwilliges Soziales Jahr (▶ S. 204) einzuschieben, dann sollte Dich das keinesfalls von einer Bewerbung bei der Stiftung abhalten – wenn Du einen Studienplatz erhalten solltest, kannst Du ihn auch noch nach Deinem Dienst annehmen.

Die Bewerbungsfristen bei der Stiftung für Hochschulzulassung sind je nach Abiturjahrgang verschieden. Wenn Du im Jahr Deiner Bewerbung Dein Abitur erhältst, kannst Du Dich bis Mitte Juli um ein Studium bemühen. Solltest Du Dein Abitur vorher erhalten haben, liegt die Deadline Ende Mai. Doch Fristen können sich ändern und es ist wichtig, dass Du Dich rechtzeitig informierst.

Bei der Stiftung kannst Du Dich sowohl online als auch in Papierform bewerben. Die Stiftung hat außerdem eine Infonummer, die Du jederzeit mit Fragen bombardieren kannst.

@ Stiftung für Hochschulzulassung: www.hochschulstart.de

Wenn es mit der Zulassung zum Studium nicht geklappt hat, hast Du unter anderem die Option, Dich in einem Studium einzuklagen (▶ S. 156).

8.2.3 Örtliche Zulassungsbeschränkung

Die örtliche Zulassungsbeschränkung ist die häufigste Form: Etwa die Hälfte aller angebotenen Studiengänge ist örtlich zulassungsbeschränkt. Dieses Verfahren unterscheidet sich nicht grundlegend von der bundesweiten Zulassungsbeschränkung. Mit der Ausnahme von künstlerischen Fächern steht immer die **Abiturnote im Vordergrund**. Ob sie allerdings alleine über die Aufnahme entscheidet oder ob weitere Kriterien genutzt werden, liegt im Ermessen der Hochschulen.

Meist sind die Kriterien ähnlich wie im bundesweiten Verfahren: Die Abiturnote spielt die wichtigste Rolle; **Gewichtungen** nach bestimmten Fächern sind häufig. Andere Kriterien wie **Wartezeit** oder eine **vorherige Berufsausbildung** können hilfreich sein. Anders als bei der bundesweiten Zulassungsbeschränkung werden **außerschulische Leistungen** teilweise miteinbezogen – die Teilnahme an »Jugend forscht« kann zum Beispiel beim Physikstudium helfen.

Die Bewerbung ist bei diesen Studiengängen in der Regel einfach: Man füllt die jeweiligen Formulare aus, reicht seine Unterlagen ein und wartet. In manchen Fällen schickt man noch einen Lebenslauf (► S. 147) mit. Immer mehr Hochschulen setzen allerdings auf kompliziertere Auswahlverfahren. Was Du in solchen Fällen beachten solltest, siehst Du im nächsten Kapitel.

@ Studienplatzbörse der Hochschulrektorenkonferenz: www.hochschulkompass.de

Chaos bei der Bewerbung

Mehr als die Hälfte aller Studiengänge sind örtlich zulassungsbeschränkt. Das heißt, dass sich die Hochschulen individuell um die Bewerbungen kümmern. Das Problem dabei: Die meisten Studenten bewerben sich an mehreren Hochschulen gleichzeitig. Ein sehr guter Abiturient wird bei fünf Bewerbungen auch fünf Zusagen bekommen – kann aber nur eine annehmen. Die anderen vier Plätze werden an Nachrücker vergeben, die dann im Nachrückverfahren häufig ebenfalls mehrere Plätze angeboten bekommen. Da immer wieder neue Fristen eingehalten werden müssen, zieht sich der Prozess häufig über viele Monate hin.

Zwischen Juli und Oktober sind viele Bewerber so einem nicht enden wollenden Strom von Zu- und Absagen ausgesetzt. Im schlimmsten Fall kommt die Zusage erst nach Semesterbeginn. Am Ende bleiben viele Plätze frei, die dann auf der Studienplatzbörse der Hochschulrektorenkonferenz angeboten werden.

Dieses Chaos ist natürlich nicht tragbar. Schon lange soll daher ein zentrales System der Studienplatzvergabe geschaffen werden. Dies ist schon mehrfach an technischen und politischen Problemen gescheitert, doch es scheint Licht am Ende des Tunnels zu geben: Mit Stand der Drucklegung dieses Buches soll ab Wintersemester 2011/12 eine zentrale Agentur die Auswahlverfahren für die meisten örtlich zulassungsbeschränkten Fächer übernehmen. Mit ein wenig Glück klappt das auch. Und falls nicht, lautet der Ratschlag: Bleib am Ball!

Das Wichtigste auf einen Blick

- **Bei allen Auswahlverfahren ist das Abitur von zentraler Bedeutung.**
- **Die örtliche Zulassungsbeschränkung ist die häufigste Form der Studierendenauswahl – hier werden neben der Abinote individuelle Kriterien angesetzt.**
- **Es gibt kaum mehr bundesweit zulassungsbeschränkte Studiengänge.**
- **Das derzeitige System der örtlichen Studienplatzvergabe ist ein bürokratischer Alptraum für Studierende und Hochschulen.**
- **Die Studienplatzvergabe soll daher zentralisiert werden, informiere Dich zum aktuellen Stand daher selbst.**

8.3 Das Bewerbungsverfahren

Einige Hochschulen führen ein aufwändiges Auswahlverfahren durch. Die Details hängen dabei vom Fach ab. Bei Sporthochschulen wirst Du Deine körperliche Fitness zeigen müssen, Kunststudenten reichen eine Mappe ein, Musikstudenten spielen vor. Bei sportlichen und künstlerischen Studiengängen zählt in der Regel alleine das Auswahlverfahren – die Abiturnote ist egal.

Bei vielen anderen Fächern zählt eine Mischung: Zum Beispiel muss man sich mit Abiturzeugnis bewerben und bei vielleicht 40 zu vergebenen Studienplätzen werden die 80 Abiturienten mit den besten Noten zum Auswahlgespräch eingeladen. Oder Du musst ein Essay zu einem vorgegebenen Thema einreichen, wenn Deine Abiturnote gut genug ist.

Du siehst, dass die Auswahlverfahren sich voneinander stark unterscheiden. Für die häufigsten Elemente (Motivationsschreiben, Auswahlgespräch, Lebenslauf etc.) hat dieses Buch einige Tipps für Dich parat.

8.3.1 Der Lebenslauf

Vielleicht hast Du in der Schule gelernt, wie man einen **tabellarischen Lebenslauf** schreibt. Und wenn Du Glück hast, hast Du sogar gelernt, wie man einen guten tabellarischen Lebenslauf schreibt. Denn das Lebenslaufschreiben hat sich mit der Zeit stark verändert und viele Schulen sind nicht auf dem aktuellen Stand.

Deine Eltern haben in den meisten Fällen unter einem tabellarischen Lebenslauf eine einfache Tabelle verstanden, in der man munter Berufserfahrung, Abitur, Studium und soziales Engagement in einer Liste aufführte und chronologisch anordnete. Man fing bei der Grundschule an und hatte am Ende eine lange und verwirrende Liste, bei der nicht klar war, was eigentlich wichtig war. Solltest Du einen solchen Lebenslauf haben: Vergiss ihn. **Schreib einen Neuen.**

Im Anhang (▶ S. 244) am Ende des Buches findest Du einen einfachen Beispiellebenslauf für eine Abiturientin. Er ist tabellarisch, allerdings **nach Themengebieten geordnet**, in diesem Fall Schule, Praktika, Engagement, Kenntnisse & Fähigkeiten sowie Persönliche Interessen.

Du wirst feststellen, dass alle Angaben **rückwärts-chronologisch** sind. Dies hat einen einfachen Grund: Was Du zuletzt gemacht hast, ist wichtiger. Die Grundschule ist im Vergleich zu Deinem Abitur völlig uninteressant. Das gleiche gilt für Praktika: Wichtiger als Dein Praktikum in der 8. Klasse ist das Praktikum, dass Du in der 11. Klasse gemacht hast.

@ Google Bildersuche: images.google.de

Im Internet findest Du einen großen Haufen an Beispiellebensläufen für Abiturienten, beispielsweise indem Du in der Bildersuche von Google nach »Lebenslauf Abiturient« suchst. Du wirst zwei Hauptunterschiede zum Beispiellebenslauf in diesem Buch entdecken: Erstens nennt unsere Beispielperson nicht die Namen und Berufe der Eltern. Diese Information muss nicht in den Lebenslauf, es ist aber auch kein Fehler, sie aufzunehmen. Zweitens nennt der Beispiellebenslauf **Details zu allen wichtigen Einträgen** und ist damit deutlich umfangreicher. Denn die Noten in Deinen Prüfungsfächern, die Prüfungsthemen oder was Du in Deinen Praktika gelernt hast, das alles kann bei einer Bewerbung sehr relevant sein.

Für eine Bewerbung im Ausland gilt dasselbe Format wie in Deutschland, allerdings mit zwei Unterschieden: In angelsächsischen Ländern sollte ein Lebenslauf kein Bild enthalten und Du solltest Deinen Familienstand weglassen. Details kannst Du dem englischen Lebenslauf im Anhang (► S. 245) entnehmen.

Für Deinen Lebenslauf solltest Du eine klar lesbare Schriftart wählen, zum Beispiel Arial, Helvetica, Calibri oder Garamond. Die Schriftgröße sollte zwischen 10 und 12 liegen.

Sehr, sehr selten wird heute noch ein **ausformulierter Lebenslauf** verlangt. In diesem solltest Du Deine bisherigen Tätigkeiten in vollen Sätzen zusammenfassen, also quasi Deine eigene Geschichte erzählen. Dies war früher durchaus üblich. Halte Dich in diesem Fall an die vorgeschlagene thematische Ordnung, gehe aber chronologisch vor. Erzählt wirkt eine rückwärtschronologische Ordnung verwirrend.

8.3.2 Das Motivationsschreiben

Motivationsschreiben werden bei Bachelorprogrammen nicht häufig verlangt. Doch falls Du eines schreiben musst, solltest Du es ernst und Dir Zeit nehmen – denn es ist das **Herz Deiner Bewerbung**. Hier sollst Du darstellen, warum genau Du Dich für das von Dir angestrebte Studium interessierst – und was Dich qualifiziert. Das Schreiben selbst kann dieses Buch Dir natürlich nicht abnehmen. Aber es kann Dir Tipps geben, was genau in ein Motivationsschreiben gehört.

Das Motivationsschreiben muss mindestens zwei Botschaften enthalten:

1. **den Grund, aus dem Du das Studium anstrebst.**
2. **warum gerade Du besonders geeignet und motiviert bist, dieses Studium durchzuführen.**

▼

Eines sollte das Motivationsschreiben aber nicht enthalten: die Unwahrheit. Du musst Dich nicht verstellen, um ein gutes Motivationsschreiben zu verfassen.

Beim Bewerbungsschreiben solltest Du auf folgende Aspekte eingehen:

- Welche schulischen Erfahrungen haben Dich motiviert, dieses Studium anzustreben?
- Welche privaten Erfahrungen, zum Beispiel Bücher oder Gespräche, motivieren Dich für das Studium?
- Welche beruflichen Ziele verfolgst Du (das können je nach Studium durchaus mehrere sein)?
- Warum möchtest Du ausgerechnet an dieser speziellen Hochschule studieren (an dieser Stelle bitte auf die Vorteile eingehen, die die Hochschule als ihre eigenen verkauft)?
- Was versprichst Du Dir von Hochschule und Programm?

Die meisten Universitäten sagen Dir auf dem Bewerbungsbogen, was sie in Deinem Motivationsschreiben hören möchten. Dies wird sich weitestgehend mit dem decken, was dieses Buch Dir vorschlägt. Trotzdem gibt es auch Ausnahmen: So erwartet eine süddeutsche Hochschule merkwürdigerweise, dass das Motivationsschreiben eine Kritik an der Fakultätswebseite enthält. Dies ist ein Extrembeispiel. Achte aber darauf, auf alles einzugehen, was die Zielhochschule thematisch vorgibt.

Sollte die Hochschule keine Vorgaben zur **Gestaltung des Anschreibens** haben, gilt dasselbe wie für den Lebenslauf: Nutze eine einfache Schriftart wie Arial, Calibri, Times New Roman oder Helvetica. Beim Motivationsschreiben sollte die Schriftgröße 12 sein und der Zeilenabstand 1,5. Im Motivationsschreiben musst Du im Übrigen nicht wie bei einem Brief Deine Anschrift mit auf den Bogen drucken.

Lass Dein Motivationsschreiben von anderen Leuten gegenlesen, die etwas von guten Texten verstehen. Das könnten Deine Eltern oder älteren Geschwister sein, genauso gut aber Dein Lieblingslehrer oder die Mutter Deiner besten Freundin. Andere Leute werden immer Punkte finden, die Du selbst übersiehst.

Der Einstieg

Das Schwerste an einem Motivationsschreiben ist der Einstieg. Allerdings ist er auch sehr wichtig, denn Motivationsschreiben werden meist nur überflogen. Ist der Anfang Mist, verschlechtert das Deine Chancen deutlich. Hier erhältst Du zwei Varianten, die immer gehen und mit denen Du nichts falsch machen kannst: Die klassische und die direkte.

- Der klassische Einstieg: »*Sehr geehrte Damen und Herren, [Absatz] meine Bewerbung um einen Studienplatz im Studiengang [Name des Studiengangs] begründe ich wie folgt:*«

Mit diesem Satz kannst Du nichts falsch machen. So oder so ähnlich beginnt wahrscheinlich die Hälfte aller Motivationsschreiben. Wenn Du

Dir unsicher bist, was Du schreiben sollst, kannst Du beruhigt diesen Satz wählen.

- Der direkte Einstieg: »*Seit frühem Jugendalter habe ich ein stark ausgeprägtes Interesse an [Fachbereich einfügen].*« oder: »*Seit ich vor zwei Jahren auf der Hochschulmesse in [Stadt einfügen] von Ihrem Studiengang erfahren habe, strebe ich eine Bewerbung an Ihrer Hochschule an.*«

In dieser Variante beginnst Du von Anfang an mit Deiner Motivation. Du sparst Dir eine umständliche Einführung und stellst Deine Motivation in den Vordergrund.

Die Struktur

Strukturell rät Dir dieses Buch zu einer thematischen Ordnung, denn diese ist am einfachsten. Wenn Du **thematisch** vorgehst, erklärst Du in einem Absatz Deine schulischen Leistungen, am besten in Bezug auf das angestrebte Programm. Danach schreibst Du, warum Du ausgerechnet in dem Programm studieren möchtest, für das Du Dich bewirbst. Daraufhin beschreibst Du mögliche andere Stationen in Deinem Lebenslauf und schließt mit Deinen Berufswünschen. Der letzte Satz enthält die Hoffnung, dass Du angenommen wirst. Diese Möglichkeit ist gut, vor allem spart es Dir Zeit, wenn Du ähnliche Anschreiben an verschiedene Hochschulen senden möchtest.

Eine andere Variante wäre die **argumentative Ordnung**. Nach der kurzen Beschreibung Deiner Kurse an der Schule folgt die Argumentationskette etwa folgendem Muster: Ihr Bachelorprogramm bietet A, ich habe besonderes Interesse an B und C, deshalb passt das gut zusammen. Oder: Sie fordern D, das beherrsche ich gut, denn ich habe die Leistungskurse E und F belegt. Picke wichtige Punkte des Programms heraus und lege dar,

- was Du schulisch dazu bereits gemacht hast,
- was Du dazu an sonstigen Erfahrungen hast,
- warum Du den jeweiligen Punkt fantastisch findest.

Natürlich kannst Du auch beide Varianten miteinander verbinden. In der Realität machen dies die meisten Leute.

Der Inhalt

Du musst darlegen, warum Du Dich speziell für Dein Fach interessierst. Du solltest Deine **Begeisterung für Dein Programm** unbedingt zum Ausdruck bringen. Dies sollte nicht schwer sein: Frage Dich, was den Studiengang für Dich so attraktiv macht und schreibe es auf.

Einige Beispiele für mögliche **Besonderheiten** des Programms:

- besonderes Programm, dass es so nirgendwo sonst gibt;
- internationale Ausrichtung von Studium, Lehre, Lehrenden und Studierenden (► S. 134);
- gute Betreuung (► S. 127);
- Professoren mit für Dich besonders interessanter Forschungsrichtung;

8

- gute Wertung Rankings (▶ S. 122);
- einmalige Verknüpfung von zwei oder mehr Schwerpunkten;
- besonderes Vorlesungsangebot;
- gute Kontakte zu für Dich interessanten Wirtschaftszweigen.

Extrem schlechte Argumente wären dagegen die gute Partysituation in der Stadt, dass Du gehört hast, das Programm sei extrem leicht, die Nähe zu Deinen Eltern (da Du Deine Wäsche nicht selber waschen möchtest) oder die gute lokale Verfügbarkeit synthetischer Drogen.

Es wird Dir nicht schwerfallen, gute Argumente zu finden, da die Hochschulen ihre Vorzüge selbst hervorheben. Du musst Dir einfach eine **Werbebroschüre** zu Deinem Programm anschauen, dann schreibt sich dieser Teil fast von selbst – Du musst nur ein oder zwei Anknüpfungspunkte aus Deinem Lebenslauf hinzufügen.

Darüber hinaus solltest Du klar zum Ausdruck bringen, dass Du Dir den **Herausforderungen** des Studiums bewusst bist. Professoren hören nicht gerne, wenn man den Eindruck erweckt, man könne das Studium kinderleicht schaffen.

Versuche, Deine schulischen Leistungen argumentativ mit dem Programm zu verknüpfen. Dein inspirierender Deutsch-Leistungskurs ist ein gutes Argument für ein Studium der Literaturwissenschaften. Auch persönliche Erfahrungen helfen. Der Betrieb Deiner Eltern kann ein gutes Argument für Deine Motivation sein, ein managementorientiertes Studium aufzunehmen.

Bisherige **Praktika** sind für eine Bewerbung für praxisbezogene Studiengänge sehr interessant und Du solltest sie in jedem Fall erwähnen, vor allem, wenn es einen herstellbaren Bezug gibt. Bei einem eher theoretischen Studium sind sie nur von Belang, wenn sie in einem **direkten Zusammenhang** mit dem angestrebten Studium stehen. Beispiele: Ein Schulpraktikum bei der Zeitung ist natürlich ein gutes Argument bei einer Bewerbung für einen journalistischen Studiengang. Oder der Schulaustausch mit Argentinien, wenn Du Dich für Lateinamerikastudien bewirbst. Ansonsten solltest Du die Praktika bei der Bewerbung für einen theoretischen Studiengang aber weglassen – Professoren interessieren sich dafür schlicht nicht.

Soziales Engagement solltest Du wenn dann beiläufig in einem Satz erwähnen – es ist für die Aufnahme in einem Programm nur dann relevant, wenn die Hochschule es explizit erwähnt.

Du solltest auch einige Worte zu Deinen **beruflichen Wünschen** sagen. Wenn Du noch nicht weißt, wohin es gehen soll, kannst Du auch dies hervorheben: Du kannst Dir vorstellen, in Bereich X, Y und Z zu arbeiten, daher reizt Dich gerade die Offenheit des Studienganges.

Der Schluss

Im letzten Absatz fasst Du Deine Motivation und die Vorteile der Hochschule noch einmal prägnant zusammen. Das könnte zum Beispiel so aussehen:

»Angesichts der genannten Vorteile Ihrer Fakultät und meiner persönlichen Zielsetzungen ist es daher mein großer Wunsch, [den Studiengang] an [der Hochschule] zu studieren. Ich knüpfe große Erwartungen an das professionelle und inspirierende Umfeld Ihres Studienganges, das für mich eine sehr reizvolle Herausforderung darstellen würde. Ich bin davon überzeugt, dass mich meine schulische Vorbildung dazu befähigt, Ihren hohen intellektuellen Standards und Anforderungen mehr als zu genügen sowie einen engagierten Beitrag zum Leben und Arbeiten auf dem Campus der [Hochschule] zu leisten.«

Als letzten Satz solltest Du eine höfliche Standardformel nutzen. Zum Beispiel diese:

»Über eine positive Entscheidung zu meiner Bewerbung würde ich mich daher sehr freuen.
Mit freundlichen Grüßen«
[Unterschrift per Hand und gedruckt]

Solltest Du Dich an einer Hochschule bewerben, die Stipendien (▶ S. 173) vergibt, kannst Du auf Dein Interesse daran in diesem Absatz eingehen.

Sehr viele Bewerbungen scheitern an einer einfachen Sache: Rechtschreib- und Grammatikfehler. Solltest Du nicht ganz textsicher sein, so ist das keine Schande – falls Du jemanden findest, der Dein Motivationsschreiben gut überarbeitet. Die meisten Hochschullehrer empfinden schlampige Rechtschreibung und Grammatik zu Recht als Respektlosigkeit. Vermeide also diesen einfachen Fehler, indem Du Dein Schreiben nicht auf den letzten Drücker anfertigst und gegenlesen lässt.

8.3.3 Das Essay

In einem Essay soll Deine **Fähigkeit zum logischen Denken** und Dein intellektuelles Interesse an einem Fach getestet werden. In den meisten Fällen erhältst Du eine klare Fragestellung, beispielsweise einen Text, auf den Du eingehen sollst.

Halte Dich beim Essayschreiben inhaltlich und formell an die Vorgaben! Meist wird eine maximale Länge angegeben sein. Diese kannst Du um ein paar einzelne Wörter überziehen, allerdings nicht um mehr. Auch thematisch wird Dir die Hochschule klar sagen, was sie erwartet und was nicht. Lies Dir die Aufgabenstellung daher ganz genau durch. Mehrfach. Viele Bewerber scheitern einfach daran, dass sie in ihrem Essay nicht auf das antworten, was gefragt war.

In einem guten Essay zählen die Fakten weniger stark als die **Argumentationslinie**. Mit einer guten und vor allem stringenten Argumentation hast Du schon gewonnen. Wie die in Deinem Fall genau aussieht, kann Dir dieses Buch nicht beantworten – dafür sind die Fragen zu individuell.

Einige **Tipps zum Essayschreiben** findest Du im Internet. Unter anderem gibt es gute Leitfäden auf den Webseiten der Viadrina Universität und der Uni Heidelberg. Daneben gibt es Datenbanken mit vielen studentischen Hausarbeiten und Essays zu allen denkbaren Themen, viele davon kosten allerdings Geld.

Tue Dir selbst einen Gefallen und schreibe *auf keinen Fall* von bestehenden Essays ab. Das ist weder legal noch fair – daher nennt dieses Buch die entsprechenden Plattformen auch nicht. Und es wäre sehr übel, Dein Studium mit einer Lüge zu beginnen. Für die Form kann es aber hilfreich sein, Dir studentische Essays herunterzuladen, um Dich inspirieren zu lassen.

@ Viadrina:
http://viadrina.euv-frankfurt-o.de/~polsoz/lehre/lehre_WS05/ein_kuwi_1-WS05/leitfaden.pdf

@ Universität Heidelberg:
http://www.psychologie.uni-heidelberg.de/ae/allg/lehre/Leitfaden_Essays.pdf

8.3.4 Das Auswahlgespräch

Einige Hochschulen führen Auswahlgespräche durch, vor allem bei **kleineren Studiengängen**. Die Gespräche finden nach einer Vorauswahl statt – zum Beispiel anhand der Abiturnote oder des Bewerbungsschreibens. Bei vielleicht 30 Studienplätzen werden zum Beispiel die besten 60 zum Gespräch eingeladen. Oder es werden nur diejenigen eingeladen, deren Abiturnote knapp nicht ausreichte und denen ein Gespräch noch eine zweite Chance eröffnen soll.

Diese Anleitung gilt im Übrigen nicht für künstlerische Studiengänge. Hier wirst Du Deine Kreativität unter Beweis stellen müssen – und dafür kann es keine Anleitung geben (vor allem nicht von einem Volkswirt, wie der Autor einer ist).

Ein Auswahlgespräch kommt typischerweise bei **lokal zulassungsbeschränkten** (▶ S. 146) Studiengängen vor. Hochschulen dürfen allerdings auch bei bundesweit zulassungsbeschränkten (▶ S. 144) Studiengängen innerhalb der 60-Pozent-Hochschulquote ein Auswahlgespräch durchführen – dies passiert jedoch selten.

Alle Auswahlgespräche verlaufen anders. Doch mit den folgenden Ratschlägen bist Du gut gewappnet. Dieses Buch soll keine vorgegebenen Antworten vermitteln. Allerdings werden Dir einige Themenblöcke gezeigt, die mit hoher Wahrscheinlichkeit in Deinem Auswahlgespräch angesprochen werden. Darüber hinaus bekommst Du Ratschläge, wie Du auf jegliche Fragen souverän reagieren kannst.

In einer Auswahlkommission sitzen meist Professoren, Dozenten sowie aktuelle Studenten. Das Publikum ist also gemischt. Typischerweise wirst Du drei bis fünf Personen gegenüber sitzen. Ein solches Gespräch dauert zwischen 15 und 30 Minuten. Solltest Du vorher eine Bewerbung, ein Essay oder einen Lebenslauf geschrieben haben, wird sich das Gespräch vor allem an deren Inhalt orientieren.

Für das Auswahlgespräch solltest Du keinen Anzug tragen, saubere und **ordentliche Kleidung** wäre allerdings hilfreich.

Ein Auswahlgespräch orientiert sich in der Regel an folgenden Themenblöcken:
- **Deine Motivation für das angestrebte Studium,**
- **Dein Lebenslauf,**
- **Deine schulischen Leistungen,**
- **Deine beruflichen Ziele,**
- **Deine sozialen Fähigkeiten.**

Die Auswahlkommission will in erster Linie testen, inwieweit Du motiviert und intellektuell in der Lage bist, das Studium erfolgreich zu schaffen. Ganz wichtig ist also, dass Du Deine Motivation auch zeigst. Keine Angst: Fiese Fragen werden so gut wie nie gestellt. Es wird auch kein Fachwissen abgefragt – eine Grundidee vom Studienverlauf solltest Du allerdings haben.

Achte darauf, in möglichst allen Antworten eine Verbindung zum angestrebten Studienprogramm herzustellen. (»Mein Schulaustausch in den USA hat mein Interesse an amerikanischer Literatur gestärkt, und an Ihrer Universität gibt es dazu einen Forschungsschwerpunkt von hervorragendem Ruf.«)

Man wird Dich zu Deiner **Motivation** befragen, ausgerechnet diesen Studiengang studieren zu wollen. In Deinen Antworten solltest Du – wie in ◘ Tabelle 8.1 – eine Drei-Drittel-Strategie verwenden: Ein Drittel begründet Du mit Deinem Lebenslauf. Danach betonst Du Dein fachliches Interesse am Studium. Und im dritten Drittel zitierst Du die Website der Hochschule (keine Angst, das merkt niemand).

Wenn Du von Deinem **Lebenslauf** ausgehst, solltest Du nach guten Beispielen suchen. Du warst bei der Schülerzeitung und bewirbst Dich für Journalistik? Sehr gut. Du hast ein Schulpraktikum beim Theater gemacht und bewirbst Dich für Theaterwissenschaften? Erstklassig!

Ähnlich ist es bei Deinem **fachlichen Interesse**: Du hast 14 Punkte im Geschichtsleistungskurs und willst Geschichte studieren? Volltreffer. Du liest in Deiner Freizeit Max Weber, Karl Marx und Hobbes und möchtest Politik oder Soziologie studieren? Ein Hammerargument.

Das Zitieren der **Website** hat einen doppelten Sinn: Zum einen solltest Du Deine Begeisterung für den jeweiligen Studiengang zeigen können. Zum anderen sollst Du auch den Studiengang kennen. Zitiere zum Beispiel interessante Lehrveranstaltungen aus dem vergangenen Jahr. Die findest Du im Vorlesungsverzeichnis. Tue aber nicht so, als würde es sich

◘ **Tab. 8.1.** Drei-Drittel-Strategie

Dein Lebenslauf	Fachliches Interesse	Zitieren der Website
Persönliche Erfahrungen, Praktika, Engagement, Familie	Schulische Erfahrungen, Leistungskurse, Arbeitsgemeinschaften, gelesene Bücher	Internationales Umfeld, moderne Bibliothek, sehr gute Betreuung usw.

bei der Hochschule um Harvard handeln, es sei denn, es handelt sich tatsächlich um Harvard.

Du wirst vermutlich ebenfalls nach Deinen beruflichen Zielen (► S. 113) befragt. Hier wird nicht erwartet, dass Du als Abiturient schon klar weißt, wohin Du möchtest – außer natürlich bei Studiengängen mit einem klaren Berufsbild wie Medizin. Gerade wenn Du es noch nicht weißt, kannst Du ein paar generelle Richtungen nennen und dann sagen, dass Dir gerade die Offenheit der Ausbildung an der jeweiligen Hochschule gefällt.

Beispiel: ***»Auf ein klares Berufsbild möchte ich mich noch nicht festlegen. Ich kann mir sowohl eine Karriere in der freien Wirtschaft, insbesondere der Beratungsbranche, vorstellen als auch die Arbeit in internationalen Organisationen. Auch der Beruf des Journalisten interessiert mich. Dies ist auch ein Grund, warum ich von Ihrem Studiengang so begeistert bin: Er bereitet mich auf all diese Berufsbilder hervorragend vor.«***

Wenn Du Dich auf ein Gespräch vorbereitest, solltest Du **als ersten Schritt mögliche Fragen entwickeln**, die Dir gestellt werden könnten. Schaue Dir Deine Unterlagen an und stelle Dir zu jedem Punkt entsprechende W-Fragen (Wer, Was, Warum, Wo etc.). Einige Fragen werden sich auch auf Deinen Lebenslauf und Dein Bewerbungsschreiben beziehen. Typische Fragen wären dabei folgende:
- Warum möchtest Du das Fach studieren?
- Warum möchtest Du gerade an dieser Hochschule studieren?
- Welche Voraussetzungen bringst Du für das Studium mit?
- Was möchtest Du mit dem Studium erreichen?
- Was sind Deine Berufswünsche?
- Was hat Dich an Praktikum X besonders interessiert?
- Was waren Deine Abiturfächer und warum hast Du sie gewählt?

Im zweiten Schritt solltest Du diese Fragen beantworten. Zunächst schriftlich und in Stichworten, dann laut und deutlich gesprochen. Versuche immer, einen Bezug zu Deinem Leben und Deinen Erfahrungen herzustellen. Das gibt Dir Sicherheit, denn über Dein Leben zu sprechen, ist einfacher als über Fachthemen. **Sprich immer laut**, denn Ungereimtheiten fallen nur auf, wenn man sie laut ausspricht, nicht, wenn man sich die Antworten nur im Kopf ausmalt. Du kannst Dir zunächst Notizen machen, doch lies nichts ab: Setze Dich aufrecht auf Deinen Schreibtischstuhl und schaue aus dem Fenster, während Du Deine Antworten frei wiederholst. Du wirst merken, dass Dir das mehrmalige Wiederholen von Antworten Sicherheit gibt.

Ein gutes Mittel ist ein **schriftliches Frage-Antwort-Konzept**, das Du beispielsweise in Form einer Tabelle entwerfen kannst. Trage in einer Spalte mögliche Fragen zu Deiner Bewerbung ein. In einer Spalte daneben führst Du schreibt Du in Stichpunkten Deine Antworten.

Bei **mehrsprachigen Studiengängen** musst Du Dich darauf einstellen, dass in Deinem Bewerbungsgespräch auch Englisch oder eine andere Sprache gesprochen wird. In diesem Falle solltest Du Deine Antworten auch in der jeweils zu erwartenden Sprache abfassen.

Wenn Dir übrigens eine Frage gestellt wird, die Du in Deinen Unterlagen bereits beantwortet hast, solltest Du keinesfalls darauf hinweisen (»Das habe ich doch schon in meinem Motivationsschreiben geschrieben.«) Das unterstellt dem Prüfer, Deine Unterlagen nicht sorgfältig gelesen zu haben. Das hat er vermutlich tatsächlich nicht. Aber eine einfachere Methode, ein Prüfergremium gegen sich aufzubringen, gibt es nicht. Daher: Auf alle Fragen immer höflich und nett antworten.

Der wichtigste Tipp zum Schluss: **Bleib gelassen.** Mache Dir bewusst, dass Dir in der Auswahlkommission **keine allwissenden Übermenschen** gegenüber sitzen – auch wenn diese das manchmal gerne so vorgeben. Es sind Menschen wie Du, mit allen ihren Fehlern und Eigenheiten. Und Deine Mitbewerber sind mindestens ebenso aufgeregt wie Du, nur dass sie sich nicht so intensiv vorbereitet haben. Damit hast Du bereits einen großen Vorteil.

Unter »Studentenpilot« findest Du Informationen zum Auswahlgespräch und anderen Bewerbungsverfahren.

@ Studentenpilot: www.studentenpilot.de/studium/studienbewerbung/

Das Wichtigste auf einen Blick

- Beim Bewerbungsgespräch wird vor allem Deine Motivation getestet.
- Auch im Motivationsschreiben muss klar werden, warum Du Dich für exakt dieses Fach an exakt dieser Hochschule interessierst.
- Füge einem englischen Lebenslauf kein Bild bei.
- Halte Dich beim Essayschreiben klar an die Vorgaben.

8.4 Wie klage ich mich rein?

Sollte es trotz aller Tipps in diesem Kapitel nicht mit dem erhofften Studiengang geklappt haben, bleibt Dir noch ein Mittel: **die Klage**. Es klingt verrückt, doch jedes Jahr erhalten viele hundert Studierwillige aufgrund einer Klage einen Studienplatz. Doch die Klage ist wie eine Lotterie: Der Erfolg ist nicht garantiert und die Kosten sind hoch.

Der rechtliche Hintergrund ist folgender: Nach Artikel 12 des Grundgesetzes hast Du als Bürger das **Recht auf freie Berufswahl und Berufsausübung**. Das heißt, dass jeder Abiturient ein durch die Verfassung garantiertes Recht darauf hat, bei der Vergabe von Studienplätzen berücksichtigt zu werden. Daraus ergibt sich, dass Hochschulen gezwungen sind, ihre Kapazitäten immer voll auszuschöpfen, um möglichst vielen Studierwilligen auch ein Studium zu ermöglichen.

Wenn Du Dich in einen Studiengang einklagen möchtest, tust Du dies daher mit dem Argument, dass die Hochschule über mehr Kapazitäten verfügt als sie offiziell angibt. Die Beweislast liegt dann bei der Hochschule. Sie muss darlegen, dass sie keinen weiteren Studenten zulassen kann. Daher hat die Klage auch ihren offiziellen Namen: die **Kapazitätsklage.**

Hochschulen sind häufig nicht in der Lage, zu begründen, dass keine weiteren Studenten aufgenommen werden können. In diesem Fall hatte die Klage Erfolg – doch einen Studienplatz hast Du damit noch nicht automatisch. Denn es gibt fast immer mehrere Kläger, vor allem in sehr populären Fächern wie Medizin. Wenn mehr Leute geklagt haben als Plätze vorhanden sind, **entscheidet das Los**. Wenn Du Pech hast, gewinnst Du also und verlierst trotzdem.

Auch kann es passieren, dass die Hochschule einem **Vergleich** zustimmt und alle klagenden Studenten aufnimmt. Dann hast Du einen Platz, trägst aber die Hälfte der **Verfahrenskosten**. Und die können happig sein, denn sie richten sich nach dem Streitwert, den das Gericht festlegt. Dein Anwalt wird Dir sagen können, welche Streitwerte in der Regel festgesetzt werden. Doch Vorsicht, ein Gericht ist frei darin, im Einzelfall von den sonst üblichen Streitwerten abzuweichen.

Die **Kosten für Deinen Anwalt** werden Du oder Deine Eltern in jedem Fall tragen müssen. Und diese können hoch ausfallen, vor allem, wenn Du alleine klagst und Dich keiner Sammelklage anschließt. Aber auch hier wird Dir Dein Anwalt eine voraussichtliche Summe nennen können.

Du solltest Dir bei einer Klage sicher sein, dass Dir **keine Formfehler** unterlaufen sind. Sollten Deine Angaben unvollständig sein, erforderliche Dokumente fehlen oder falls Du Fristen verpasst hast, hast Du wenig Chancen auf eine erfolgreiche Klage. In diesem Fall lohnt vielleicht ein Blick in Kapitel 10 (▶ S. 203), um zu schauen, womit Du Deine Zeit außer Studieren noch verbringen kannst.

Das Verfahren

Die Klage bereitest Du damit vor, dass Du gegen Deine Ablehnung **formell Widerspruch einlegst**. Da es sich bei Deiner Ablehnung um einen Verwaltungsakt handelt, sind die Informationen zur Widerspruchseinlegung direkt mit auf den Ablehnungsbrief gedruckt – als so genannter Rechtsbehelf. Im Rechtsbehelf steht auch die Widerspruchsfrist. Diese Frist beträgt in der Regel vier Wochen. Der Widerspruch kann formlos erfolgen, also ohne gesonderte Begründung.

Sollte Dein Studiengang bundesweit zulassungsbeschränkt (▶ S. 144) sein, musst Du bei einer oder mehrerer der in Frage kommenden Hochschulen einen **Antrag auf außerkapazitäre Zulassung** stellen. Um eine gute Chance zu haben, solltest Du gleich bei 15 bis 20 Hochschulen den Antrag stellen. Auch hier steckt die Idee dahinter, dass es mehr Kapazitäten gibt als offiziell angegeben. Dieser Antrag wird natürlich abgelehnt werden. Daraufhin erhebst Du – wie bei lokal zulassungsbeschränkten Studiengängen – Widerspruch.

Du kannst davon ausgehen, dass Dein Widerspruch abgelehnt wird. Darauf folgt nun der nächste Schritt: Du musst Dir einen Anwalt besorgen, der gegen die jeweilige Hochschule klagt oder Du klagst selbst, was deutlich komplizierter, aber auch kostensparender ist. Die **Chancen auf Erfolg** liegen bei einer Studienplatzklage relativ gut, nach Auskunft verschiedener Anwälte in den meisten Fächern weit über 50 Prozent. Bei sehr populären Fächern wie Medizin gilt das aber nur, wenn Du auch tatsächlich 15 bis 20 Hochschulen anklagst. Dann allerdings ist der Erfolg fast sicher.

Viele Anwälte führen Sammelklagen durch, was die Kosten für Dich deutlich senkt. Frage bei den lokalen Studentenvertretern nach, welche Anwälte Sammelklagen an der jeweiligen Hochschule durchführen. Dafür wendest Du Dich an den jeweiligen AStA oder den Studierendenrat. Die Studentenvertreter können Dir auch abgesehen von Sammelklagen seriöse Anwälte nennen, denn auf dem Markt der Studienplatzklagen tummeln sich viele unseriöse Juristen, die horrende Summen von Dir verlangen können. Verhindern lässt sich dies, indem Du Dir vorher Ratschläge bei Studentenvertretern holst oder die Kosten vergleichst.

@ Tino Bobach:
www.bobach-borsbach-herz.de/cms/index.php?de_studienplatzklage_skript

@ Just law:
www.studienplatzklage.justlaw.de

@ Anwaltskanzlei Dr. Selbmann & Bergert:
http://www.studienplatz-klage.de/

Weitere Informationen zur Studienplatzklage findest Du unter anderem auf der Website des Anwalts Tino Bobach. Weitere Infos gibt es bei »just law« und der Anwaltskanzlei Dr. Selbmann & Bergert.

Das Wichtigste auf einen Blick

- Du kannst Dich in ein Studium reinklagen, indem Du argumentierst, dass die Hochschule noch freie Kapazitäten hat – denn die muss sie ausschöpfen.
- Lege gegen einen negativen Bescheid unbedingt formal Widerspruch ein.
- Sammelklagen können den Finanzaufwand verringern.
- An je mehr Hochschulen Du klagst, desto teurer wird es, doch desto höher sind Deine Aussichten auf Erfolg.
- Du kannst auch ohne Anwalt klagen – dies spart Kosten, ist aber kompliziert.

Geld

Es gibt kaum einen Studenten, der nicht über Geldprobleme klagt – egal, wie viel er zur Verfügung hat. Das liegt auch daran, dass Pleitesein vor allem bei Geisteswissenschaftlern einen gewissen **Oscar Wilde-Coolnessfaktor** hat. Hauptsächlich aber haben Studenten wirklich wenig Geld. Und leider wird auch alles immer teurer: Studiengebühren, gestiegene Mieten, Semesterbeiträge, aber auch Smartphones, Feiern und Kleidung sorgen für hohe Ausgaben.

Fast jeder Student macht eine **Mischkalkulation** – nur 14 Prozent finanzieren sich ausschließlich aus einer Quelle. 10 Prozent werden allein von ihren Eltern finanziert. Und nur ein Prozent aller Studenten leben einzig vom staatlichen BAföG (▶ S. 180). Beim Geld musst Du also kreativ sein.

Glücklich, wer von seinen Eltern gesponsert wird. Doch **es geht auch ohne Geld von der Familie**. Selbst wenn Du keine Förderung durch das BAföG (▶ S. 180) bekommst, gibt es Möglichkeiten: nämlich Stipendien (▶ S. 173), Arbeit (▶ S. 167) oder Kredite (▶ S. 187). Letztere sind zwar sehr unangenehm – denn Schulden mag niemand – doch wäre es schlimmer, auf ein Studium zu verzichten.

Ein Hinweis: Alle verwendeten Zahlen entsprechen dem aktuellen **Stand Frühjahr 2010**. Gerade beim BAföG, bei Krediten und Stipendien ändern sich die Summen mit der Zeit. Informiere Dich also immer aktuell. Falls bereits Änderungen angekündigt waren, werden sie erwähnt.

Es gibt viele Bücher zum Thema Studienfinanzierung – viele sind allerdings wenig aktuell. Generell solltest Du kein Buch zur Studienfinanzierung kaufen, das mehr als drei Jahre auf dem Markt ist, denn gerade zu diesem Thema ändert sich die Lage sehr rasch. Empfehlenswert ist unter anderem »Clever Studieren – mit der richtigen Finanzierung« von Sina Gross. Es enthält in etwa dieselben Themen wie dieses Kapitel, jedoch mit deutlich mehr Details.

Buchtipp:
Sina Gross: Clever Studieren – mit der richtigen Finanzierung, Stiftung Warentest Verlag, 2009, 198 Seiten, 9,90 €

9.1 Dein Geldbedarf

Bevor es an die Finanzplanung geht, musst Du natürlich wissen, **wie viel Geld Du brauchst**. Und das ist gar nicht so einfach: Denn erfahrungsgemäß gibt man etwa genau so viel aus, wie man hat. Viele Studenten (und dazu gehörte der Autor) überschätzen sogar konstant ihre Möglichkeiten und geben mehr aus als sie haben.

Kommen wir zunächst zum statistischen **Durchschnittsstudenten**. Laut der 19. Sozialerhebung der deutschen Studentenwerke aus dem Jahr 2010 hat dieser pro Monat etwa 812 Euro zur Verfügung. 20 Prozent der Studenten lagen allerdings unter 600 Euro und müssen damit arg sparen. Der Durchschnittsstudent gibt pro Monat etwa **762 Euro** aus (Tabelle 9.1), spart also etwas von seinen 812 Euro für Ausgaben wie Studiengebühren, Anschaffungen, größere Reisen und Ähnliches. Das ist deutlich mehr als der BAföG-Höchstsatz (▶ S. 180) von 670 Euro – der allerdings alle paar Jahre steigt. Hinzu kommen in einigen Bundesländern **Studiengebühren**.

■ **Tab. 9.1.** Ausgaben eines Durchschnittsstudenten

Ausgaben für	
Miete (inklusive Nebenkosten)	281 €
Kommunikation	35 €
Ernährung	159 €
Kleidung	51 €
Lernmittel	33 €
Mobilität (Auto, Fahrrad, Bus und Bahn)	81 €
Krankenversicherung, Medikamente, Arztrechnungen	59 €
Freizeit	63 €
Summe	762 €
Quelle: 19. Sozialerhebung des Deutschen Studentenwerks, 2010	

Wenn Deine Eltern Dein Studium voll finanzieren wollen, hast Du Glück: Nur 10 Prozent der Studenten werden voll finanziert. Sie erhalten laut deutschem Studentenwerk durchschnittlich 698 Euro – aufgerundet 700 Euro. Dies ist in etwa eine Summe, mit der Du gut leben kannst. In München bräuchtest Du etwas mehr, in Leipzig weniger. Mit 700 Euro kannst Du keine großen Sprünge machen, musst Dich aber auch nicht in jeder Hinsicht einschränken.

Weitere Infos zu Lebenshaltungskosten findest Du auf der Webseite des Studentenmagazins Unicum. Dort gibt es eine Aufschlüsselung von durchschnittlichen Lebenshaltungskosten für fast jede größere Studentenstadt.

Das große Problem bei solchen Zahlen: **Du bist kein »Durchschnittsstudent«**! Du gehst nach Dresden (günstig), Münster (mittel) oder München (teuer), hast ein Auto (teuer) oder keins (günstig), gehst für Deine Kleidung in den Secondhand-Laden (günstig) oder zum Designer (teuer) und trinkst Cocktails in Clubs (teuer) oder Biere mit Freunden im Park (günstig). Um Dir zu zeigen, wie unterschiedlich man leben kann, folgen nun zwei Extrembeispiele, nämlich Christoph, der sehr günstig lebt (► S. 162), und Rieke, die sich ein luxuriöses Studentenleben leisten kann. (► S. 164).

Wie Du bei Rieke sehen wirst, kann man leicht Unsummen ausgeben, ohne einen einzelnen Posten maßlos zu übertreiben. Andererseits lässt es sich auch von sehr wenig Geld schön leben, ohne auf ein Bier mit Freunden verzichten zu müssen, wie das Beispiel von Christoph zeigt.

@ Deutsches Studentenwerk: www.studentenwerke.de/se

@ Unicum: www.unicum.de/geld/lebenshaltungskosten/

9.1.1 Günstiges Studentenleben

Für Christoph war die Entscheidung nach dem Abi klar: Er ging nach **Berlin**, um an der Freien Universität (FU) **Politikwissenschaften** zu studieren. Denn er liebt Berlin, ist politisch interessiert, hat durch die Kooperation der FU mit der renommierten französischen Universität Sciences Po die Möglichkeit, sich international zu orientieren und freut sich, an einer offiziellen Eliteuni (▶ S. 125) studieren zu dürfen. Und obwohl Berlin im Durchschnitt von den Mieten her (▶ S. 222) nicht besonders preiswert ist (298 Euro), kann man in den richtigen Vierteln durchaus günstige Wohnungen finden.

Christoph finanziert sich hauptsächlich durchs **BAföG** (▶ S. 180). Da seine Eltern nicht viel verdienen, bekommt er 360 Euro pro Monat. 70 Euro legen seine Eltern drauf, außerdem zahlen sie seine Krankenversicherung. Weitere 130 verdient er, indem er einmal pro Woche kellnert. Insgesamt hat er 560 Euro pro Monat zur Verfügung. Nicht viel Geld. Seine Ausgaben sind in ◘ Tabelle 9.2 aufgelistet.

Die **Miete** wollte er so gering wie möglich halten. Nach einigem Suchen fand er eine sehr sympathische Vierer-WG in Berlin-Neukölln. Für sein 16-Quadratmeter-Zimmer zahlt er warm 180 Euro pro Monat. Die Möbel hat er von seinem Vorgänger für 100 Euro übernommen – die Kosten verteilen sich in unserer Rechnung auf die drei Jahre, die er dort wohnen bleiben möchte (2,80 Euro pro Monat). Hin und wieder leistet er sich eine Kleinigkeit wie eine neue Ikealampe, Duftkerzen oder eine Pflanze, um seine alte, verdorrte zu ersetzen. Das kostet ihn im Durchschnitt 5 Euro pro Monat.

Die WG teilt sich einen **Telefonanschluss** inklusive DSL- und Telefonflatrate für 30 Euro im Monat, das macht für ihn anteilig 7,50 Euro. Außerdem hat er ein Handy mit einer Prepaid-Karte, womit er wenig telefoniert (10 Euro). Sein gebrauchter Laptop war ein Geschenk seiner Oma und daher gratis.

In seiner WG wird viel gelesen. Mit seinen Mitbewohnern teilt er sich **Studentenabos** des Tagesspiegels, des Neon Magazins sowie der Zeit. Das kostet zusammen etwa 26 Euro im Monat, pro Person macht das 6,50 Euro.

Andere laufende Kosten hat Christoph nicht, da sein **Bankkonto** gratis, er über seine Eltern krankenversichert und von den Rundfunkgebühren befreit ist.

Am **Essen** kommt keiner vorbei. Viermal pro Woche isst Christoph in der Mensa und wählt immer ein günstiges Gericht, für das er inklusive Salat durchschnittlich 2 Euro zahlt. Lebensmittel kauft er bei Lidl und Aldi und gibt dafür etwa 80 Euro im Monat aus – unter anderem, weil er weitgehend auf Fleisch verzichtet. Ist ja auch ethisch besser so.

Zu Beginn seines Studiums hat Christoph sich bei den Verkehrsbetrieben ein gebrauchtes **Fahrrad** ersteigert und mit 70 Euro ein ziemliches Schnäppchen gemacht – es ist in einem sehr guten Zustand. Auch dies möchte er drei Jahre behalten, so es ihm nicht gestohlen wird. Darüber

Tab. 9.2. Christophs monatliche Ausgaben

Ausgaben für	
Wohnungskosten	
Miete (warm)	180 €
Möbel und Pflanzen	7,80 €
Krankenversicherung	0 €
Rundfunkgebühren	0 €
Kontoführungsgebühren	0 €
Kommunikation mit der Außenwelt	
Festnetz und DSL (Anteil)	7,50 €
Handy	10 €
Zeitungsabos (Anteil)	6,50 €
Laptop	0 €
Ernährung	
Mensa (viermal pro Woche)	32 €
Lebensmittel	80 €
Mobilität	
Mitfahrgelegenheit	30 €
Fahrrad	2 €
Aussehen	
Kleidung	35 €
Haarschnitt (Wein)	3 €
Studium	
Semesterbeitrag	42,78 €
Materialkosten	25 €
Studiengebühren	0 €
Freizeit	
Bars, Clubs und Cafés	30 €
Kino	5 €
Konzert	5 €
Theater und Museum	5 €
Sport	0 €
Sonstige Ausgaben (Geschenke, Medikamente, Bücher, CDs, Reparaturen)	30 €
Summe	536,58€

hinaus fährt er einmal im Monat per Mitfahrgelegenheit zu Eltern oder Freunden, was ihn etwa 30 Euro kostet.

Für **Kleidung** gibt Christoph monatlich ungefähr 35 Euro aus, da er in Secondhand-Läden oder während des Schlussverkaufes kauft. Seine **Haare** schneidet seine gute Freundin Sarah gegen eine Flasche Wein (3 Euro), die sie gemeinsam trinken.

Die Freie Universität Berlin verlangt zwar keine Studiengebühren, trotzdem ist der **Semesterbeitrag** von 256,68 Euro happig, was 42,78 Euro im Monat ergibt. Immerhin ist das Semesterticket enthalten, mit dem Christoph Bus und Bahn gratis nutzen kann. Lehrbücher liest Christoph entweder in der Bibliothek oder kopiert sie sich. Notfalls kauft er sich ein gebrauchtes Buch bei Ebay oder Amazon, das er dort später auch wieder verkauft. Daneben braucht Christoph auch Dinge wie Schreibzeug, Hefter und Papier. Zusammen kommt er auf 25 Euro im Monat für Arbeitsmaterial.

Auch in seiner **Freizeitgestaltung** ist Christoph sparsam: Er geht wenn überhaupt in günstige Bars, auf Privatpartys oder grillt mit Freunden im Park (30 Euro). Einmal pro Monat geht er ins Kino (5 Euro) sowie auf ein Konzert (5 Euro). Im Theater wählt er die günstigste Kategorie (5 Euro) oder sucht nach Sonderpreisen. Sport macht er gratis an der Uni (0 Euro).

Auch bei seinen **weiteren Ausgaben** spart Christoph: Geschenke stellt er meist selbst her und Bücher kauft er auf dem Flohmarkt. Musik hört er übers Netz. Kaputte Dinge repariert er selbst, die Materialen muss er natürlich kaufen. Und wie jeder Mensch braucht er Deodorant, Aspirin und Zahnpasta. Für Sonstiges gibt er etwa 30 Euro aus.

Insgesamt gibt Christoph damit **536,58 Euro im Monat** aus. Bei den 560 Euro, die er zur Verfügung hat, kann er sogar **ein klein wenig sparen.** Denn sonst wird es bei unvorhergesehenen Ausgaben hart – wenn zum Beispiel Handy, Laptop oder Fahrrad kaputt gehen oder er eine Reise unternehmen möchte. Oder falls er Sarah mal nett zum Essen einlädt. Christoph hat nur wenig Spielraum nach unten – eine unerwartet hohe Ausgabe kann er nur durch Kredite (► S. 187) oder mehr arbeiten finanzieren.

Zusätzlich hat Christoph gleich nach Studiumsbeginn angefangen, sich für diverse **Stipendien** (► S. 173) zu bewerben. Hierin liegt eine ebenfalls sehr gute Möglichkeit, einen Teil seiner Studienkosten zu finanzieren.

9.1.2 Teures Studentenleben

Rieke liebt **München**. Deshalb stand für sie außer Frage, dass sie ihr Studium der **Kommunikationswissenschaften** dort an der Ludwig-Maximilians-Universität aufnehmen würde.

Da ihre **Eltern** genug Geld verdienen, bekommt sie kein BAföG (► S. 180). Ihr Leben finanziert sie durch das Geld, das sie von ihnen bekommt, sowie durch eine großzügige **Erbschaft** von ihrer Großmutter. Insgesamt bekommt sie **1 500 Euro im Monat** von ihren Eltern – alles, was darüber hinaus geht, deckt sie von ihrem Erbschaftskonto. Ihre Ausgaben sind in ▣ Tabelle 9.3 aufgelistet.

Für ihre Wohnung im Stadtteil **Schwabing** zahlt Rieke 505 Euro warm – und hat dabei noch ein Schnäppchen gemacht. Denn dafür hat sie 33 Quadratmeter Wohnfläche in einem sanierten Altbau, einen riesigen Balkon und einen Autostellplatz. Ihre Möbel hat sie größtenteils von ihren Eltern bekommen. Sie dekoriert aber gerne um und kauft sich neue Pflanzen, Bilder, Kissen oder Lampen. Dafür gibt sie etwa 25 Euro im Monat aus. Hinzu kommen Rundfunkgebühren von 17 Euro. Krankenversichert ist sie wie Christoph über ihre Eltern.

Rieke hat ein **Smartphone**, das sie intensiv nutzt und das in ihrem Tarif gratis enthalten war. Inklusive vieler SMS, Internet und Telefonaten kostet sie dies monatlich 80 Euro. Hinzu kommen 25 Euro für Ihren DSL-Anschluss zuhause.

Es ist ihr wichtig, informiert zu bleiben. Rieke hat ein **Studentenabo** der Süddeutschen Zeitung und der Brand Eins. Außerdem kauft sie sich regelmäßig Veranstaltungs- und Modemagazine. Insgesamt bezahlt sie im Monat etwa 37 Euro für Zeitungen und Zeitschriften. Ihr MacBook Pro hat sie dagegen von ihren Eltern geschenkt bekommen.

Rieke ernährt sich gesund und kauft hauptsächlich im **Biosupermarkt** und auf Wochenmärkten ein. Das kostet viel Geld: Pro Monat gibt sie 190 Euro für Lebensmittel aus. Sie geht selten in die Mensa, wo sie allerdings stets das teuerste Gericht plus Bionade wählt, wodurch sie monatlich auf 30 Euro kommt. Sie isst gerne in Restaurants und buncht sonntags häufig mit ihrem Freund Jan. Dabei wählt sie zwar keine teuren Lokale, es summiert sich aber trotzdem auf etwa 90 Euro im Monat.

Von dem Geld aus der Erbschaft hat Rieke sich einen **Kleinwagen** zugelegt, der sie pro Monat etwa 90 Euro an Versicherungsbeiträgen und sonstigen Zahlungen kostet. Sie fährt nicht besonders viel, besucht aber gerne ihre Eltern, die in Oberotterbach an der französischen Grenze wohnen. Für Benzin gibt sie deshalb etwa 40 Euro im Monat aus. Da es an der LMU kein Semesterticket gibt, zahlt sie 31,50 Euro pro Monat für Bus und Bahn. Ihr Fahrrad haben ihre Eltern bezahlt.

Rieke kauft bei **H&M, Mango und Zara** – unter anderem. Gelegentlich gönnt sie sich auch eine teurere Jacke oder schöne neue Schuhe. Dabei spielt sie zwar nicht so verrückt wie einige ihrer Kommilitoninnen, 90 Euro wird sie dafür aber monatlich trotzdem los. Bei ihren Haaren will sie nicht sparen und bezahlt pro Monat etwa 35 Euro.

Ihre Universität verlangt leider **Studiengebühren** in Höhe von 500 Euro pro Semester. Hinzu kommen noch 45 Euro Semesterbeitrag – hier fehlt allerdings im Gegensatz zu Berlin das Semesterticket für Bus und Bahn. Rieke kauft sich viele Bücher und geht großzügig mit Kopien um. Außerdem ist sie vernarrt in diese schönen schwarzen Moleskineblöcke – und die kosten halt. Zusammen gibt sie etwa 50 Euro für **Materialien** aus.

Auch in ihrer Freizeit ist Rieke nicht geizig: Sie liebt es, in **Cafés** zu sitzen und mit Freundinnen zu diskutieren. Außerdem geht sie gerne tanzen und trinkt gerne mal Wein und Cocktails. Das kostet 110 Euro im

Tab. 9.3. Riekes monatliche Ausgaben

Ausgaben für	
Wohnungskosten	
Miete (warm)	505 €
Möbel und Pflanzen	25 €
Krankenversicherung	0,00 €
Rundfunkgebühren	17 €
Kontoführungsgebühren	0 €
Kommunikation mit der Außenwelt	
Handy	80 €
DSL	25 €
Zeitungen und Magazine	35 €
Laptop	0 €
Ernährung	
Lebensmittel	190 €
Mensa	30 €
Restaurant und Brunch	90 €
Mobilität	
Auto (Grundkosten)	90 €
Benzin	40 €
Monatskarte	31,50 €
Aussehen	
Kleidung	90 €
Haar	35 €
Studium	
Semesterbeitrag	7,50 €
Materialkosten	50 €
Studiengebühren	83 €
Freizeit	
Bars, Clubs und Cafés	120 €
Kino	14 €
Konzert	15 €
Theater und Museum	15 €
Sport	40 €
Sonstige Ausgaben (Geschenke, Medikamente, Bücher, CDs, Reparaturen)	70 €
Summe	1 700,00 €

Monat. Sie geht zweimal pro Monat ins Kino (14 Euro), schaut sich ein Konzert an (15 Euro) und besucht auch gerne Theater und Museen (15 Euro). Sie geht außerdem manchmal ins Fitnesscenter und bezahlt dafür 40 Euro Monatsgebühren.

Für andere Dinge wie Geschenke, Reparaturen, Medizin, Bücher, Körperpflege und CDs gibt sie etwa 70 Euro im Monat aus.

Obwohl es keinen Posten in ihren Ausgaben gibt, den sie maßlos übertreibt, gibt Rieke **monatlich 1 700 Euro** aus. Auch hier sind einmalige Ausgaben für kaputte Geräte und Urlaube nicht mit inbegriffen. Sie wird also monatlich 200 Euro von ihrem Erbschaftskonto abziehen müssen – immerhin 2 400 Euro im Jahr! Anders als Christoph könnte sie aber in harten Zeiten ihre Ausgaben drastisch kürzen.

Das Wichtigste auf einen Blick

- **Beziehe die lokalen Mieten in Deine Entscheidung für einen Studienort mit ein, falls Du wenig Geld hast.**
- **Auch mit wenig Geld kannst Du ein sehr angenehmes Studentenleben führen.**
- **WGs sind günstiger als Wohnungen alleine.**
- **Dein BAföG wird vermutlich nicht zum Leben reichen.**

9.2 Jobben

Etwa 65 Prozent der Studenten arbeiten neben dem Studium – einige wenige (3 Prozent) finanzieren ihr Studium komplett durch Arbeit, die meisten stocken dadurch ihre Einnahmen auf. Einige Stunden Arbeit pro Woche sind mit jedem Studium gut vereinbar. Viele empfinden es auch als befreiend, sich mit praktischeren Dingen als Lehrbüchern und Hausarbeiten auseinander zu setzen. Außerdem triffst Du in den meisten Jobs neue Leute und lernst praktisch hinzu.

Schwierig ist es mitunter, die **richtige Balance** zu finden. Denn zu viel Arbeit kann dazu führen, dass das Studium für Dich ein einziger Stress wird. Es wird schwierig, ein aufreibendes Studium komplett durch Arbeit zu finanzieren. Falls Du also zweifelst, ob Du es finanziell schaffen kannst, sind Kredite (► S. 187) eine Möglichkeit, Deine Arbeitsbelastung zu verringern.

Einige Ideen zu Deinen vielen Möglichkeiten sowie Tipps zur Jobsuche erhältst Du in diesem Kapitel.

9.2.1 Möglichkeiten

Arbeitsmöglichkeiten gibt es mehr, als Du vielleicht denken wirst. Neben den klassischen Jobs in Cafés und Restaurants kannst Du unter anderem direkt an Deiner Hochschule arbeiten, auf Messen aushelfen, als Statist in Filmen mitspielen oder versuchen, bereits als Student in einer für Dich interessanten Branche Fuß zu fassen. Falls Du eine Ausbildung (► S. 210) hast, kannst Du auch in Deinem Ausbildungsberuf arbeiten. Und wer vor Körpereinsatz nicht zurückschreckt, kann als Aktmodell oder als Medikamententester sehr gute Stundenlöhne kassieren.

Neben dem Studium wirst Du pro Woche zehn, maximal 20 Stunden arbeiten können. Laut deutschem Studentenwerk arbeiten Studenten mit Nebenjob im Schnitt 14 Stunden pro Woche. Mehr als 20 Stunden kann für Dich doppelt teuer werden: Denn wer mehr als 20 Stunden pro Wochen arbeitet, hat bei der Krankenversicherung keinen Studentenstatus mehr (Steuern ► S. 198). Und mehr als 20 Stunden pro Woche gehen außerdem nur, wenn Du genug Kraft hast, nebenbei noch ein Studium zu absolvieren. Denn Du möchtest ja auch leben und nicht nur arbeiten.

Bei der Wahl Deines Nebenjobs spielen immer mehrere Überlegungen eine Rolle. Geld ist dabei ein wichtiger, bei weitem aber nicht der einzige Entscheidungsgrund. Die in ◘ Tabelle 9.4 aufgeführten Dinge kannst Du beachten (musst es aber nicht).

◘ Tab. 9.4. Nebenjobwahl: Entscheidungsgründe

Dimension	Beschreibung
Geld	Geld steht bei jedem Job ganz weit vorne. Je besser Du qualifiziert bist, desto mehr Geld verdienst Du in der Regel – auch wenn es viele Ausnahmen gibt. Außerdem gilt: Je unangenehmer der Job, desto höher der Lohn. Sehr gut bezahlt werden Medikamententester, Hostessen, Kellner (vor allem in besseren Restaurants und Cafés), Fließbandarbeiter, sowie Jobs, für die Du eine Qualifikation wie z. B. eine Ausbildung brauchst. Viel Geld kannst Du im Winter auch im Schneeräumdienst verdienen. Vorteil: Du bekommst einen vorzeigbaren Bizeps. Nachteil: Du musst brutal früh raus.
Karriere	Die Arbeit in einem für Dich interessanten Berufsfeld kann sehr sinnvoll sein: Du knüpfst Kontakte und lernst einen Beruf von innen kennen. Diese Möglichkeit ist ein Stück weit eine Alternative zum Praktikum. Wer sich für Journalismus interessiert, kann für die Lokalzeitung schreiben, auch in anderen Medien werden häufig Studenten genommen. Der angehende Architekt kann im Planungsbüro arbeiten. Ähnliches gilt für Pflegeberufe, Unternehmensberatungen, Anwaltskanzleien usw. Die Bezahlung ist dabei je nach Branche sehr unterschiedlich. In den Medien wird wenn überhaupt schlecht gezahlt. In anderen Bereichen kannst Du bei guter Vorbildung allerdings Stundenlöhne von 15 Euro und mehr herausholen.
Studium	Viele Studenten jobben direkt an der Hochschule – meist als wissenschaftliche Hilfskräfte bei Professoren. Diese Jobs sind nicht immer gut bezahlt, dafür aber lernst Du etwas dazu – und knüpfst Kontakte, die bei Haus- und Diplomarbeiten hilfreich sein können. Es sind auch andere Jobs denkbar, die nah am Studium liegen, für Ingenieure kommt zum Beispiel die Arbeit in der Maschinenbauindustrie in Frage und für Soziologen ein Job im Meinungsforschungsinstitut. Jobs an Lehrstühlen werden sehr unterschiedlich bezahlt, an FHs in Sachsen sind es 5,11 Euro, an Berliner Universitäten dagegen 10,22 Euro.
Spaß	Häufig sind sehr gut bezahlte Studentenjobs langweilig oder körperlich hart. Wenn Du Kinder magst, kannst Du Dich als Babysitter verdingen. Auch die Arbeit in sozialen Einrichtungen wird häufig schlecht oder gar nicht bezahlt – dafür hast Du das gute Gefühl, etwas Vernünftiges zu tun. Der Stundenlohn ist dabei leider häufig gering.
Ruhe	Während die Arbeit in einem Café, am Fließband oder auf einer Messe ein ziemlicher Knochenjob sein kann, gibt es andere Arbeitsplätze, die kaum mehr als Deine Anwesenheit erfordern. Dazu gehört die Arbeit als Nachtportier im Hotel, als Nachtwärter von Gebäuden, als Hilfskraft im Schlaflabor der Uni-Klinik und – je nach konkreter Aufgabe – die Arbeit in einer Bibliothek. Die Stundenlöhne sind hier meist nicht die attraktivsten, dafür hast Du die Möglichkeit, Deine Lehrbücher bei der Arbeit zu studieren. Die Bezahlung ist dabei meist eher mau.

Das Lohnniveau unterscheidet sich von Region zu Region: Während Du in reichen Regionen wie München und Hamburg für einfache Tätigkeiten bis zu 10 Euro pro Stunde erwarten kannst, sind es in vielen Regionen im Osten eher 7 Euro oder weniger.

Wenn Du Dich auf die Jobsuche begibst, wirst Du feststellen, dass viele Stellen als Positionen für »Werkstudenten« bezeichnet werden. Ein Werkstudent hat meist einen Job, der im Zusammenhang mit seinem Studium steht. Arbeitgeber stellen Werkstudenten häufig ein, um sie an das Unternehmen heranzuführen und damit zukünftige Mitarbeiter zu gewinnen. Häufig werden auch ehemalige Praktikanten zu Werkstudenten.

Einige Beispiele von Studentenjobs sind:
- Babysitter,
- Bibliotheksmitarbeiter,
- Cateringmitarbeiter,
- Call-Center-Agent,
- Fahrer (zum Beispiel für Autovermietungen),
- Fließbandarbeiter,
- Grafikdesigner,
- Hostess,
- Hotelpage,
- Journalist,
- Kellner,
- Verkäufer,
- Lagerist,
- Medikamententester,
- Mitarbeiter im Copyshop,
- Mitarbeiter in einem Büro,
- Model,
- Nachhilfelehrer,
- Pfleger,
- Pizzafahrer,
- Promoter,
- Statist,
- Übersetzer,
- Wissenschaftliche Hilfskraft,
- Webdesigner,
- Zeitungsausträger,
- Zettel-in-Fußgängerzonen-Verteiler.

In den **Semesterferien** wirst Du intensiv arbeiten können. 40 oder 50 Stunden pro Woche? Das macht keinen Spaß, geht aber. Achte dabei darauf, unter 50 vollen Arbeitstagen im Jahr zu bleiben, denn bis zu dieser Grenze werden keine Rentenversicherungsbeiträge fällig (▶ S. 198).

Immer mehr Studenten machen sich **selbstständig**. Wenn Du eine gute Idee hast und sie alleine (oder besser: mit Freunden) verwirklichst, verdienst Du nicht nur Geld, sondern lernst auch mehr als in jedem anderen Job. Dabei gibt es viele bekannte Möglichkeiten wie die Organisation von Partys, einer studentischen Unternehmensberatung, als Verkäufer von handgefertigten Produkten, als Designer von Websites oder als Powerseller bei Ebay. Eine regelmäßige Party an einer guten Location kann Dir, wenn sie gut läuft, bei relativ geringer Arbeit viel Geld einbringen. Aber eigentlich viel wichtiger: Du lernst enorm viel, auch falls letztendlich nicht soviel bei rumkommen sollte. Und punktest im Lebenslauf.

Oft sind abgefahrene Ideen die besten, zum Beispiel bei Schnee im Winter einen Verkaufsstand mit heißer Schokolade aufbauen und im Park verkaufen. Dies ist kein Dauerjob, doch so kannst Du schnell ein wenig Geld nebenher verdienen.

@ Existenzgründungsportal der Bundesregierung: www.existenzgruender.de

@ Gründerszene: www.gruenderszene.de

Wo Licht ist, da ist Schatten. Denn Dein Leben wird so auch komplizierter: Steuererklärungen und schwankende Einkommen sind nicht jedermanns Sache – wobei Steuern erst oberhalb von 8 004 Euro im Jahr erhoben werden. Wer BAföG bekommt, darf leider nur 4 800 Euro pro Jahr (also 400 Euro im Monat) dazuverdienen, ohne dass ihm das BAföG gekürzt wird. Auch krank werden ist bei Selbständigkeit Dein eigenes Risiko. Die Bundesregierung hat ein Existenzgründungsportal erstellt, das viele Infos zur Gründung von Unternehmen enthält – auch für Studenten. Weitere Tipps gibt es auf der Website des Magazins »Gründerszene«.

9.2.2 Jobsuche

Deinen Studentenjob bekommst Du am Besten auf dem **direkten Wege**. Du möchtest in einem Café arbeiten? Geh hin und sprich die Leute an. Du möchtest für eine Zeitung schreiben? Rufe an oder besser: Geh persönlich in die Redaktion. Mehr als die Hälfte aller Jobs werden nicht durch eine Annonce, sondern durch Kontakte und direktes Ansprechen von Leuten vergeben.

Der direkte Weg kann folgendermaßen funktionieren: Du suchst Dir einen Bereich, in dem Du gerne arbeiten möchtest. Zum Beispiel als Kellner in einem Café. Daraufhin klapperst Du alle Cafés ab, die Du sympathisch findest, und fragst, ob sie gerade eine Aushilfe suchen. Wichtig: **Lass Dich nicht entmutigen**, falls es bei den ersten drei Orten nicht klappt! Wenn Du am Ball bleibst, findest Du mit Sicherheit etwas. Du solltest Dir übrigens einen ruhigen Zeitpunkt aussuchen – das heißt, nicht um 1.30 Uhr samstagnachts zwischen betrunkenen Kneipengästen anfragen.

Wo auch immer Du einen Job suchst, ist es hilfreich, eine **Karte mit Deinen Kontaktdaten** oder (je nach Branche) Deinen Lebenslauf griffbereit haben, damit die Leute sich problemlos bei Dir melden können. Dasselbe gilt für fast alle anderen Jobs.

Ähnlich ist es bei Lehrstuhljobs: Diese Arbeitsplätze werden normalerweise zentral über die Hochschulhomepage ausgeschrieben – und dann trotzdem unter der Hand vergeben. Das ist ärgerlich, bietet aber auch Chancen. Gerade an Lehrstühlen kann es sehr hilfreich sein, sich

beim Professor vorher bekannt zu machen und irgendwann nach einem Seminar höflich nach entsprechenden Jobs zu fragen.

Auch **persönliche Kontakte** können helfen: Wenn ein Freund oder eine Freundin von Dir irgendwo arbeitet, wo Du auch gerne hin möchtest, solltest Du ihm oder ihr das einfach sagen. Gern kannst Du solche Anfragen auch mal auf StudiVZ, Facebook, Twitter, Xing & Co. posten. Dafür sind schließlich soziale Netzwerke da! Auch Unternehmensvorträge an Unis, sind eine gute Idee, um hinterher mit den Referenten zu sprechen. Oft kommen Firmen genau deshalb an die Uni: um langfristig Personal zu rekrutieren! Doch keine Angst, auch ohne Kontakte ist es kein Problem, einen Nebenjob zu finden.

Sehr viele Jobs findest Du auch durch **Stellenausschreibungen**. In Tabelle 9.5 findest Du eine Liste mit Suchmaschinen für Studentenjobs.

Zudem gibt es viele regionale Vermittler. In Berlin bieten Arbeitsagentur und Studentenwerk zusammen eine Jobbörse an, die auch die Lohn- und Steuerabrechnung für die Arbeitgeber übernimmt. Das spart Dir und den Unternehmen Aufwand. Unter anderem haben die Studentenwerke in Hamburg, München und Heidelberg ebenfalls Onlinejob-

@ Berlin:
www.studentenwerk-berlin.de/jobs

@ Berlin und Thüringen:
www.jobmailing.de

@ Hamburg:
www.stellenwerk-hamburg.de/

@ München:
www.jobcafe.de

@ Heidelberg:
www.studentenwerk.uni-heidelberg.de

Tab. 9.5. Suchmaschinenliste

Name	Beschreibung	Hilfreich?
Jobmensa www.jobmensa.de	Jobmensa bietet registrierten Nutzern viele Jobs in teils namhaften Unternehmen. Das Gute: Sobald Du Dich registriert hast, findet die Website passende Jobs, auf die Du Dich automatisch bewerben kannst.	Ja
JackTiger.com www.jacktiger.com	Stellenvermittlungsbörse, die sich auf Messe, Event und Promotion spezialisiert hat. Große Auswahl.	Ja
Jobs3000 www.jobs3000.net	Hier werden klassische Studentenjobs vermittelt. Die Auswahl ist groß.	Ja
Studis Online www.studis-online.de/Studieren/studentenjobs.php	Wer genau hinschaut, sieht, dass Studis Online und Jobs3000 die gleichen Daten nutzen. Suche also nicht doppelt!	Ja
Unicum www.unicum.de/karrierezentrum/nebenjob/	Das Studentenmagazin bietet eine gute Auswahl auf seiner Seite.	Ja
Jobber www.jobber.de	Jobber bietet alle Arten von Studentenjobs an – allerdings ist die Auswahl begrenzt. Du kannst auch ein Profil anlegen, das interessierte Unternehmen durchsuchen können.	Mittel, da nur wenig Auswahl
Monster www.monster.de/studentenjob.asp	Monster ist das größte Jobportal im Internet. Studentenjobs werden allerdings auch angeboten, Praktika ebenso. Die Auswahl ist gut, wenn auch nicht so umfangreich wie auf anderen Seiten.	Ja
Stepstone www.berufsstart.stepstone.de	Wie bei Monster liegt der Schwerpunkt hier auf »richtigen« Jobs – doch auch Praktika und Studentenjobs werden angeboten. Viele sind es nicht, doch Reinschauen kostet ja nichts.	Mittel, da nur wenig Auswahl

börsen. In vielen Städten gibt es übrigens auch lokale Studentenportale, die Jobanzeigen aufnehmen.

Doch man kann auch offline auf Jobsuche gehen. Dafür gibt es einen Haufen Möglichkeiten:

Schwarze Bretter: Ideal für die Jobsuche sind die Schwarzen Bretter, die es an jeder Hochschule zuhauf gibt. Neben freien WG-Zimmern (▶ S. 214), Angeboten für Gitarrenunterricht und Verkaufsanzeigen von schrottigen Autos findest Du hier viele Stellenausschreibungen. An den meisten Hochschulen gibt es außerdem schwarze Bretter, die ausschließlich für Jobangebote gemacht und damit naturgemäß besonders hilfreich sind. An manchen Hochschulen vermitteln auch die Studentenvertreter Jobs. Also schnell mal im Büro des AStA oder des Studentenrates vorbeischauen!

Zeitungsanzeigen: Es ist extrem altmodisch, doch im Kleinanzeigenteil der jeweiligen Lokalzeitung findest Du häufig interessante Jobangebote. Dies gilt auch für Veranstaltungsmagazine. Außerdem solltest Du Dich nach lokalen Studentenzeitungen umschauen.

@ Bundesagentur für Arbeit: www.arbeitsagentur.de

Bundesagentur für Arbeit: Wer ist der größte Stellenvermittler im Land? Es ist die Bundesagentur für Arbeit! Auch hier kannst Du Studentenjobs finden. Manche Arbeitsvermittlungen haben eigene auf Studenten spezialisierte Abteilungen, doch selbst wenn sie dies nicht haben, lohnt es sich in jedem Fall, vorbeizuschauen. Außerdem werden dort häufig kurzfristig Jobs für ein bis drei Tage vermittelt. Wenn Du spontan Zeit hast und Geld brauchst, kann ein Gang zum regionalen Büro der Agentur sehr hilfreich sein. An einigen größeren Hochschulen hat die Arbeitsagentur sogar ganze Büros eingerichtet, wo ausschließlich Studi-Jobs vermittelt werden.

Das Wichtigste auf einen Blick

- **Mehr als 20 Stunden Arbeit pro Woche sind neben dem Studium schwer zu stemmen – nimm im Zweifel lieber einen (kleinen) Kredit auf.**
- **Am einfachsten kommst Du an einen Job, indem Du einen interessanten Arbeitgeber direkt persönlich ansprichst – oder durch Kontakte.**
- **Am meisten verdienst Du am Fließband, bei Messen oder als Kellner.**
- **Einige schlecht bezahlte Jobs wie Nachtportier oder Babysitter erlauben es dir, gleichzeitig fürs Studium zu büffeln.**
- **Für die Karriere am sinnvollsten ist es, in einem für Dich interessanten Unternehmen zu jobben, beispielsweise als Werksstudent.**
- **Suche nicht nur im Netz! Viele Stellen sind auch in regionalen Zeitungen und Magazinen ausgeschrieben.**

9.3 Stipendien

Ein Stipendium ist die angenehmste und **einfachste Form der Studienfinanzierung** nach Deinen Eltern. Hast Du ein Stipendium, erhältst Du regelmäßig Geld oder es werden Dir Studiengebühren erlassen – und dies mit kaum einer Gegenleistung. In den USA sind Stipendien auf breiter Front üblich, in Deutschland erhalten derzeit nur 2 Prozent der Studenten eine solche Förderung. Doch dies ändert sich langsam.

Es gibt fünf verschiedene Formen von Stipendien:

- öffentlich finanzierte Stipendien der deutschen Studienförderwerke,
- öffentlich finanzierte Begabtenstipendien (▶ S. 179),
- Stipendien sonstiger Institutionen, Verbände und Stiftungen (▶ S. 179),
- Stipendien der Zielhochschule (▶ S. 179) sowie
- Stipendien fürs Ausland, z. B. Reisestipendien.

Wie Du bereits an der Liste sehen kannst, gibt es **viele potentielle Stipendiengeber**. Einige davon stehen generell allen Studierenden offen, dazu gehören zum Beispiel die Studienförderwerke. Andere sind derart spezialisiert, dass sich kaum Leute bewerben. Viele bewegen sich irgendwo zwischen diesen Extremen.

Für die Recherche nach einem auf Dich passenden Stipendium gibt es mehrere **Suchseiten**, die Dir helfen. Dort kannst Du Dein Profil eingeben (Studiengang, Hochschulort, Herkunft, Alter etc.) und erhältst eine Liste mit Stipendien, die auf Dich passen könnten. Für die Suche nach Stipendien hilft der Stipendienlotse des Bundesministeriums für Bildung und Forschung, der Stipendienführer der Zeit sowie »E-fellows.net«, eine Website voller interessanter Informationen zu Stipendien. Die Ergebnisse der drei Internetseiten unterscheiden sich teilweise, daher solltest Du sie alle ausprobieren, um auf Nummer Sicher zu gehen.

@ Stipendienlotse: www.stipendienlotse.de

@ E-Fellows: www.e-fellows.net

@ Stipendienführer der Zeit: http://marktplatz.zeit.de/stipendienfuehrer

Solltest Du ein **Studium im Ausland** planen, gibt es hierfür viele Möglichkeiten. Neben den großen Stiftungen, die im Folgenden im Detail beschrieben werden, gibt es viele Organisationen, die kürzere oder auch längere Aufenthalte im Ausland fördern. Der Deutsche Akademische Austauschdienst hat auf seiner Website eine Suchmaschine mit entsprechenden Angeboten eingerichtet.

Besser noch als ein Stipendium aus Deutschland ist eines aus dem jeweiligen Zielland. Frage an Deiner Hochschule direkt nach Stipendienmöglichkeiten. Du wirst in den meisten Fällen eine gute Übersicht darüber enthalten, wie Du per Stipendium Unterstützung bekommen kannst.

@ Deutscher Akademischer Austauschdienst: www.daad.de

9.3.1 Stipendien durch Studienförderwerke

Die **zwölf deutschen Studienförderwerke** sind staatlich finanziert. Sie stehen Organisationen nahe, die die Gesellschaft möglichst breit widerspiegeln sollen (Tabelle 9.6). Dazu gehören die sechs größten Parteien, die christlichen Kirchen, die jüdische Gemeinde, die Gewerkschaften und

Tab. 9.6. Die zwölf Studienförderwerke

Name	Hintergrund	Internetadresse	Volle Förderung eines Auslandsstudiums innerhalb der EU?
Cusanuswerk	Katholische Kirche (nimmt ausschließlich Katholiken auf)	www.cusanuswerk.de	Grundsätzlich ja
Ernst-Ludwig-Ehrlich-Studienwerk	Jüdische Gemeinschaft (nimmt ausschließlich Juden auf)	www.eles-studienwerk.de	Ja, ohne Einschränkung, Internationalisierung wird positiv gesehen
Evangelisches Studienwerk	Evangelische Kirche (nimmt in erster Linie – aber nicht nur – Protestanten auf)	www.evstudienwerk.de	Ja, vor allem, wenn ein Fach ausschließlich im Ausland studiert werden kann. Ansonsten ist eine gute Begründung nötig.
Friedrich-Ebert-Stiftung	SPD	www.fes.de	Ja, sehr gute Studenten werden unabhängig vom Studienort genommen. Allerdings wird ein Studium im Inland bevorzugt
Friedrich-Naumann-Stiftung	FDP	www.fnst.de	Ja, ohne Einschränkung, Internationalisierung wird positiv gesehen
Hans-Böckler-Stiftung	Gewerkschaften	www.boeckler.de	Ja, es herrscht allerdings Skepsis hinsichtlich der Betreuung und der ideellen Förderung
Hanns-Seidel-Stiftung	CSU	www.hss.de	Ja, wenn Student glaubhaft versichert, an Seminaren der HSS teilnehmen zu können.
Heinrich-Böll-Stiftung	Grüne	www.boell.de	Ja, Schwerpunkt aber auf Masterförderung. Bachelor nur in Ausnahmefällen.
Konrad-Adenauer-Stiftung	CDU	www.kas.de	Ja, internationale Studierende werden gerne genommen, wenn Anwesenheit bei Seminaren gesichert ist. Auslandsgruppen gibt es in Paris, Zürich und London.
Rosa-Luxemburg-Stiftung	Linkspartei	www.rosalux.de	Ja, allerdings nur bei guter Begründung sowie Reisebereitschaft und -möglichkeit
Stiftung der deutschen Wirtschaft. Studienförderwerk Klaus Murmann	Wirtschaftsnah; u.a. getragen von den Wirtschaftsverbänden BDI und BDA (fördert unternehmerisch denkende Studenten)	www.sdw.org	Ja, allerdings nur im Umkreis von London, Paris, Zürich oder nahe der deutschen Grenze
Studienstiftung des Deutschen Volkes	Überparteiliche Stiftung des Bundes (fördert vor allem den wissenschaftlichen Nachwuchs)	www.studienstiftung.de	Ja, ohne Einschränkung, da die Stiftung schon lange über ein Netzwerk im Ausland verfügt, womit die Betreuung sichergestellt ist.

die Wirtschaft. Es fehlt lediglich eine Stiftung für die deutschen Muslime. Auch die Piratenpartei hat noch keinen eigenen Stipendientopf zugeteilt bekommen...

Solltest Du von einer der Stiftungen aufgenommen werden, bekommst Du als Grundförderung **80 Euro Büchergeld** pro Monat sowie eine breit angelegte **ideelle Förderung** durch Seminare, Exkursionen und Treffen mit anderen Stipendiaten. Das Büchergeld musst Du übrigens nicht in Bücher investieren – genauso gut kannst Du es in Rotwein, Kleidung oder Konzertbesuche investieren.

Die Förderung lohnt sich für Dich besonders, wenn Du **BAföG** (► S. 180) erhältst. Denn in diesem Fall übernimmt das Studienförderwerk das komplette BAföG. Damit steht Dir als Student zwar nicht mehr Geld zur Verfügung, Du startest aber ohne Schulden in den Beruf.

Doch kein Geld ohne Gegenleistung: Es wird von Dir erwartet, eine gewisse Anzahl an Seminaren zu besuchen, Berichte zu erstellen und keine extrem schlechten Noten zu haben.

Ein Stipendium von einer großen Stiftung ist nicht nur aus Geldgründen und aufgrund der ideellen Förderung attraktiv – sie macht sich auch im **Lebenslauf** gut. Daneben lernst Du viele gleichgesinnte und kompetente Mitstipendiaten kennen, baust Dir also ein **Netzwerk** auf, das Du später nutzen kannst.

Du kannst Dich bei den meisten Stiftungen auch bewerben, wenn Du Deinen Bachelor im **EU-Ausland oder der Schweiz** machst (■ Tabelle 9.6). Auch Aufenthalte außerhalb Europas werden gefördert, allerdings maximal 12 Monate. Dies ist eine relativ neue Entwicklung, denn noch vor wenigen Jahren haben einige Stiftungen Studiengänge außerhalb Deutschlands gemieden wie der Teufel das Weihwasser. Dass nun alle Stiftungen auch ein komplettes Studium im Ausland fördern, geht auf gesetzliche Änderungen auf EU-Ebene zurück.

Die Studienförderwerke haben sich lange gegen die Internationalisierung des Studiums gesträubt. Ein oder zwei Auslandssemester wurden schon immer gefördert, doch ein Master oder gar ein ganzes Studium war für viele Stiftungen undenkbar. Der Grund für die Zurückhaltung: Für die Stiftungen steht die **ideelle Förderung** Ihrer Stipendiaten im Vordergrund. So haben alle Stiftungen Regional- oder Hochschulgruppen, die sich regelmäßig treffen. Diese im Ausland zu organisieren, ist naturgemäß schwierig. Aus dem Ausland ist es für Stipendiaten außerdem ein längerer Weg zu Seminaren und anderen Veranstaltungen in Deutschland.

Diese Einstellung ändert sich nun – zum Teil aus Zwang. Die europäische Union hat die deutschen Studienförderwerke verdonnert, ein Studium im In- und Ausland gleich zu behandeln, da eine Ablehnung dem Gleichbehandlungsgrundsatz widerspreche. Alle Studienförderwerke sagen nun, dass sie auch ein Studium im Ausland fördern – jedoch mit sehr unterschiedlichem Enthusiasmus.

Der Autor hat Anfang 2010 alle zwölf Stiftungen entweder telefonisch oder per Email nach ihren Einstellungen gegenüber Studenten im Ausland befragt – die Antworten findest Du in der Tabelle. Die FDP-nahe

Naumann-Stiftung steht der Förderung im Ausland zum Beispiel offen gegenüber, während die SPD-nahe Ebert-Stiftung eine Förderung im Inland bevorzugt. Die Böll-Stiftung der Grünen wiederum sieht Master im Ausland gerne, ist bei Bachelorprogrammen dagegen weniger enthusiastisch.

Alle Stiftungen legen hohen Wert darauf, dass die **Teilnahme an Seminaren** und Gruppenaktivitäten sichergestellt ist. Daher verlangen viele, dass Studenten bereits in ihrer Bewerbung darlegen, wie sie ihre Teilnahme an der ideellen Förderung praktisch bewerkstelligen möchten. Auch eine Begründung der jeweiligen Länderwahl wird erwartet.

Die Teilnahme an der ideellen Förderung hat für verschiedene Stiftungen einen unterschiedlich großen Stellenwert. Einigen Stiftungen wie zum Beispiel der Konrad-Adenauer-Stiftung reichen klare Zusagen, dass man pro Jahr an mehreren Seminaren teilnimmt. Die Stiftung der deutschen Wirtschaft legt dagegen Wert darauf, dass sich die Stipendiaten regelmäßig am Gruppenleben beteiligen. Daher nimmt sie im Ausland nur Bewerber auf, die grenznah oder nicht weit von ihren Auslandsgruppen in Paris, Zürich und London studieren.

Auch die Konrad-Adenauer-Stiftung hat eigene Hochschulgruppen im Ausland und zwar in London, Paris und Zürich. Die Studienstiftung des deutschen Volkes ist ebenfalls international sehr gut vertreten und verfügt über zahlreiche Gruppen. Andere – zum Beispiel die Böll-Stiftung – fordern ihre Stipendiaten auf, eigene Gruppen zu gründen. Generell gilt: Falls am Studienort oder in direkter Umgebung bereits eine Stipendiatengruppe existiert, ist die Förderung im Ausland unproblematisch. Ebenso unproblematisch ist generell eine Förderung in Grenzregionen. Wer beispielsweise in Maastricht studiert, kann an der Aachener Gruppe teilnehmen.

Solltest Du komplett im Ausland studieren oder einen Master im Ausland planen, kannst Du Dich an der Tabelle orientierten, die sich auf Angaben der Stiftungen von Anfang 2010 stützt. Du solltest glaubhaft versichern können, dass (und wie) Du an den Seminaren und Treffen teilnehmen kannst. Wenn Du große Zweifel hast, musst Du Deine Masterpläne im Ausland ja nicht extra hervorheben.

Die Bewerbungsvoraussetzungen sind von Stiftung zu Stiftung verschieden. In allen Fällen werden Studenten mit guten akademischen Leistungen sowie hohem gesellschaftlichen Engagement gesucht.

Auf die **Leistung** der Studierenden wird unterschiedlich viel Wert gelegt. Bei der Studienstiftung des Deutschen Volkes ist sie der Hauptauswahlgrund, bei den anderen Stiftungen einer von mehreren. Auch die Konrad-Adenauer-Stiftung legt höchsten Wert auf gute Noten. Für die Böckler-Stiftung steht zum Beispiel die Nähe zur Gewerkschaft im Vordergrund. Ab einem guten Zweierabi hast Du realistische Chancen. Wichtiger noch sind aber Deine Noten im Studium.

Fast ebenso wichtig wie Studienleistungen ist gesellschaftliches **Engagement**, idealerweise bei der Organisation, der die Stiftung nahe steht.

Die Betreuung von Kirchenfreizeiten hilft besonders bei den religiösen Stiftungen und ein Jusoamt bei der Friedrich-Ebert-Stiftung. Bei allen Stiftungen gerne gesehen wird ein Amt in der Schülervertretung, Aktivitäten in einer Antirassismusinitiative, Arbeit für den Umweltschutz, die Betreuung von Jugendlichen, ein ökologisches Jahr oder ein Freiwilligendienst im Ausland (► S. 204).

Daneben wird auf **weltanschauliche Nähe** Wert gelegt. Wie stark dies der Fall ist, ist jedoch unterschiedlich. Müssen Bewerber beim katholischen Cusanuswerk katholisch sein, ist es beim Evangelischen Studienwerk stark erwünscht, aber nicht notwendig, evangelisch zu sein. Wenn Du beim Cusanuswerk erfolgreich sein möchtest, solltest Du eine mögliche Homosexualität definitiv verschweigen. Die gewerkschaftliche Böckler-Stiftung legt sehr großen Wert auf Nähe zu Gewerkschaften und fördert daneben insbesondere Studierende aus sozial schwächeren Schichten. Die Stiftung der Deutschen Wirtschaft dagegen achtet weniger stark auf weltanschauliche Nähe, sucht dafür aber unternehmerisch denkende Persönlichkeiten.

Die parteinahen Stiftungen nehmen allesamt auch Studierende auf, die **nicht Mitglied der jeweiligen Partei** sind. Eine gewisse weltanschauliche Nähe ist allerdings von klarem Vorteil. Nahezu unmöglich wird eine Aufnahme in der Konrad-Adenauer-Stiftung für Dich beispielsweise sein, wenn Du gleichzeitig Mitglied der Linkspartei bist – aber dann wäre eine Bewerbung dort auch etwas schizophren von Dir. Andererseits kannst Du Dich als Sympathisant der Grünen auch bei der Friedrich-Ebert-Stiftung bewerben.

Die parteinahen Stiftungen möchten in erster Linie den politischen Nachwuchs ihrer Mutterparteien fördern. Daher nehmen sie mit Vorliebe Parteimitglieder als Stipendiaten auf. Politische Kontakte sind bei den Parteistiftungen sehr hilfreich. Sofern Du über entsprechende Kontakte verfügst, solltest Du nicht zögern, diese für den Erfolg Deiner Bewerbung einzusetzen.

Studierende, die sich in einer Partei engagieren, kommen meist aus dem staatswissenschaftlichen Fachbereich, also den Wirtschafts-, Rechts- oder Politikwissenschaften. Studierende der Natur- und Geisteswissenschaften sind seltener parteipolitisch engagiert. Da Stiftungen einerseits Parteimitglieder fördern möchten, andererseits jedoch ein ausgewogenes Fächerverhältnis unter ihren Stipendiaten anstreben, geraten Bewerber aus den Staatswissenschaften, die keine Parteimitglieder sind, regelmäßig ins Hintertreffen: Denn um einen bestimmten Anteil an Parteimitgliedern zu erreichen, müssen politische Studienförderwerke in erster Linie Staatswissenschaftler mit Parteihintergrund rekrutieren – für Staatswissenschaftler ohne Parteihintergrund bleiben dann nur wenige Plätze übrig. Ohne Parteihintergrund haben Bewerber besonders dann gute Chancen, wenn sie Natur- oder Geisteswissenschaften studieren. Ihre Bewerbung wird dann auf Grund der Fächervielfalt besonders geschätzt, während die Quote an Parteimitgliedern über Bewerber aus den Staatswissenschaften gefüllt wird.

Vorteilhaft für Dich ist es, wenn Du **Minderheiten** angehörst. Und das bedeutet nicht nur, dass Du mit Migrationshintergrund klare Vorteile hast. Stiftungen fördern sehr gerne alle Arten von Minderheiten. Beispielsweise Frauen, die Maschinenbau oder Informatik studieren. Außerdem suchen sie Leute, von denen sie nur wenige in ihrer Stiftung haben. Als Musikstudent stichst Du bei der Stiftung der Deutschen Wirtschaft beispielsweise klar aus der Masse heraus.

Das Ernst-Ludwig-Ehrlich-Studienwerk

Im Jahre 2009 wurde mit dem Ernst-Ludwig-Ehrlich-Studienwerk das zwölfte deutsche Studienwerk gegründet. Damit hat die jüdische Gemeinde in Deutschland ein eigenes Studienwerk nach Vorbild der Stiftungen der katholischen und evangelischen Kirche. Möglich wurde dies durch das rasante Wachstum der jüdischen Gemeinde Deutschlands durch Zuwanderung aus der ehemaligen Sowjetunion. Lebten zwischenzeitlich in Deutschland nur noch 25 000 Juden, sind es nun etwa 120 000. Mit dieser Renaissance jüdischen Lebens in Deutschland wurde die Schaffung eines entsprechenden Studienförderwerkes erst möglich.

Gefördert werden sollen – wie bei den anderen Stiftungen – akademisch vielversprechende Studenten und Doktoranden, die sich aktiv für die Gemeinschaft einsetzen. Besonderer Wert wird natürlich auf Engagement in den jüdischen Gemeinden gelegt.

Der Namensgeber der Stiftung, Ernst Ludwig Ehrlich, überlebte als junger Mann den Holocaust und kehrte nach Deutschland zurück, wo er einer der wichtigsten Gesprächspartner im christlich-jüdischen Dialog wurde. Er starb im Jahre 2007.

Aus diesem Grund ist es auch wichtig, **sich möglichst früh zu bewerben** – am besten noch vor Beginn des Studiums, was früher nicht möglich war. So kann im Idealfall die Förderung mit Studienbeginn oder sogar schon vorher beginnen. Eine frühe Bewerbung wird bei den Stiftungen gerne gesehen.

Einige Hochschulen erlassen ihren Studenten auf Antrag die **Studiengebühren**, wenn sie von einer der zwölf Begabtenförderwerke gefördert werden. Dazu gehören (ohne Gewähr):

- Universität Bayreuth,
- Katholische Universität Eichstätt,
- Universität Frankfurt/Main,
- PH Heidelberg,
- FH für Musik Köln,
- Universität Konstanz,
- Filmakademie Ludwigsburg,
- FH München,
- FH Nürtingen-Geislingen,
- Universität Passau und
- Hochschule für Musik Würzburg.

Stipendien deutscher Studienförderwerke sind – wie Du Dir vielleicht denken kannst – **nicht kombinierbar**. Du kannst Dich bei mehreren bewerben, aber nur ein Angebot annehmen. Schummeln ist an dieser Stelle keine gute Idee, denn die Stiftungen tauschen ihre Namenslisten untereinander aus.

9.3.2 Andere öffentlich finanzierte Begabtenstipendien

Aber auch die Landesregierungen und bekannte Unternehmen und Verbände haben sich die Förderung von Studenten auf die Fahnen geschrieben.

Die **Landesregierungen** der Bundesländer gewähren Studenten ihres Bundeslandes oft großzügige finanzielle Unterstützungen bei der Durchführung ihres Studiums. Voraussetzung sind oft sehr gute Noten im Bachelorstudium, ehrenamtliches Engagement sowie ein Bezug zum jeweiligen Bundesland. Genauere Informationen findest Du auf den Internetseiten der jeweiligen Kultusministerien.

Daneben bieten viele **Hochschulen selbst** Stipendien an. Vor allem Privathochschulen bieten diese Möglichkeit – entweder selber oder in Kooperation mit Unternehmen. Vielfach können Deine Studiengebühren reduziert oder sogar erlassen werden oder Du bekommst günstigen hochschuleigenen Wohnraum. Infos dazu findest Du entweder über die Dekanate der Fakultäten, die Studienberatung oder die Studentenvertretungen.

Zur Drucklegung des Buches hatte die Bundesregierung die Schaffung eines nationalen Stipendienprogramms beschlossen, mithilfe dessen langfristig bis zu 10 Prozent der besten Studenten gefördert werden sollen. Finanziert würden die Stipendien zur Hälfte von öffentlicher Hand und zur Hälfte von der Wirtschaft. Die Unternehmen erhielten dabei Mitspracherechte in Hinblick auf die geförderten Fachrichtungen. Viele Experten erwarteten, dass ein Schwerpunkt der Förderung auf technischen und wirtschaftslastigen Fächern liegen würde. Allerdings stand das Programm aufgrund von Widerstand im Bundesrat auf der Kippe. Falls das Programm in dieser oder anderer Form beschlossen wurde, könnte es bei guten Noten für Dich hochinteressant sein.

9.3.3 Stipendien von anderen Institutionen und Verbänden

Du kennst nun eine Reihe großer Stipendiengeber, die für alle Studenten offen sind. Doch es gibt es das andere Extrem: **kleine spezialisierte Stiftungen**. Wusstest Du beispielsweise, dass weibliche katholische Studentinnen der Universität Freiburg von der Adelhausenstiftung bis zu 450 Euro im Monat bekommen können? Und dass Du, falls Du seit fünf

Jahren in Bayern lebst und idealerweise evangelisch bist, von der Gustav-Schickedanz-Stiftung gefördert werden kannst? Klingt verrückt? Ist es auch ein Stück weit. Aber für Dich es von Vorteil.

@ Infos zu Stipendien:
www.stipendienlotse.de
marktplatz.zeit.de/stipendienfuehrer

Es gibt hunderte solch **relativ unbekannter Privatinitiativen und Kleinststiftungen**, die mitunter sehr großzügige Förderpakete vergeben. Dein Vorteil: Die Bewerberzahlen sind geringer und dadurch Deine Chancen umso größer.

Weiterhin gibt es verschiedene Unternehmen und Verbände, die Studienstipendien für ein bestimmtes Fach oder eine bestimmte Zielgruppe vergeben.

@ E-Fellows:
www.e-fellows.net

Ein durchaus attraktives Stipendiensystem verfolgt das Unternehmen **E-Fellows.net**. Die Bewerbung geht schnell und wenn Du Glück hast, erhältst Du ein so genanntes Online-Stipendium. Damit bekommst Du deutlich vergünstigte Tarife von der Telekom, Exklusivpraktika, gratis Zeitungsabos, Kontakt zu Mentoren aus der freien Wirtschaft, den Zugang zu bestimmten Datenbanken und Einladungen zu Events, Seminaren und Regionalgruppentreffen.

@ Redaktionsbüro Köhler:
www.lesestipendium.de

Ein **kostenloses Zeitungsabo** kannst Du über das Redaktionsbüro Köhler erhalten – Du musst Dich lediglich online bewerben und wenn Du Glück hast, flattert Dir bald regelmäßig eine Zeitung ins Haus.

Bei den hier aufgezählten Stipendien wird die Kombinierbarkeit unterschiedlich gehandhabt. Manche lassen sich mit allen anderen kombinieren, andere sind exklusiv. Frage einfach nach oder lies das Kleingedruckte.

Das Wichtigste auf einen Blick

- **Den staatlich finanzierten Studienförderwerken kommt es auf gute Noten, Engagement und weltanschauliche Nähe an.**
- **Ein komplettes Studium im Ausland wird von einigen Studienförderwerken ungern finanziert.**
- **Viele Landesregierungen und Hochschulen vergeben ebenfalls Stipendien.**
- **Zur Drucklegung plante die Bundesregierung die Einführung eines neuen deutschlandweiten Begabtenstipendiums für etwa 10 Prozent aller Studierenden – informiere Dich, ob diese Pläne umgesetzt wurden.**
- **Kleine spezialisierte Stiftungen bieten oftmals interessante Stipendienmöglichkeiten.**

9.4 BAföG

Der Staat verschenkt Geld – und wenn Du Glück hast, gehörst Du zu den Profiteuren. Beim BAföG handelt es sich um eine **staatlich Hilfsleistung** für Schüler, Studenten und Auszubildende. Der Vorteil: Du bekommst (mindestens) die Hälfte geschenkt und zahlst für die andere Hälfte keine Zinsen. BAföG erhalten vor allem diejenigen, deren Eltern nicht genug verdienen, um eine Ausbildung zu finanzieren.

In der Theorie ist das BAföG eine wunderbare Sache, doch wie so häufig steckt der **Teufel im Detail**: Viele eigentlich bedürftige Studenten werden nicht gefördert, der monatliche BAföG-Satz ist meist zum Leben zu niedrig und der Verwaltungsaufwand kann furchteinflößend sein.

Das Wort BAföG ist die Abkürzung für »Bundesausbildungsförderungsgesetz«. Es ist dazu da, jungen Leuten, die über keine ausreichenden Mittel verfügen, eine Ausbildung zu ermöglichen. Dabei wird auch ein Studium im **europäischen Ausland** (▶ S. 43) voll gefördert, inklusive Auslandszuschuss und Studiengebühren – letztere allerdings nur ein Jahr lang. Und Praktika (▶ S. 210) kannst Du mit BAföG-Unterstützung sogar weltweit machen.

Im Inland ist das BAföG dagegen **sehr knapp** bemessen (▶ S. 183). Es wird realistisch gesehen nur wenige geben, die alleine davon leben können. Du wirst daher zusätzlich Geld von Deiner Familie, durch Stipendien (▶ S. 173), durch Kredite (▶ S. 187) oder durch Jobben (▶ S. 167) benötigen.

Achtung: Alle Angaben hier beziehen sich auf das BAföG für Studenten. Schüler-BAföG, Meister-BAföG und andere Formen sind in ihren Regelungen ähnlich, werden aber nicht direkt behandelt.

Aktuell erhalten etwa 29 Prozent aller Studenten laut Deutschem Studienwerk BAföG. Die durchschnittliche Zahlung beträgt dabei 410 Euro pro Monat. Zu wenig zum Leben, allerdings dennoch eine große Hilfe.

9.4.1 Wie Du Dein BAföG bekommst

Grundsätzlich wird jeder gefördert, der das 30. Lebensjahr zu Beginn des Studiums noch nicht vollendet hat. Die wichtigste **Einschränkung: der Verdienst Deiner Eltern** und das Geld, das Du selbst auf der hohen Kante hast.

Als Student musst Du Dich an Dein jeweiliges **Studentenwerk** wenden. Diese haben ihre Büros meist direkt auf dem Campus. Notfalls findest Du Adresse und Telefonnummer auf der Seite des Bundesverbandes Deutsches Studentenwerk. Achtung: In Rheinland Pfalz ist für das BAföG Deine Hochschule zuständig und nicht das Studentenwerk.

Wenn Du Zeit sparen möchtest, kannst Du die amtlichen Antragsformulare (so genannte »Formblätter«) direkt aus dem Netz herunterladen und zwar unter www.das-neue-bafoeg.de. Dort findest Du auch die Adressen der BAföG-Ämter. Zu den Antragsformularen musst Du Belege wie Einkommensnachweise Deiner Eltern oder eine Mietkostenbescheinigung beilegen. Falls Du noch nicht alle Belege zusammen hast, macht das nichts: Du kannst sie nachreichen. Im Notfall reicht sogar ein formloser Brief an das zuständige BAföG-Amt mit dem Text »Ich beantrage hiermit BAföG« und dem Hinweis, dass Du alle Formulare nachreichst. Denn: Das BAföG wird rückwirkend ab dem Datum gezahlt, an dem der Antrag eingegangen ist.

Alle Studentenwerke bieten Dir eine **ausführliche Beratung** zum Thema BAföG an. Zu Semesteranfang werden die Wartezeiten für solche Gespräche am längsten sein – wenn Du schlau bist, kümmerst Du Dich daher einige Zeit vor Studienbeginn ums BAföG.

Durch den hohen Andrang zu Studienbeginn können die **Bearbeitungszeiten bis zu drei Monate** betragen. Bei Fehlern im Antrag oder sonstigen Problemen kann es sogar noch länger dauern. Zwar wird Dir das Geld rückwirkend zum Eingangsdatum Deines Antrages gezahlt, doch wenn Du vom BAföG leben musst, kann es schwierig sein, erst im Januar das Geld zu bekommen, das Du im Oktober gebraucht hättest.

Unterstützung von Deinen Eltern einklagen

BAföG wird nur gezahlt, wenn Deine Eltern nicht genug verdienen, um Dich zu unterstützen. Aber was passiert, wenn sie genug Geld haben, Dir die Finanzierung Deines Studiums aber verweigern?

So sie genug Geld haben, sind Deine Eltern beim Erststudium in jedem Fall unterhaltspflichtig. Wenn sie sich weigern, Dir Geld zu geben, kannst Du sie auf Auszahlung der Gelder verklagen. Dies ist recht einfach: In den meisten Fällen, in denen sich die Eltern weigern, übernimmt das BAföG-Amt die Klage – Du musst Dich also in den seltensten Fällen selber mit Anwaltskosten und Gerichtsregeln rumschlagen. Wenn das BAföG-Amt feststellt, dass Du ein Anrecht auf Förderung durch Deine Eltern hast, zahlt es Dir in der Regel das Geld sofort und holt es sich dann von Deinen Eltern wieder. Du bist an dem Prozess nur mittelbar beteiligt. Das Geld, das Du per Klage bekommst, richtet sich nach dem offiziellen Bedarf, der zwar regional unterschiedlich ist, aber zwischen 650 und 690 Euro liegt.

Verständlicherweise haben die meisten Leute riesige Probleme damit, die eigenen Eltern zu verklagen. Der Autor kennt mehrere Studenten, denen die Eltern die Unterstützung verweigerten und die es nicht übers Herz brachten, ihre Eltern zu verklagen. Denn nicht immer sind es egoistische oder ideologische Gründe, die Eltern von der Zahlung abhalten – manche haben das Geld einfach nicht, da sie zum Beispiel Kredite abzahlen oder sich um andere Verwandte kümmern müssen. Ob Du klagst, musst Du alleine entscheiden. Solltest Du weder BAföG noch Geld von Deinen Eltern erhalten, ist ein Mix aus Arbeit (► S. 167), Krediten (► S. 187) und – idealerweise – Stipendien (► S. 173) ratsam.

Mache keine falschen Angaben über Einkommen und Vermögen von Dir und Deinen Eltern. Das BAföG-Amt vergleicht Deine Angaben manchmal mit Daten von den Finanzämtern. Der Autor kennt persönlich einige Fälle von Leuten, die mehrere tausend Euro zurückzahlen mussten, weil sie in ihren Angaben schluderig waren. Dies solltest Du vermeiden.

Eine weitere Möglichkeit ist das so genannte **elternunabhängige BAföG**. Dieses bekommst **Du**, wenn Du nach vorheriger Ausbildung drei und ohne Ausbildung fünf Jahre lang gearbeitet hast. Oder wenn Deine Eltern unauffindbar sind: Als Kind von Bankräubern, die sich irgendwo in die Südsee abgesetzt haben, bekommst Du Dein Studium vom Staat finanziert. Das Gleiche gilt für Vollwaisen.

Als **Arbeitszeit** gelten unter anderem Teilzeit- wie Vollzeitarbeit, der Zivildienst, ein freiwilliges soziales Jahr, berufliche Weiterbildung, Arbeitsunfähigkeit durch Krankheit, Mutterschutz und Arbeitslosigkeit. Was nicht zählt, ist Ferienarbeit. Die fünf beziehungsweise drei Jahre Erwerbszeit müssen übrigens nicht am Stück erfolgt sein.

Für **Ausländer** ist es noch deutlich schwieriger, BAföG zu erhalten. Wenn Du einen deutschen Ehepartner oder Elternteil hast, bist Du fein raus. Auch wenn Du asylberechtigt bist, kannst Du BAföG erhalten. Wenn dies alles nicht zutrifft, müssen entweder Du oder Deine Eltern mehrere Jahre in Deutschland gearbeitet haben, sonst hast Du keine Chance. Das gilt sowohl für EU-Bürger als auch für alle anderen.

Detaillierte und aktuelle Informationen zum BAföG findest Du auf der entsprechenden Seite des **Bundesministeriums für Bildung und Forschung**. Und wenn Du wissen möchtest, wie viel Du ungefähr bekommen könntest, kannst Du das mit dem so genannten BAföG-Rechner von »Studis Online« herausfinden. Die Webseite enthält auch viele weitere Informationen zum Thema. Und der Service geht noch weiter: Das Ministerium bietet gemeinsam mit dem Deutschen Studentenwerk eine Hotline zu dem Thema an.

@ Bundesministerium für Bildung und Forschung: www.das-neue-bafoeg.de

@ BAföG-Rechner (von Studis Online): www.bafoeg-rechner.de

@ BAföG-Hotline: Tel. 0800-223 63 41

@ Deutsches Studentenwerk: www.studentenwerke.de/stw/

@ Formblätter zum BAföG-Antrag: www.bafoeg.bmbf.de/antrag_formulare.php

9.4.2 Wie viel BAföG Du erhältst

Deine monatliche **BAföG-Auszahlung richtet sich nach Deinem Bedarf**. Allerdings nicht nach Deinem wahren Bedarf, sondern dem, den das BAföG-Amt berechnet hat. Und Dein berechneter Bedarf wird voraussichtlich deutlich unter Deinem wahren Bedarf liegen. Laut Deutschem Studentenwerk gibt der Durchschnittsstudent etwa 770 Euro im Monat aus – der BAföG-Höchstsatz von 670 Euro reicht da nicht (■ Tabelle 9.7). Im Schnitt erhielten im Jahr 2009 BAföG-Empfänger 430 Euro.

■ Tab. 9.7. Regelbedarf BAföG

BAföG-Sätze in Deutschland	Nicht bei den Eltern wohnend	Bei den Eltern wohnend
Grundbedarf (inklusive Bedarf für die Unterkunft)	597 €	422 €
Krankenversicherungszuschlag (gesetzliche KV)	62 €	62 €
Pflegeversicherungszuschlag	11 €	11 €
Maximalförderung	670 €	495 €

BAföG-Reform: Unklarheiten bei Drucklegung
Die Bundesregierung hatte Anfang 2010 eine BAföG-Reform beschlossen – unter anderem wurde der Höchstsatz von 648 auf 670 erhöht. Allerdings stritten sich Bundestag und Bundesrat bei Drucklegung noch um die Finanzierung. Dieses Kapitel geht davon aus, dass die Reform umgesetzt wurde. Durch die rechtliche Unklarheit waren einige Änderungen offen. Bitte recherchiere die aktuelle Lage, falls du betroffen bist. Weitere Änderungen:

- Kein Extranachweis mehr für Mietkosten
- Anhebung der Altersgrenze beim Masterstudium von 30 auf 35 Jahre
- Verringerung der Auslandszuschläge
- Stipendien bis 300 Euro werden nicht mehr vom BAföG abgezogen
- Keine Schuldenerlasse mehr bei guten Noten oder schnellem Studium
- Keine finanziellen Nachteile mehr bei erstem Fachrichtungswechsel

Wenn der Bedarf fest steht, stellt sich die Frage nach Deinem Anspruch – denn der liegt meist deutlich niedriger. Bei der Berechnung des BAföG-Anspruchs spielen vor allem **Einkommen und Vermögen von Dir und Deinen Eltern** eine Rolle. Wenn Du mehr als 4 800 Euro im Jahr (also 400 Euro im Monat) verdienst, wird Dein BAföG gekürzt. Das Gleiche gilt für ein Vermögen von über 5 200 Euro auf Deinem Konto. Allerdings kannst Du diese Grenze ein wenig nach oben drücken, wie Du im Unterkapitel zu Nebenjobs gesehen hast (▶ S. 167). Wenn Du bereits verheiratet bist, werden auch Vermögen und Einkommen Deines Partners miteinbezogen.

Sehr wichtig für die Berechnung ist ebenfalls die **Anzahl an Geschwistern**, die sich in der Ausbildung befinden. Je mehr Kinder Deine Eltern zu versorgen haben, desto höher Dein BAföG-Anspruch. Bist Du Vollwaise und besitzt kein nennenswertes Vermögen, bekommst Du in jedem Fall den BAföG Höchstsatz – und das Kindergeld noch dazu.

Die **Maximalförderung** bekommst Du leider nur, wenn Deine Eltern sehr wenig verdienen oder wenn Du aus einer sehr kinderreichen Familie stammst.

@ Bundesagentur für Arbeit: www.arbeitsagentur.de/kinderzuschlag

Bis zum Ende Deines 25. Lebensjahres bekommen Deine Eltern **Kindergeld** – für die ersten zwei Kinder jeweils 184 Euro im Monat, für das dritte 190 Euro und für jedes weitere 215 Euro (Stand: 2010) – allerdings nur, wenn Du Dich im Studium oder in der Ausbildung befindest und pro Jahr nicht mehr als 8 004 Euro verdienst. Das Kindergeld bekommen Deine Eltern auch, wenn Du BAföG erhältst. Es zählt allerdings zu 50 Prozent als Einkommen, da der Staat Dir ja 50 Prozent des BAföGs schenkt. Das heißt: Das Kindergeld wird gekürzt, wenn die Hälfte Deines BAföGs und Dein Verdienst zusammen mehr als 8 004 Euro ergeben.

Solltest Du ein **Kind** haben, hast Du in Sachen BAföG Glück: Neben dem schönen Gefühl, Dein eigenes Kind aufwachsen zu sehen, gibt es für die Betreuung von unter 10-Jährigen einen Zuschlag von bis zu 113 Euro im Monat.

Die schon genannte Webseite www.bafoeg-rechner.de gibt Dir einen guten Eindruck darüber, wie viel Förderung Du erwarten kannst. Damit kannst Du sehen, ob sich ein Antrag überhaupt lohnt. Falls Du laut Rechner knapp kein BAföG bekommst, solltest Du trotzdem unbedingt einen Antrag stellen – denn der Rechner ist nicht immer ganz präzise.

@ BAföG-Rechner
www.bafoeg-rechner.de

9.4.3 BAföG beim Fachrichtungswechsel

Vielleicht bemerkst Du nach einiger Zeit, dass das von Dir gewählte Studium nicht so recht zu Dir passt. Dies ist ärgerlich, doch falls Du Dich mit einem Studium nicht wohl fühlst, solltest Du so schnell es geht handeln – vor allem, wenn Du BAföG empfängst.

Wenn der Studienrichtungswechsel spätestens **bis zum Ende des 3 Semesters** erfolgt, hat das in der Regel keine Konsequenzen auf den BAföG-Empfang – auch nicht auf die Empfangsdauer. Auch ein mehrfacher Wechsel ist bei guter Begründung möglich. Das Problem: Ab einem zweimaligen Wechsel wird die maximale BAföG-Förderdauer immer ab dem ersten Hochschulsemester gerechnet. Daher kann es leicht passieren, dass Du bei einem Wechsel am Ende kein BAföG mehr erhältst und stattdessen Kredite in Anspruch nehmen musst.

Falls Du **nach dem dritten Fachsemester** wechselst, muss ein so genannter *unabweisbarer Grund* vorliegen. Ein klassisches Beispiel wäre ein Sportstudent, der aufgrund einer Verletzung das Studium nicht fortsetzen kann oder eine plötzlich auftretende Allergie, die das Chemiestudium unmöglich macht. Auch psychische Probleme sind als Begründung möglich, Du musst aber unmittelbar betroffen sein. Geldmangel wird als Problem nicht anerkannt.

Bis zum dritten Semester musst Du dem BAföG-Amt lediglich Bescheid geben, dass Du gewechselt hast. Eine Begründung ist nicht nötig, denn das BAföG-Amt nimmt schlicht einen so genannten ***Neigungswechsel*** an.

Wenn Du Deinen Wechsel begründen musst, solltest Du auf folgende Dinge achten:

- **Es zählen nur Gründe, die Dir vor Aufnahme des Studiums nicht bekannt oder bewusst waren. Dabei wird erwartet, dass Du Dich vor Aufnahme des Studiums gut informiert und Dir die Prüfungsordnung angeschaut hast – der kurze Überblick in diesem Buch reicht da nicht.**
- **Beschreibe Deine persönlichen Befindlichkeiten! Der Wechsel eines Studienfaches ist eine emotionale Angelegenheit. Begründe den Wechsel durchaus mit Deinen Neigungen.**

▼

- **Wechsel den Studiengang sofort, wenn Du merkst, dass es nicht das richtige für Dich ist. Die Aussage, dass Du bereits seit einem Jahr wusstest, dass das Studium der Kulturanthropologie für Dich das Allerletzte ist, kann Dich Dein BAföG kosten.**
- **Erzähle dem BAföG-Amt nicht, dass das alte Fach unstudierbar und katastrophal ist. Denn dann wird es fragen, warum Du nicht schon vorher gewechselt hast. Begründe den Wechsel mit Deinen Neigungen.**
- **Das BAföG-Amt kann nach Leistungsnachweisen im alten Fach fragen (muss aber nicht). Hast Du zwei Jahre studiert und kaum Punkte gemacht, kann dies vom Nachteil für Dich sein.**

Im Gegensatz zum Fachrichtungswechsel ist eine **Schwerpunktverlagerung** in der Regel problemlos und unabhängig vom Semester möglich. Eine Schwerpunktverlagerung wäre es beispielsweise, wenn Du Haupt- und Nebenfach tauschst oder wenn Du in ein verwandtes Fach wechselst. Nehmen wir an, Du wechselst nach dem vierten Semester Kommunikationswissenschaften in Münster nach Berlin, wo Du Medienwissenschaften studierst – Deine Punkte würden Dir in dem Fall größtenteils anerkannt werden, so dass es sich lediglich um eine Schwerpunktverlagerung handeln würde.

9.4.4 BAföG im Ausland

Wer eine Zeitlang oder für sein komplettes Studium ins Ausland gehen möchte, hat Glück: Wer Anspruch auf Inlands-BAföG hat, bekommt es auch für ein **komplettes Studium im Ausland** – jedenfalls im EU-Ausland und der Schweiz. Das heißt, dass Du BAföG erhältst, ohne ein einziges Semester in Deutschland studiert zu haben. Außerhalb der EU gibt es das BAföG nur für ein Jahr.

Du bekommst nicht nur die normale Förderung, sondern zusätzlich auch

- Studiengebühren von bis zu 4 600 Euro (nur ein Jahr lang),
- Reisekosten,
- Zusatzbeiträge für die Krankenversicherung;
- außerhalb der EU einen Auslandszuschlag von bis zu 450 Euro im Monat.

Eine weitere Voraussetzung für Auslands-BAföG sind Kenntnisse in der jeweiligen Studiensprache. Du wirst also Sprachzertifikate (▶ S. 64) vorweisen müssen. Die Anträge dafür solltest Du möglichst ein halbes Jahr vorher stellen, denn fürs Ausland ist der Verwaltungsaufwand deutlich höher.

Wenn Du im Inland knapp an der Grenze zur Förderung liegst, kann es sogar sein, dass Du im Ausland trotzdem gefördert wirst, da die Fördersätze im Ausland höher sind.

Wenn Du an einer Hochschule in Europa studieren möchtest, hast Du allerdings folgendes Problem: Es werden Dir zwar recht großzügig die Studiengebühren gezahlt, doch von den Reisekosten und der Krankenkasse abgesehen bleibt die Grundförderung die Gleiche. Für den Fall, dass Du Dich für Tschechien, Portugal oder Polen entscheidest, wird Dich das nicht so sehr treffen. Viele westliche Nachbarn Deutschlands haben jedoch deutlich höhere Lebenshaltungskosten. Daher ist es sinnvoll, Dich frühzeitig mit Stipendien (▶ S. 173) und Krediten (▶ S. 187) zu beschäftigen, falls Du im Ausland studieren möchtest.

9.4.5 Rückzahlung

In Sachen Rückzahlung ist der Staat sehr fair: Du musst keinesfalls mehr als 10 000 Euro zurückzahlen, egal, wie viel BAföG Du bekommen hast – denn es gilt die Verschuldungsobergrenze. Du gehst also keinesfalls mit riesigen Schulden ins Berufsleben.

Deine BAföG-Schulden sind darüber hinaus zinsfrei. Die Rückzahlung erfolgt in monatlichen Raten von 105 Euro und beginnt spätestens zwei Jahre nach Auszahlungsende, so dass Du ausreichend Zeit hast, Dir einen Job zu suchen. Wenn Du weniger als 960 Euro pro Monat verdienst, zahlst Du so lange nichts zurück, bis Du wieder mehr Geld zur Verfügung hast. Bei Langzeitarbeitslosigkeit ist sogar ein Teilerlass möglich. Zuständig für die Rückzahlung des BAföGs ist das Bundesverwaltungsamt.

Mittels eines Tricks musst Du ab einem mittelhohen BAföG-Satz übrigens praktisch keine Studiengebühren an staatlichen Hochschulen in NRW zahlen. Wie das geht, steht im Unterkapitel zu den Studienbeitragsdarlehen (▶ S. 187).

@ Bundesverwaltungsamt:
www.bundesverwaltungsamt.de

Das Wichtigste auf einen Blick

- **Das BAföG ist zur Hälfte geschenktes Geld, zur anderen Hälfte geliehen.**
- **Stelle den Antrag so früh es geht, denn ausgezahlt wird rückwirkend ab dem Datum des Antragseingangs.**
- **Das BAföG wird auch bei einem Studium im EU-Ausland und in der Schweiz gezahlt – teilweise auch an Studenten, die im Inland knapp unter der Grenze sind.**
- **Beantrage BAföG auch wenn Du zweifelst, ob Du es bekommen wirst.**
- **Mache keine falschen Angaben auf dem BAföG-Antrag, die BAföG-Ämter bemerken Lügen häufig.**

9.5 Kredite

Es ist keine angenehme Aussicht, mit Schulden ins Berufsleben zu starten. Niemand nimmt gerne einen Kredit auf, wenn es nicht sein muss. Doch eines wäre noch schlimmer als Schulden: aus Geldgründen gar nicht zu studieren. Denn **Bildung zahlt sich aus**. Nicht nur, weil man mit einem Studium deutlich mehr verdient als ohne. Sondern auch, weil Dich ein Studium persönlich und intellektuell weiter bringt. Solltest Du also nicht genug Geld aus anderen Quellen erhalten, rate ich Dir, um Gottes Willen (alternativ Allahs, Jahves oder Buddhas Willen) einen Kredit aufzunehmen. Lass Dich aus finanziellen Gründen nicht von einem Studium abhalten!

In Deutschland nehmen noch recht **wenige Studenten** einen Kredit zum Studieren auf – 2008 waren es etwa 60 000 Vertragsabschlüsse. Im Durchschnitt betragen die Kredite für Studenten zwischen 300 und 480 Euro im Monat. Nur sehr wenige finanzieren ihr komplettes Studium durch Kredite. In den USA und Großbritannien ist ein kreditfinanziertes Studium dagegen Standard. Schulden von 50 000 Euro und mehr sind nach Vollendung des Studiums nicht unüblich. Sei also beruhigt, wenn Du mit dem Gedanken an einen Kredit spielst. Ganze Generationen in anderen Ländern nehmen noch viel höhere Schulden auf und schaffen es (meist), diese wieder abzubezahlen.

Die Möglichkeit, sein Studium teilweise oder ganz per Kredit zu finanzieren, ist in Deutschland – anders als in anderen Ländern – relativ neu. Der Hauptunterschied zum normalen Kredit: Du musst in der Regel **keinerlei Sicherheiten** vorweisen, es genügt eine positive Schufa-Auskunft (siehe Box).

@ SCHUFA:
www.schufa.de

Die Schufa

Die Schufa (Schutzgemeinschaft für Allgemeine Kreditsicherung) berichtet Kreditgebern darüber, ob ein potenzieller Kreditnehmer in vergangenen Jahren seine Schulden nicht oder nur unvollständig zurückgezahlt hat. Wenn Du beispielsweise hartnäckig Deine Handygebühren nicht gezahlt oder massive Kreditkartenschulden angehäuft hast, könntest Du einen Negativeintrag haben. Über die Website der Schufa kannst Du eine Auskunft zu Deinem eigenen Schufa-Eintrag anfordern.

Sei Dir bewusst, dass Du mit dem Unterzeichnen eines Kreditvertrages ein **gewisses Risiko** eingehst. Anders als beim BAföG (▶ S. 180) gibt es bei Studienkrediten meist keine Verschuldungsobergrenze – die einzige Ausnahme bilden die Studienbeitragsdarlehen der Landesförderbanken (▶ S. 190). Außerdem zahlst Du Zinsen. Anders als beim BAföG trägst Du also das volle Risiko. Wenn Du Dich verkalkulierst, kannst Du am Ende auf einem großen Schuldenberg sitzen.

Für Deine Kreditentscheidung solltest Du Dir vor allem zwei Fragen stellen:

Wie viel Geld brauchst Du?

Dies ist die wahrscheinlich **wichtigste Frage**. Du musst wissen, wie viel Geld Du pro Monat brauchst – die Beispielstudenten Anfang dieses Kapitels können Dir vielleicht helfen (▶ S. 162). Dann musst Du Dir überlegen, welche Summen Du aus welchen Quellen bekommen kannst – zum

Tab. 9.8. Studiendarlehen im Vergleich

Kreditform	Anbieter	Ausfallfonds /Verschuldungsobergrenze?	Maximale Kredithöhe	Maximale Auszahlungsdauer	Rückzahlungsmodalitäten	Empfang im Ausland?
Studienbeitragsdarlehen (▶ S. zz)	Landesbanken oder KfW	Ausfallfonds vorhanden, Obergrenze wird mit BAföG verrechnet	Höhe der Studiengebühren (500 € pro Semester)	Max. vier Semester über Regelstudienzeit	Beginn nach spätestens 2 Jahren Karenzphase	Nicht möglich
Bildungskredit (▶ S. zz)	KfW	Kein Ausfallfonds; das Geld musst Du definitiv zurückzahlen. Keine Verschuldungsobergrenze	100 bis 300 € pro Monat, also insgesamt bis zu 7 200 €	24 Monate	Beginn der Tilgung spätestens vier Jahre nach Auszahlungsende, extrem niedrige Zinsen	Möglich
Bildungsfonds (▶ S. zz)	u.a. Career Concept, Deutsche Bildung	Nein, siehe Rückzahlungsmodalitäten	Nach Anbieter verschieden, Career Concept: max. 1 000€ pro Monat plus Sonderzahlungen	Unterschiedlich, Career Concept: Max 1 Semester über Regelstudienzeit	Rückzahlung orientiert sich am Gehalt, dadurch Risikominderung	Möglich
Studienkredite (▶ S. zz)	KfW, Sparkassen, Volksbanken, Privatbanken	Keine Ausfallfonds, keine Obergrenze, Du trägst das volle Risiko	Nach Anbieter verschieden, bei KfW maximal 650 € pro Monat	Unterschiedlich, allerdings meist knapp über Regelstudienzeit. Bei der KfW 7 Jahre	6 bis 24 Monate Karenzphase, danach normale Tilgung	Nur in seltenen Ausnahmefällen, normalerweise nicht möglich
Überbrückungsdarlehen	Meist Lokale Studentenwerke	Unterschiedlich, jedoch fast immer sehr zinsgünstig	Unterschiedlich, jedoch begrenzt	Immer zeitlich begrenzt	Unterschiedlich	Nein

Beispiel Jobben (▶ S. 167) und BAföG (▶ S. 180). Wenn Du ungefähr weißt, was Du pro Monat aus Krediten brauchst, kannst Du Dich besser informiert umschauen.

Was sind Deine Anforderungen?

Wie viel **Risiko** möchtest Du eingehen? Wie **unabhängig** von Deinen Eltern möchtest Du sein? Wie viel **Flexibilität** brauchst Du bei der Aus- und Rückzahlung? Möchtest Du bessere Konditionen für bessere Noten? Dies alles sind wichtige Fragen, über die Du Dir vorher zumindest ansatzweise im Klaren sein solltest. Denn wie Du sehen wirst, gibt es viele sehr verschiedene Kreditmodelle.

Wenn Du ungefähr weißt, was und wie viel Du brauchst, solltest Du nach Anbietern suchen und **Konditionen vergleichen**. Tipps, auf was Du achten solltest, findest Du in diesem Kapitel zur Genüge – nur finden musst Du Deinen Anbieter selbst.

Suche Dir die zwei bis vier attraktivsten Anbieter heraus und lasse Dir ein **konkretes Angebot** machen. Gerade lokale Banken sind dabei oft flexibler als große und können individuell auf Deine Bedürfnisse eingehen. Das solltest Du nutzen. Mit »lokalen Anbietern« sind übrigens nicht diejenigen gemeint, die in der U-Bahn mit »Sofortkrediten ohne Bonitätsprüfung« werben. Denn diese werden selten Konditionen bieten, die mit dem Wort »fair« in Einklang zu bringen sind.

9

Einige Hochschulen kooperieren mit Banken, die Kredite zu besonderen Konditionen anbieten. Dies gilt vor allem für Privathochschulen (▶ S. 26). Die entsprechenden Kreditmodelle sind häufig in der Tat sehr gut. Allerdings lohnt ein Vergleich trotzdem.

Es gibt vier grundlegende Darlehensmodelle für Studenten. Dies sind: Studienbeitragsdarlehen, Bildungskredite (▶ S. 192), Studienkredite (▶ S. 193) und Bildungsfonds (▶ S. 192). Außerdem gibt es Überbrückungshilfen von Darlehenskassen der Studentenwerke (▶ S. 197), die Studenten in akuten finanziellen Nöten helfen. Die wichtigsten Unterschiede sind in Tabelle 9.8 aufgelistet – und die Details in den darauf folgenden Abschnitten.

Sehr interessante Fakten zu allen Kreditformen (mit Ausnahme der Überbrückungsdarlehen) findest Du im regelmäßig erhobenen Studienkredit-Test des Centrums für Hochschulentwicklung (CHE). Eine weitere interessante Adresse ist der BAföG-Rechner vom Internetportal »Studis Online«, wo Du ebenfalls viele gut aufbereitete Infos findest.

@ Centrum für Hochschulentwicklung: www.che-studienkredit-test.de

@ BAföG-Rechner: www.bafoeg-rechner.de

9.5.1 Studienbeitragsdarlehen

Wie der Name bereits erahnen lässt, sind **Studienbeitragsdarlehen** dazu da, die Studienbeiträge (also die Studiengebühren) zu zahlen. Studienbeitragsdarlehen gibt es nur in Bundesländern mit Studiengebühren. Das Darlehen umfasst exakt die zu zahlenden Gebühren, also je nach Hoch-

■ **Tab. 9.9.** Ausfallfonds der Bundesländer

Bundesland	Zuständige Bank	Schuldenobergrenze
Baden-Württemberg	L-Bank	15 000 €
Bayern	KfW Förderbank	15 000 €
Hamburg	KfW Förderbank	17 000 €
Hessen	LandesTreuhandstelle Hessen	15 000 €
Niedersachsen	KfW Förderbank	15 000 €
Nordrhein-Westfalen	NRW.Bank	10 000 €
Saarland	KfW Förderbank	15 000 €

schule bis zu 500 Euro. Gezahlt werden Studienbeitragsdarlehen von der staatseigenen Kreditanstalt für Wiederaufbau (KfW) oder den Landesbanken.

Der **Antrag** ist einfach: Du lädst bei der zuständigen Bank (■ Tabelle 9.9) das Antragsformular herunter und gibst es ausgefüllt bei der Immatrikulation beziehungsweise Deiner Rückmeldung an Deiner Hochschule mit ab. Generell kannst Du Dich jedes Semester neu für oder gegen das Darlehen entscheiden – außer in NRW. Wer dort ein Studienbeitragsdarlehen beantragt, bekommt es bis zum Ende seines Studiums, es sei denn, er zahlt seine Schulden auf einmal zurück.

Die Länder, die Studienbeitragsdarlehen vergeben, haben **Ausfallfonds** eingerichtet, die einspringen, wenn die Schulden aus Studiengebühren und BAföG eine bestimmte Summe überschreiten – dies ist ein Vorteil für Dich, denn Deine Schulden können nicht über eine bestimmte Grenze steigen (■ Tabelle 9.9).

Die **Zinsen** für Studienbeitragsdarlehen unterscheiden sich extrem – das Saarland verlangt bis zwei Jahre nach dem Studium gar keine Zinsen, andere Bundesländer haben für Studenten vorteilhafte Fördersätze. Einige orientieren sich gar am freien Markt. Die Altersgrenze für den Auszahlungsbeginn liegt je nach Bundesland zwischen 35 und 45.

Die **Regelstudienzeit** darfst Du um maximal 4 Semester überschreiten, danach gibt es kein Geld mehr. Das klingt zunächst großzügig, doch es zählen die Hochschulsemester, bei denen auch Deine Zeit in anderen Studiengängen mitzählt! Falls Du vorher bereits etwas anderes studiert hast, kann es also eng werden.

Ein Studium im **Ausland ist dabei nicht möglich** – es werden nur die Studiengebühren an deutschen staatlichen Hochschulen getragen. Nach Studienende wird eine so genannte Karenzphase von etwa zwei Jahren gewährt, während der der Kredit noch nicht zurückgezahlt werden muss. Die Rückzahlpflicht orientiert sich an Deinem Nettoeinkommen – wenn Du zu wenig verdienst, wird die Rückzahlung verschoben. Die Grenzen sind von Bundesland zu Bundesland verschieden.

Falls Du BAföG-Empfänger in NRW bist, kannst Du Dir mit einem Studienbeitragsdarlehen die Studiengebühren sparen. Denn das Studienbeitragsdarlehen wird an die BAföG-Verschuldungsobergrenze von 10 000 Euro angerechnet. Und diese erreichst Du ab einem mittelhohen BAföG-Satz sowieso. Konsequenz: Du musst das Studienbeitragsdarlehen nie zurückzahlen. Damit wärst Du quasi von den Studiengebühren befreit, denn Du zahlst sie mittels eines Kredites, der Dir am Ende geschenkt wird. Schuldenobergrenzen gibt es auch in anderen Bundesländern, dort liegen sie aber bei 15 000 Euro oder höher.

Bevor Du ein Studienbeitragsdarlehen beantragst, solltest Du Dich informieren, ob aufgrund anderer Umstände Deine **Studiengebühren erlassen** werden können. Dies wäre beispielsweise bei guten Noten, Förderung durch Studienförderwerke (► S. 173), Engagement in universitären Gremien oder einem eigenen Kind im Haushalt der Fall. Baden-Württemberg hat großzügige Regelungen zum Erlass von Studiengebühren eingeführt. Die Regelungen unterscheiden sich je Bundesland und ändern sich häufig. Frage daher direkt im Studierendensekretariat Deiner Hochschule nach den Möglichkeiten.

@ Studis Online: www.studis-online.de (Studienfinanzierung → Studienbeitragsdarlehen)

Weitere Informationen bekommst Du bei Deiner jeweiligen Landesbank sowie bei der KfW. Daneben bietet »Studis Online« eine gute Übersicht zum Thema.

9.5.2 Bildungskredit

Der **Bildungskredit** wird vom Bundesverwaltungsamt vergeben – wie das Studienbeitragsdarlehen (► S. 190) also vom Staat. Mit einem Bildungskredit kannst Du für **bis zu 24 Monate** Dein Einkommen um 100 bis 300 Euro pro Monat aufstocken. Dabei ist es egal, ob Du BAföG beziehst, arbeitest oder von Deinen Eltern Geld erhältst. Auch ein Auslandsstudium oder Praktika sind möglich. Interessanterweise wird hier nicht nach Deinem Schufa-Eintrag gefragt.

Die Idee des Bildungskredites ist es, Studenten **gegen Ende ihres Studiums** die Möglichkeit zu geben, sich voll zu konzentrieren und nicht arbeiten zu müssen. Daher wird der Bildungskredit meist gegen Ende des Bachelors oder während des Masters aufgenommen. Zu Beginn Deines Studiums kannst Du ihn nicht erhalten. Der Bildungskredit kann auch während eines Austauschjahres in einer teureren Stadt wie Paris oder London nützlich sein.

Das maximale Fördervolumen liegt bei insgesamt 7 200 Euro. Dieses Geld wirst Du in jedem Fall zurückzahlen müssen – anders als andere Kredite aber zu extrem **günstigen Zinsen**. Denn der Kredit ist durch eine so genannte »Bundesgarantie« abgesichert. Das heißt, dass Du denselben Zinssatz zahlst, den die Bundesrepublik Deutschland zahlen muss – und der ist weit geringer als alles, was Du bei privaten Instituten erhältst.

@ Bundesverwaltungsamt: www.bildungskredit.de

Mit der **Rückzahlung** des Kredites musst Du spätestens vier Jahre nach Auszahlungsende beginnen. Ein Haken hat der Kredit: Er ist nicht unbegrenzt am Markt verfügbar, denn er wird den Antragstellern nur bei ausreichend vorhandenen Haushaltsmitteln bewilligt. Stelle also möglichst früh den Antrag.

9.5.3 Bildungsfonds

Bildungsfonds suchen durch einen Auswahlprozess **möglichst kompetente Studenten** aller Fachrichtungen, von denen sie glauben, dass sie später mal viel Geld verdienen werden. Der Clou: Die Studenten zahlen später keine fixe Summe zurück, sondern einen vorher festgelegten Prozentsatz ihres Lohnes. Die geförderten Studenten profitieren, indem sie ein geringeres Risiko eingehen – verdienen sie später wenig Geld, zahlen sie auch nur einen kleinen Teil zurück. Verdienen sie dagegen viel, zahlen sie deutlich mehr zurück.

Das Grundprinzip ist einfach: Du bekommst pro Monat eine bestimmte Summe, die sich nach Deinem Bedarf richtet. Diesen Betrag gestalten Bildungsfonds gerne flexibel; während eines bezahlten Praktikums erhältst Du zum Beispiel weniger und während eines Auslandsaufenthaltes etwas mehr.

Bei der **Rückzahlung** bezahlst Du eine bestimmte Zeitperiode lang einen vorher **festgelegten Prozentsatz Deines Einkommens** – egal, ob Du pro Jahr 100 000 oder 25 000 Euro verdienst. Dein Vorteil: Es droht Dir **keine Überschuldung**.

Zum Zeitpunkt der Drucklegung gibt es zwei Anbieter, die entsprechende Modelle anbieten: »Career Concept« und »Deutsche Bildung«. Bei beiden musst Du ein **mehrstufiges Auswahlverfahren** bestehen, wirst dann aber nicht nur mit Geld, sondern auch mit Beratungsleistungen gefördert. Außerdem kannst Du das Geld auch im Ausland empfangen. »Career Concept« hat darüber hinaus den Ableger »Festo Bildungsfonds« in Kooperation mit dem Maschinenbauer Festo gegründet, der ausschließlich Ingenieure und Studenten anderer techniknaher Studiengänge wie Physik und Informatik fördert.

Es klingt wie eine Metapher: »Deutsche Bildung« war 2009 in die Insolvenz geschlittert, konnte allerdings gerettet werden. Die geförderten Studenten waren davon zu keinem Zeitpunkt betroffen. Es ist für den Autor allerdings nicht abzusehen, wie stabil die Geschäftssituation von »Deutsche Bildung« ist. Google also die Situation von »Deutsche Bildung«, bevor Du Dich bewirbst.

Einige **private Hochschulen** wie die Universität Witten-Herdecke bieten für ihre Studierenden ähnliche Modelle an. Bildungsfonds können sehr hilfreich sein, wenn Du gute Schulleistungen vorweisen kannst und kein allzu großes Risiko eingehen möchtest, allerdings weder ausreichend Geld von Deinen Eltern noch durchs BAföG erhältst.

@ Career-Concept AG: www.career-concept.de

@ Festo Bildungsfonds: www.festo-bildungsfonds.de

@ Deutsche Bildung: www.deutsche-bildung.de

9.5.4 Studienkredite

Studienkredite gibt es sowohl von der staatlichen KfW als auch von Sparkassen und vielen privaten Banken. Beim klassischen Studienkredit handelt es sich um **normale Kredite**, die allerdings an die **Bedürfnisse von Studenten angepasst** wurden. Klarer Marktführer ist die KfW, die fast zwei Drittel aller Studienkredite vergibt. Den restlichen Markt teilen sich Banken, Volksbanken und Sparkassen auf.

Es gibt **drei Hauptunterschiede** zwischen Studienkrediten und klassischen Krediten:

- Die Auszahlung läuft monatsweise ab, anders als beim klassischen Kredit erhältst Du das Geld also nicht auf einmal.
- Die Rückzahlung beginnt erst 6 bis 24 Monate nach Auszahlungsende.
- Du musst keinerlei Sicherheiten vorweisen (abgehen von der Schufa-Auskunft).

Der **Hauptnachteil** von Studienkrediten: Du bezahlst die marktüblichen **Zinsen**. Damit sind diese Kredite am risikoreichsten. Außerdem gibt es **keine Ausfallfonds**. Du trägst also wie bei jedem anderen Kredit das volle Risiko. Mitunter bieten Banken zwar Ausfallversicherungen an, das ist aber weniger gut als es klingt, denn Du bezahlst einen so teuren Aufschlag, dass diese sich nur selten lohnen.

Die **Zinsbelastung** kann sich von Anbieter zu Anbieter allerdings teilweise um mehrere Prozentpunkte unterscheiden – und das macht einen großen Unterschied. Eine Beispielrechnung: Du nimmst 10 Semester lang jeden Monat 650 Euro auf, um Dein Studium komplett zu finanzieren. Am Ende bist Du bei einer Kreditsumme von 39 000 Euro. Wenn Du die Rückzahlung auf zehn Jahre streckst und dazu noch 18 Monate mit dem Beginn der Rückzahlungen wartest, kommst Du bei 6,5 Prozent effektivem Jahreszins inklusive Gebühren auf 68 826,45 Euro, die Du insgesamt zurückzahlen musst. Bei 7,5 Prozent Zinsen (also nur 1 Prozent mehr) wären das 74 818,41 Euro, bei 5,5 Prozent nur 63 249,22 Euro.

Die Zinsen schwanken mit der Zeit beträchtlich – und damit Deine Kosten. Zeiten niedriger Zinsen können Dich in falscher Sicherheit wiegen. Denn die Zinsen für Deinen Kredit orientieren sich an den Leitzinsen der Zentralbanken. Und wenn die Leitzinsen stark ansteigen, werden sie schnell zu Leidzinsen. Ein Schutz davor ist ein vertraglich festgelegter Maximalzinssatz, eine so genannte Zinsobergrenze, wie ihn die KfW anbietet. Der Zins für Deinen Kredit kann dann nicht mehr über diese Grenze hinaus steigen. Noch vorteilhafter ist es, in Zeiten niedriger Zinsen einen Festzinssatz zu vereinbaren – diese Option bieten einige Banken an.

Je kundenfreundlicher die Bank, desto mehr Freiraum hast Du bei den **Rückzahlungsmodalitäten**. Das fängt bei der so genannten Karenzzeit an, also der Zeit zwischen Ende des Studiums und Anfang der Rückzahlung. 12 Monate sind dabei Standard, viele Institute räumen Dir aber bis zu 24 Monate ein. Ebenso wichtig ist die Möglichkeit einer einmaligen Sondertilgung. Wenn Du zum Beispiel aufgrund einer Erbschaft plötzlich viel Geld zur Verfügung hast, könnte es sinnvoll sein, Deine Schulden – oder zumindest einen Teil davon – mit einem Mal abzubezahlen. Bei einer kompletten Tilgung verlangen manche Kreditinstitute eine Zusatzprämie für entgangene Zinsen, andere nicht. Wer sich also vorher informiert, gewinnt.

Der KfW-Kredit

Der KfW-Studienkredit ist der am meisten vergebene Studienkredit in Deutschland. Bei ihm erhältst Du zwischen 100 und 650 Euro pro Monat für maximal sieben Jahre, was mehr ist als viele andere Anbieter zulassen. Die Rückzahlung beginnt 6 bis 23 Monate nach der letzten Auszahlung. Du kannst die Tilgung auf bis zu 25 Jahre strecken, womit die monatliche Belastung in jedem Fall tragbar sein sollte. Eine außerplanmäßige Rückzahlung ist möglich und wird nicht mit Strafzinsen belegt. Beim KfW-Kredit profitierst Du von einer Zinsobergrenze, die jeweils zum Zeitpunkt des Vertragsschlusses festgelegt wird.

Ein weiterer Vorteil ist, dass der KfW-Kredit sich mit dem BAföG kombinieren lässt. Die Zinsen sind beim KfW-Studienkredit allerdings nicht grundsätzlich niedriger als diejenigen privater Institute. Ein vollständiges Studium im Ausland ist mit dem KfW-Kredit allerdings nicht möglich; nur Austauschsemester werden akzeptiert.

@ KfW: www.kfw-foerderbank.de

Alle Welt rät dir, fürs Studium ins **Ausland** zu gehen – und das aus gutem Grund. Ein Semester Auslandsstudium ist mit einem Kredit in der Regel (aber nicht immer!) möglich, doch nur wenige Anbieter finanzieren Dir ein ganzes Bachelor- oder Masterstudium im Ausland. Zu den Ausnahmen gehört die Deutsche Kreditbank. Informiere Dich zu diesem Punkt genau bei der Bank, von der Du den Kredit erhältst.

Vielleicht planst Du einen zweijährigen **Master im Ausland** und Dein bisheriges Kreditinstitut will Dir kein Geld dafür geben. Du wechselst also zu einer anderen Bank, so dass sofort die Karenzzeit von Deinem ersten Kredit beginnt und Du im allerschlimmsten Fall noch während Deines Masterstudiums mit der Rückzahlung für den ersten Kredit beginnen musst. Erspare Dir diese Belastung, indem Du Dich vorher gut informierst.

Erfahrungsgemäß bieten manche **lokale Sparkassen sowie Volks- und Reifeisenbanken** deutlich günstigere Konditionen als KfW und Großbanken – andere wiederum ziehen Dich im Stil von Kredithaien über den Tisch. Manche wiederum bieten gar keine Studienkredite an und vermitteln lediglich die Kredite der KfW. Frag also bei Deinem lokalen Kreditinstitut nach und vergleiche die Konditionen mit anderen Anbietern. Vorsicht: Es gibt auch Banken, die Dich über den Tisch ziehen wollen. Die frühere Citibank (jetzt: Targo Bank) war lange bekannt dafür, die eigenen Kunden in die Verschuldung zu drängen. Ob sich mit dem Namen auch das Geschäftsgebaren geändert hat, bleibt abzuwarten.

Eine Übersicht über alle aktuellen Kreditanbieter gibt es beim CHE.

@ CHE: www.che-studienkredit-test.de

9.5.5 Überbrückungsdarlehen

Solltest Du finanziell in Schwierigkeiten geraten, gibt es Hilfe: Die lokalen **Studentenwerke**. Fast jedes Studentenwerk hat eine so genannte Darlehenskasse, die in Notlagen einspringen kann. In manchen Fällen gilt dieses Angebot allerdings nur für Studierende, die kurz vor ihrem Abschluss stehen. In manchen Bundesländern gibt es auch unabhängige **Darlehenskassen**, so zum Beispiel in Berlin.

Die Darlehen sind in den meisten Fällen **sehr zinsgünstig**, manchmal sogar zinsfrei. Die Bedingungen sind dabei extrem unterschiedlich. Manche Darlehenskassen verlangen einen Bürgen – anders als bei anderen Krediten reicht eine Schufa-Auskunft hier nicht. In jedem Fall wirst Du Deine Notlage beweisen müssen, meist anhand von Kontoauszügen der vergangenen Monate.

Falls Du in finanzieller Not bist, kannst Du an einigen Hochschulen auf Antrag Essensmarken für die Mensa erhalten. Diese gelten für einige Wochen oder gar Monate und werden an manchen Orten »Freitisch« genannt. Frag zu diesem Thema im Sozialreferat Deiner Studierendenvertretung nach.

In eine finanzielle Notlage zu geraten, kann sehr unangenehm sein. Es ist kein schönes Gefühl, um Hilfe bitten zu müssen. Daher ein dringender Rat: **Igele Dich nicht ein**, wenn es eng wird! Suche Dir Hilfe. Die Darlehenskassen sind auf jeden Fall eine gute und vertrauenswürdige Adresse.

@ Deutsches Studentenwerk: www.studentenwerke.de

Die Darlehenskassen haben nur **begrenzte Geldmittel**. Gegen Ende eines Quartals ist häufig kein Geld mehr übrig, um neue Anträge zu finanzieren. Falls Du merkst, dass Du in eine Notlage gerätst, solltest Du Dich also möglichst umgehend mit Deinem lokalen Studentenwerk oder mit der Darlehenskasse des Bundeslandes in Verbindung setzen. Manche Darlehenskassen haben keine eigene Internetseite. Bei Deinem Studentenwerk erhältst Du alle für Dich relevanten Informationen.

Das Wichtigste auf einen Blick

- Kredite aufzunehmen ist unangenehm, aber um ein Vielfaches besser als schlecht oder gar nicht zu studieren.
- Schau bei Studienkrediten aufs Kleingedruckte und vergleiche die Angebote.
- Bildungsfonds schützen Dich vor der Verschuldungsfalle.
- Der Bildungskredit ist extrem zinsgünstig und kann Dir bei einer erfolgreichen Beendigung des Studiums helfen.
- Darlehenskassen helfen in Notlagen.

9.6 Versicherungen

Es gibt exakt **zwei Versicherungen**, die Du als Student unbedingt haben solltest: Eine **Krankenversicherung** und eine **Haftpflichtversicherung**.

Bei den gesetzlichen **Krankenkassen** kannst Du Dich als Student bis zu Deinem 25. Geburtstag gratis über Deine Familie mitversichern lassen. Bist Du älter, fällt ein Einheitsbetrag von 55,55 Euro an. Du kannst Dich auch privat versichern lassen, dies kostet allerdings meist mehr. Für Auslandsaufenthalte lohnt sich eine Auslandskrankenversicherung, die für unter 15 Euro pro Jahr zu kriegen ist, bei der Du Dich aber nur bis zu eineinhalb Monate im Ausland aufhalten darfst. Für längere Zeiträume musst Du auf teurere Versicherungen zurückgreifen.

Die **Haftpflichtversicherung** deckt Schäden ab, die Du anderen Leuten zufügst. Und die können immens sein: Du trittst auf die Geige einer Freundin, die dadurch stark beschädigt wird. Vielleicht lässt Du versehentlich das MacBook Pro eines Kumpels fallen und zerstörst es. Oder noch schlimmer: Du fügst jemandem aufgrund einer Unachtsamkeit bleibende körperliche Schäden zu. All dies kann passieren und ohne Haftpflicht zahlst Du im schlimmsten Fall ein Leben lang. Daher ist eine Haftpflichtversicherung absolut notwendig. Wenn Du zwischen Schule und Studium nicht gearbeitet hast, solltest Du von der Haftpflicht Deiner Eltern abgedeckt sein. Frage aber lieber noch einmal nach – und schließe notfalls selbst eine ab.

Einige Studenten schließen eine **Berufsunfähigkeitsversicherung** ab, die ihnen eine Rente auszahlt, falls sie aus gesundheitlichen Gründen nicht mehr arbeiten können. Allerdings zahlst Du gut und gerne monatlich 40 Euro, was eine große Belastung sein kann. Falls Du eine Berufsunfähigkeitsversicherung abschließt, solltest Du dringend auf eine so genannte »Nachversicherungsgarantie« achten, die Dir ermöglicht, die Rentenleistung ohne neuerliche Gesundheitsprüfung zu erhöhen. Ob Du die Versicherung brauchst, musst Du selber wissen.

Eine **private Rentenversicherung** oder eine **Risikolebensversicherung** sind für Studenten überflüssig. Die Verträge sind meist unflexibel und die Renditen niedrig, auch wenn Banken gerne das Gegenteil erzählen. Spätestens mit dem Eintritt ins Berufsleben solltest Du Dir über eine private Rentenvorsorge Gedanken machen.

Eine **Hausratversicherung** lohnt sich nur, wenn Du sehr teure Dinge in Deiner Wohnung aufbewahrst. Wenn Du Deinen Hauptwohnsitz noch bei Deinen Eltern hast, bist Du möglicherweise über sie mitversichert. Eine eigene Hausratversicherung ist für den typischen Studenten rausgeschmissenes Geld. Ähnliches gilt für studentische **Rechtsschutzversicherungen**, die Dir bei Rechtsstreitigkeiten die Anwaltskosten zahlen – Du wirst sie normalerweise nicht brauchen.

Das Wichtigste auf einen Blick

- **Achte immer darauf, eine Kranken- und eine Haftpflichtversicherung zu haben.**
- **Überlege Dir gut, ob Du eine Berufsunfähigkeitsversicherung brauchst.**
- **Private Rentenversicherungen, Risikolebensversicherungen, Hausratversicherungen und Rechtsschutzversicherungen sind für Dich als Studenten vermutlich sinnlose Geldverschwendung.**

9.7 Steuern zahlen, Steuern sparen

Solltest Du neben dem Studium arbeiten, werden möglicherweise auch Steuern und Abgaben für Dich relevant. Hier erfährst Du, was Du zahlen musst. Und wie Du Steuern sparen kannst.

9.7.1 Steuern zahlen

Die für Studenten wichtigsten Grundlagen zur Besteuerung findest Du in Tabelle 9.10.

Wenn Du **BAföG** (▶ S. 180) beziehst, solltest Du darauf achten, pro Jahr nicht mehr als 4 800 Euro dazu zu verdienen. Überschreitest Du

Tab. 9.10. Besteuerungsgrundlagen

Beschäftigungsart	Was ist das?	Steuern	Kranken-, Pflege- und Arbeitslosenbeiträge	Rentenbeiträge
Minijob (bis 400 Euro im Monat)	Ein unbefristeter Job, bei dem Du weniger als 400 Euro im Monat verdienst. Du zahlst weder Steuern noch Abgaben. Und es verträgt sich mit dem BAföG (▶ S. 180).	Steuerfrei	Versicherungsfrei	Versicherungsfrei. Du kannst aber freiwillig zahlen.
400 bis 800 Euro pro Monat	Wenn Du zwischen 400 und 800 Euro im Monat verdienst, zahlst Du zwar Steuern, bekommst sie aber nach Jahresende auf Antrag zurück – solange Du unter 8 004 Euro pro Jahr bleibst. Wichtig: Wenn Du zudem über 20 Stunden pro Woche arbeitest, fällst Du aus der günstigen Studentenkrankenversicherung raus.	Lohnsteuerpflichtig, wird aber zurückgezahlt	Versicherungsfrei bei weniger als 20 Stunden Arbeit pro Woche	Versicherungspflichtig, aber reduzierte Beiträge. Je nach Gehalt 2 bis 10 Prozent.
Ab 800 Euro	Wer längerfristig mehr als 800 Euro verdient, gilt als normaler Arbeitnehmer. Damit fallen leider auch die Studentenprivilegien weg – Du musst Steuern, Versicherungen und Rente bezahlen.	Lohnsteuerpflichtig	Versicherungspflichtig bei mehr als 20 Stunden Arbeit pro Woche	Du musst den vollen Beitrag zahlen.
Kurzfristige Beschäftigung	Du kannst auch Vollzeit Gelegenheitsjobs machen, beispielsweise während der Semesterferien. Pro Jahr darf dies aber nicht länger als zwei Monate oder 50 Arbeitstage gehen, sonst bist Du voll Steuer- und Versicherungspflichtig. Bleibst Du unter der Grenze, bezahlst Du keine Sozialabgaben und bekommst die Steuern am Ende des Jahres zurück. Wichtig: Die Befristung muss im Vertrag stehen!	Lohnsteuerpflichtig, wird aber zurückgezahlt	Versicherungsfrei-jedoch nur, wenn die Befristung im Arbeitsvertrag steht	Versicherungsfrei bis 50 Arbeitstage oder zwei Monate im Jahr. Freiwillig zahlen kann jeder.

diese Grenze, schneidest Du Dir ins eigene Fleisch, denn dann musst Du Geld zurück überweisen. Grundsätzlich musst Du einen Nebenjob beim BAföG-Amt melden. Das ist wichtig, denn es werden Kontrollen durchgeführt.

Bei **bezahlten Praktika** kommt es in Sachen Besteuerung darauf an, ob sie in der Studienordnung vorgesehen sind oder nicht. Wenn sie **vorgesehen** sind, kannst Du so viel Geld verdienen wie Du willst und musst **keine Steuern und Abgaben zahlen.** Bei **freiwilligen** Praktika gelten die **normalen Regeln** wie für normale Jobs. Viele Studenten lassen sich deshalb von einem Professor fälschlicherweise bescheinigen, dass das Praktikum in der Studienordnung verpflichtend ist. Manche gehen sogar noch weiter und verkaufen ihren lukrativen Job als Pflichtpraktikum. Das klappt meist, doch es ist illegal und kann daher auch sehr negative Folgen für Dich haben.

Auch als **Minijobber** hast Du übrigens die **gleichen Rechte** wie jeder andere Arbeitnehmer: 20 bezahlte Urlaubstage pro Jahr und Lohnfortzahlung im Krankheitsfall. Ersteres gilt aber erst nach mehr als sechs Monaten Beschäftigungsdauer.

Ganz wichtig: Bestehe auf einem **schriftlichen Arbeitsvertrag.** Sonst bist Du im Konfliktfall ganz schnell der Angeschmierte. Denn viele Arbeitgeber sind bei weitem nicht so nett, wie sie zunächst erscheinen. Falls Du keinen Arbeitsvertrag hast, bist Du aber nicht vogelfrei. Wenn es hart auf hart kommt, wird vor Gericht von den Grundlagen eines klassischen Arbeitsvertrags ausgegangen. Nichtsdestotrotz ist es aber immer besser, etwas Schriftliches in der Hand zu haben, besonders, wenn es irgendwelche Sonderabsprachen gibt.

Weitere Informationen zu Deinen Rechten und Pflichten gibt es beim **Studentenportal des Deutschen Gewerkschaftsbundes.**

@ Deutscher Gewerkschaftsbund: www.studentsatwork.org

9.7.2 Steuern sparen

Es gibt viele Möglichkeiten, Steuern zu sparen. Dabei geht es nicht in erster Linie um Deine aktuellen Steuern – denn die wenigsten Studenten zahlen überhaupt welche. Es geht vor allem um Deine zukünftigen Steuern.

Solltest Du BAföG erhalten und zu viel nebenbei verdienen, gibt einen Trick, mit dem Du die Zuverdienstgrenzen erweitern kannst: Denn Du kannst monatlich bis zu 205 Euro für Ausbildungskosten abziehen. Das sind zum Beispiel Kosten für Studiengebühren, Fachbücher, Kopien, besondere Computerprogramme oder Exkursionen – wichtig ist nur, dass Du jeden Beleg über die Kosten aufhebst. Mit etwas Geschick bekommst Du unter dieser Kategorie auch Dein neues MacBook unter. Es gilt: ohne Nachweis kein Geld. Wenn Du also nur genügend Belege sammelst, kannst Du im Jahr zusätzlich 2 460 Euro dazuverdienen, ohne dass Dein BAföG gekürzt wird.

Dein **Kindergeld**, das im Normalfall an Deine Eltern ausgezahlt wird, wird ab einem Verdienst von 8 004 Euro im Jahr gekürzt. Doch auch hier gibt es Tricks: Du kannst von Deinen Einkünften zunächst eine Werbekostenpauschale von 920 Euro pro Jahr abziehen. Ohne Belege. Auch Ausbildungskosten wie Studiengebühren sind abzugsfähig. Hier gilt: Wer die Belege nicht aufbewahrt, ist selber schuld.

Solltest Du vor dem Studium eine **Ausbildung** gemacht haben, kannst Du sehr viel Geld sparen – denn Du kannst alle Deine Ausgaben fürs Studium als so genannte »Vorweggenommene Werbungskosten« von Deinem zukünftigen Lohn absetzen. Das heißt: Wenn Du klug bist und gut Belege sammelst, bekommst Du im ersten Jahr Deiner Arbeit **massiv Steuern zurück**. Dabei kann es sich um **viele tausend Euro** handeln.

Und das geht so: Bei einer Ausbildung wird zwischen Erstausbildung und Fortbildung bzw. Zweitausbildung unterschieden. Falls Du bereits eine Ausbildung hast, gilt auch ein **Erststudium als zweite Ausbildung**. Die Kosten für Dein Studium kannst Du unbegrenzt als Werbungskosten absetzen, da es als Fortbildung gewertet wird. Und zu diesen Kosten zählen nicht nur Deine Studien- und Semestergebühren, sondern auch Dein Lebensunterhalt, Deine Lernmittelausgaben und Fahrtkosten – kurz: alle studienbezogenen Aufwendungen.

Sieben Kostenpunkte, die Du steuerlich absetzen kannst:

- Studiengebühren,
- Arbeitsmittel,
- Fachliteratur,
- Fahrtkosten,
- Verpflegung,
- Kosten wegen doppelter Haushaltsführung und
- eingeschränkt: ein Arbeitszimmer.
  - Die anteilige Absetzbarkeit der Mietkosten Deiner Privatwohnung als *häusliches Arbeitszimmer* ist nicht mehr möglich. Allerdings können Mietbeträge, die Du für Arbeitsräume in der Bibliothek oder in Bürogemeinschaften entrichtest, noch immer abgesetzt werden. Diese werden mit bis zu 1 250 Euro anerkannt.

Solltest Du also bereits eine Ausbildung haben, solltest Du dringend **Quittungen und Belege** für Arbeitsgeräte (z. B. Computer, Mobiltelefon), Bücher, Verpflegungskosten oder auch Schreibzeug sammeln. Bei kleineren Aufwendungen, wie beispielsweise Fotokopien, kannst Du auch abschließend am Ende des Jahres einen Eigenbeleg mit einem Pauschalbetrag ausstellen – dies geht formlos (»Ausgaben für Kopien im Jahre 2012: 135 Euro, Datum, Unterschrift«). Solche Eigenbelege werden in der Regel vom Finanzamt akzeptiert. Falls Du erworbene Fachbücher von der Steuer absetzen möchtest, sollte der Name des Verfassers und der Buchtitel auf dem Kassenbeleg vermerkt sein. Im Zweifel kannst Du diese Angaben nachträglich hinzufügen.

Kosten für Fahrt und Unterkunft bei Reisen, die durch das Studium bedingt sind, können gegen Nachweis abgesetzt werden. Das gilt zunächst für Deinen Weg zwischen Wohnung und Hochschule, aber auch für doppelte Haushaltsführung, die durch Dein Studium bedingt sein könnte. Für eine Unterkunft im Ausland müssen die Kosten für die Unterkunft nicht nachgewiesen werden; stattdessen werden Pauschalen angesetzt. Weiterhin werden Fahrtkosten für öffentliche Verkehrsmitteln in voller Höhe anerkannt. Darüber hinaus werden studienbedingte Reisen, die im eigenen oder geliehenen Wagen durchgeführt werden, ebenfalls ab dem 21. Kilometer mit 0,30 Euro je gefahrenem Kilometer anerkannt. Außerdem kannst Du für so genannte *Verpflegungsmehraufwendungen* für jeden vollen Kalendertag Kosten bis zur Höhe von 24 Euro geltend machen. Für das Ausland gelten länderspezifische Pauschalen.

Wichtig ist, dass es einen **Zusammenhang zwischen Deinem Studium und Deinem zukünftigen Beruf** geben muss. Falls Du Medizin studiert und danach ein Café eröffnet hast, wird Dir das Finanzamt Deine Kosten kaum anerkennen. Meist ist aber ein Zusammenhang da – sonst hättest Du ja nicht studiert.

Die absetzbaren Kosten sind von Rechts wegen unbegrenzt. Sammle daher so viele Belege wie möglich.

Achte in diesem Zusammenhang darauf, dass Du als Student bereits während Deines Studiums jedes Jahr eine Steuererklärung abgeben musst, in der Du ein negatives Einkommen als *vorweggenommene Werbungskosten* aufführst. Du kannst dies zwar auch einige Jahre rückwirkend machen, doch je länger Du wartest, desto schwieriger wird es für Dich, Dich an Ausgaben zu erinnern und die Belege zusammenzubekommen. Setze Dich dafür am besten mit einem Steuerberater in Verbindung. Das kostet ein wenig, doch die Investition wird sich lohnen.

Das Wichtigste auf einen Blick

- **Solltest Du mehr als 8 004 Euro pro Jahr verdienen, werden Steuern und Abgaben voll fällig – außer Du kannst Werbungskosten geltend machen.**
- **Falls Du vorm Studium eine Ausbildung gemacht hast, kannst Du Deine Studienkosten von Deinen zukünftigen Steuern absetzen und dabei viele tausend Euro sparen.**

10

Studieren – was sind die Alternativen?

Da Du dieses Buch gekauft hast, kann man davon ausgehen, dass Du auch studieren möchtest (oder zumindest sehr ernsthaft mit dem Gedanken spielst). Aber man muss ja nicht gleich mit dem Studium beginnen. Es gibt so viele **gute und sinnvolle Dinge**, die Du noch vor Deinem Studium machen kannst. Dazu gehören zum Beispiel ein Jahr im Ausland, die Arbeit an einem sozialen Projekt, das Lernen einer Sprache oder eine Ausbildung.

Vielleicht hat es in diesem Jahr mit dem Traumstudium nicht geklappt? Auch in diesem Fall solltest Du die Zeit, die Du nun unfreiwillig hast, nicht vertun, sondern etwas machen, das Dich weiterbringt und Dich glücklich macht.

Dieses Buch **zeigt Dir Deine Möglichkeiten auf**. Und keine Angst, keine der Optionen ist schlecht für den Lebenslauf. Denn wenn Du etwas Sinnvolles machst, bringt es Dich weiter, sei es durch Sprachkenntnisse, neue Fähigkeiten oder einfach dadurch, dass Du als Mensch wächst und Deinen Horizont erweiterst.

Egal, ob Du eine Pause vor dem Studium selbst anstrebst oder ob Du dazu gezwungen bist, weil es mit dem Studienplatz dieses Mal nicht geklappt hat: Verschwende nicht Deine Zeit mit Rumhängen. Wenn Du die Augen aufmachst, ist die Welt voller Möglichkeiten, auch wenn man kaum Geld hat. Verschwende Deine Zeit nicht vor dem Internet oder der Playstation, sondern mach etwas aus Deiner Zeit!

10.1 Freiwilligendienste

Es gibt kaum eine sinnvollere Art, seine Zeit zu verbringen, als mit **Freiwilligenarbeit**. In einem Freiwilligendienst arbeitest Du für drei bis 24 Monate im In- oder Ausland an einem gemeinnützigen Projekt mit. Die Aufgaben sind vielfältig: Du arbeitest mit Kindern, Behinderten oder alten Menschen, Du hilfst in einem Museum oder einer Gedenkstätte, Du unterstützt ein ökologisch orientiertes Projekt, lehrst in einer Schule oder kochst. Dafür bekommst Du ein kleines Taschengeld, Verpflegung und (im Ausland) eine Unterkunft. Die meisten Freiwilligendienste sind als Alternative zum Zivildienst anerkannt.

Es gibt eine große Reihe an verschiedenen Programmen, für die Du Dich bewerben kannst. Bei allen gilt: **Kümmere Dich früh um einen Platz!**

Das bekannteste Programm ist das **Freiwillige Soziale Jahr**. Dieses kannst Du im sozialen Bereich absolvieren, es geht aber auch in der Kultur, in der Denkmalpflege, im Sport, in der Politik sowie im ökologischen Bereich (auch **Freiwilliges Ökologisches Jahr** genannt). Dabei handelt es sich – anders als der Name vermuten ließe – nicht zwangsläufig um ein volles Jahr: Die Freiwilligendienste dauern zwischen 6 und 18 Monaten. Sie stehen Frauen und Männern im Alter von 16 bis 27 Jahren offen. Beginn ist der 1. August oder der 1. September. Die Dienste sind auch im Ausland möglich.

Die **Bezahlung** Deines freiwilligen Jahres schwankt je nach Region und Träger zwischen relativ schlecht und lausig. Dafür machst Du wichtige und hilfreiche Erfahrungen. Solch ein Jahr ist nicht immer einfach, es lohnt sich aber sehr. Früh bewerben ist dabei Pflicht: In Deutschland solltest Du Dich spätestens ein halbes Jahr vor dem Start um einen Platz kümmern. Die Zeit, die Du bei einem freiwilligen Jahr verbringst, wird Dir übrigens als Wartesemester (▶ S. 144) angerechnet.

Eine Alternative zum freiwilligen Jahr ist die so genannte **Freiwilligenarbeit**. Hierbei arbeitest Du auch in einem gemeinnützigen Projekt mit, allerdings im Ausland.

Eine besonders gute Möglichkeit ist dabei der **Europäische Freiwilligendienst**. Er richtet sich an junge Menschen zwischen 18 und 25 Jahren. Du nimmst zwischen drei Wochen und 12 Monaten an Projekten in Lateinamerika, Ost- oder Westeuropa teil. Deine Versicherung, Unterkunft und ein Taschengeld trägt die Entsendeorganisation. Dabei handelt es sich um gemeinnützige Träger wie das Deutsche Rote Kreuz. Dort musst Du Dich direkt bewerben. Sehr umfangreiche Infos gibt es im Internet bei »Go4Europe«.

Falls Du Dich für Entwicklungshilfe interessierst, gibt es ein besonders interessantes Programm für Dich: Das Bundesministerium für wirtschaftliche Entwicklung und Zusammenarbeit hat mit **»Weltwärts«** einen eigenen Freiwilligendienst ins Leben gerufen, in dem Du zwischen sechs und 24 Monaten in einem **Entwicklungshilfeprojekt** mitarbeitest.

»Weltwärts« bietet dabei nur den Rahmen: Du bewirbst Dich wie beim Europäischen Freiwilligendienst direkt bei eingetragenen Entsendeorganisationen. Du findest eine riesige Anzahl an Projekten auf der Weltwärts-Website. Der Vorteil: Die Kosten werden komplett von »Weltwärts« und den Entsendeorganisationen getragen. Mit dem Weltwärts-Programm sollen mittelfristig **jährlich 10 000** junge Leute ins Ausland geschickt werden. Es gibt also viele Plätze. Falls Du Dich für Entwicklungshilfe interessierst, hast Du hier den idealen Einstieg.

Das Außenministerium organisiert in Kooperation mit der Deutschen UNESCO-Kommission das Programm **»kulturweit«**. Dabei handelt es sich um einen Freiwilligendienst, im Rahmen dessen Du weltweit im Kultur- und Bildungsbereich tätig werden kannst. Der Dienst dauert sechs oder zwölf Monate und Du erhältst einen Zuschuss zu Kost und Logis sowie ein Taschengeld. Wer sich für Kultur, Medien und Bildung interessiert, kann hier wertvolle und unvergessliche Erfahrungen machen.

Neben diesen großen Programmen gibt es eine große Reihe weiterer Träger für Freiwilligenprogramme – karitative wie private. Wenn Du ein wenig suchst, wirst Du schnell feststellen, dass man bei vielen Anbietern für die Freiwilligenarbeit zahlen muss. Das ist in Ordnung, solange es keine hohen Summen sind – denn um helfen zu dürfen, sollte man sich nicht verschulden müssen.

Meist sind **gemeinnützige Vereine seriöser** als kommerzielle Anbieter. Der »Service Civil International«, der »IBG« (Internationale Begegnung

@ Freiwilliges Soziales Jahr: www.pro-fsj.de

@ Freiwilliges Ökologisches Jahr: www.foej.de

@ Freiwilliges Soziales Jahr in der Kultur: http://www.fsjkultur.de/

@ Go4Europe: www.go4europe.de

@ Weltwärts: www.weltwaerts.de

@ Kulturweit: www.kulturweit.de

@ Service Civil International: www.sci-d.de

@ IBG: www.ibg-workcamps.org

@ Aktion Sühnezeichen: www.asf-ev.de

@ Viventura: www.viventura.de

in Gemeinschaftsdiensten e.V.) und die »Aktion Sühnezeichen« vermitteln weltweit Stellen in der Freiwilligenarbeit und in Workcamps. Beide haben einen sehr guten Ruf. Außerdem bietet unter anderem der private Reiseveranstalter »viventura« eine kostenlose Vermittlung für Freiwilligenarbeit an.

Das Wichtigste auf einen Blick

- **Die meisten Freiwilligendienste sind auch als Alternative zum Zivildienst anerkannt.**
- **Hier lernst Du viele Dinge – sowohl über Dich selbst, als auch über andere Leute.**
- **Ein Freiwilligendienst ist gerade für spätere Jobs in internationalen Organisationen oder NGOs ein Plus.**
- **Es gibt viele verschiedene Möglichkeiten – »Weltwärts« ist dabei eines der größten Programme.**

10.2 Sprachkurse

Warum nicht eine neue **Sprache lernen** oder Deine Kenntnisse verbessern? Sprachkenntnisse helfen immer und überall und wer gute Fortschritte machen möchte, geht am besten direkt in ein Land, in dem die Sprache gesprochen wird. Denn vor Ort lernt man wesentlich schneller und besser. Außerdem macht das Lernen im Land mehr Spaß.

Generell sind **Sprachkurse an Universitäten** deutlich günstiger als an privaten Sprachschulen und qualitativ sind die Unterschiede gering. Außerdem ist man auf dem Campus mitten im Studentenleben. Der einzige Nachteil: Meist sind die Kurse an Universitäten größer.

Bei einer privaten Sprachschule solltest Du darauf achten, dass Deine Klasse **nicht mehr als 15 Studenten** umfasst – an Universitäten werden es meist leider mehr sein. Wichtig sind auch **geringe Altersunterschiede,** denn Du willst Dich ja mit Deinen Mitstudenten gut verständigen können. Außerdem lernen 40- oder gar 60-Jährige deutlich langsamer. Klassen mit großen Altersunterschieden helfen also niemandem. Wichtig ist auch, dass es genug Klassen für die verschiedenen Niveaus gibt und Du zu Beginn auf Deine Kenntnisse getestet wirst.

Idealerweise stammen Deine Mitstudenten aus verschiedenen Herkunftsländern. Außerdem sollte es vorher Einstufungstests geben. Ideal sind **etwa 20 Stunden Sprachkurs** pro Woche – plus/minus fünf Stunden. Es sollten nicht mehr als 25 Stunden sein, da Du Dich sonst leicht überforderst und keine Zeit bleibt, Land und Leute kennen zu lernen. Und nichts verbessert die Sprachfähigkeit mehr, als Deine neuen Kenntnisse gleich an lokalen männlichen und weiblichen Schönheiten anzuwenden.

Die meisten Studenten lernen die »großen« Sprachen wie Englisch, Spanisch, Französisch, Italienisch und möglicherweise Chinesisch. All diese Sprachen sind fraglos wichtig. Doch keine Angst vor kleinen

▼

Sprachen: Wenn Du das Bedürfnis hast, Rumänisch, Mongolisch, Serbokroatisch oder Albanisch zu lernen, solltest Du dies unbedingt tun. Denn häufig suchen Firmen und Organisationen nach Spezialisten, die Kenntnisse in einer ganz bestimmten Sprache haben. Kenntnisse in weniger üblichen Sprachen können für Dich im Berufsleben ein riesiger Vorteil sein.

Es gibt viele große und **vertrauenswürdige deutsche Anbieter**, die Komplettpakete anbieten, die Kurs, Abholung vom Flughafen und Unterkunft enthalten. Dafür bezahlst Du natürlich einen großen Zuschlag. Wer die Sprachschule direkt bucht und sich vor Ort einen Schlafplatz sucht, lebt günstiger, trägt aber ein größeres Risiko. Im **Internet** kannst Du auch die Website der Firma »LanguageCourse.net« nutzen, die viele Bewertungen zu Sprachschulen enthält und Dich Preise vergleichen lässt. Allerdings enthält die Seite nicht die günstigen Sprachkurse an Universitäten – die findest Du auf der Website des Deutschen Akademischen Austauschdienstes (DAAD).

Wenn Du es abenteuerlich magst und Geld sparen willst, mache einen Kurs in einem exotischen Land. Für Spanisch bietet sich zum Beispiel ein Kurs in der bolivianischen Stadt Sucre an: Das Flugticket ist zwar teuer, dafür sind Kurs und tägliches Leben fast gratis. Und die Stadt ist wunderschön – der Autor spricht aus Erfahrung. Auch in China lässt es sich von wenigen hundert Euro pro Monat sehr gut leben. Und die Erfahrungen, die Du dort machst, werden unvergesslich sein. Und vielleicht lässt sich der Trip um die halbe Welt auch mit Freiwilligenarbeit (► S. 204) verbinden.

Die meisten Sprachschulen und Sprachreiseveranstalter bieten übrigens **Zimmer bei Familien an**. Das hört sich meist besser an als es ist: Die Preise sind häufig doppelt so hoch wie auf dem freien Markt und oftmals werden die Gäste schlecht behandelt. Es gibt Fälle, in denen Familien bis zu zehn Sprachschüler aufnehmen – das hat dann eher Hotelcharakter. Auch hier weiß der Autor, wovon er spricht. Viele Sprachschüler bereuen, in eine Familie gegangen zu sein. Sprachschulen vermitteln auch andere Zimmer – die sind meist angenehmer.

Falls Du auf ERASMUSplus stößt – dabei handelt es sich um Unsinn. In Wirklichkeit steckt hinter dem Programm eine Sprachschule aus Granada. Beim versprochenen Stipendium handelt es sich um einen »Rabatt« auf einen überteuerten Sprachkurs. Es hat also nichts mit dem renommierten ERASMUS Programm (► S. 46) zu tun. Dies merkt man auch daran, dass man als Interessent zunächst 100 Euro überweisen soll.

Eine Übersicht über Sprachschulen und Universitäten bietet der Deutsche Akademische Austauschdienst (DAAD) im Internet. Gute Tipps zu Sprachkursen und Finanzierung geben Dir auch die unabhängige Internetseite »Rausvonzuhaus« sowie das Jugendportal der EU. Vertrauens-

@ Rausvonzuhaus:
www.rausvonzuhaus.de

@ Europäisches Jugendportal:
http://europa.eu/youth/

@ DAAD:
www.daad.de

@ Lagnuagecourse.net:
http://www.languagecourse.net

@ Studiosus Sprachreisen:
http://www.studiosus.com/allereisen/

@ Dialog Sprachreisen:
www.dialog.de

würdige private Sprachreiseanbieter sind unter anderem »Studiosus Sprachreisen« und »Dialog Sprachreisen«.

Das Wichtigste auf einen Blick

- **Sprachen zu lernen ist eine Investition, die sich Dein Leben lang auszahlt.**
- **Universitäten bieten meist günstigere Kurse an als private Schulen.**
- **In Entwicklungsländern kannst Du günstig Sprachen studieren – und nebenbei erweiterst noch Deinen Horizont.**

10.3 Au Pair

Der Job als **Au-pair** ist nicht gerade leicht, kann aber eine **wunderbare Erfahrung** sein – Du wirst Dich um die Betreuung von kleinen Kindern kümmern, bist in einem neuen Land, lernst eine Sprache neu oder besser kennen und bekommst dafür Du ein Taschengeld, Essen, ein Zimmer und einen Zuschuss zu Deinen Reisekosten.

»Au-pair« heißt übersetzt so viel wie **»auf Gegenseitigkeit«**. Die Idee ist, dass sowohl die Familie als auch Du profitieren. Du lernst Sprache und Kultur kennen und bekommst dafür einen freien Schlafplatz, Essen sowie ein Taschengeld; Deine Gastfamilie erhält dafür Hilfe im Haushalt und bei der Betreuung der Kinder. Ein fairer Deal.

Auch wenn deutlich mehr Mädchen bei Au-Pair-Programmen mitmachen, steht es **Männern wie Frauen** offen. In Europa musst Du zwischen 17 und 30 Jahre alt sein. Als Au-pair bleibt man in der Regel zwischen 3 Monaten und einem Jahr – dies ist in vielen Ländern auch die gesetzliche Obergrenze. Nach dem »Europäischen Abkommen über die Au-pair-Beschäftigung« soll es sich bei der Arbeit und Kinderbetreuung und leichte Hausarbeiten handeln, die nicht mehr als fünf Stunden pro Tag dauern. Außerdem macht man in der Regel gleichzeitig einen Sprachkurs.

Eine Alternative zum normalen Au-Pair-Aufenthalt in den USA ist das Programm Edu-Care in America: Junge Frauen zwischen 18 und 26 Jahren können ein Jahr lang in einer amerikanischen Familie leben und gleichzeitig an einem College als Gasthörerin studieren. Die Studiengebühren übernimmt die Gastfamilie. Das ist ideal, falls Du noch nicht genau weißt, was Du studieren möchtest. Mit etwas Glück kannst Du Dir einige Kurse auch später im Studium anrechnen lassen. Das Taschengeld ist mit etwa 150 Dollar gering, dafür musst Du Dich nur um Schulkinder kümmern, was einfacher sein sollte als die Betreuung von Kleinkindern.

Es gibt auch Nachteile: Manche Familien missbrauchen ihre Au Pairs als günstige Haushaltshilfen. Daher sollte man sein Au-pair nur auf eigene Faust organisieren, wenn man die Zielfamilie wirklich sehr gut kennt. Wer nicht in einem Pferdestall arbeiten möchte, wählt in jedem Fall eine Organisation, die **zertifiziert** ist. Die Zertifizierungen werden von der

»Gütegemeinschaft Au Pair« durchgeführt. Eine zertifizierte Au-pair-Organisation sollte im Streitfall schlichten oder Dir eine andere Familie besorgen, falls sich Deine als fanatischer Haufen von Scientologen oder sadistischen Sklaventreibern entpuppt.

Unabhängige Infos zu Au Pair Aufenthalten bietet außerdem die Website »Rausvonzuhaus«. Des Weiteren listet »Aupair Index« internationale Aupair Agenturen auf.

@ Edu-Care in America:
www.aifs.de/aupair/educare_in_america.php

@ Rausvonzuhaus:
www.rausvonzuhaus.de

@ Gütegemeinschaft Au Pair:
www.guetegemeinschaft-aupair.de

@ Aupair Index:
www.aupair-index.de

Das Wichtigste auf einen Blick

- **Als Au-pair kümmerst Du Dich um die Kinder einer Gastfamilie.**
- **Du hast ein sicheres Auskommen, lernst die Sprache und eine neue Kultur hautnah kennen.**
- **Wähle ausschließlich zertifizierte Agenturen.**

10.4 Reisen

In anderen Ländern ist es fast schon Standard und auch bei uns machen es immer mehr: eine ausgedehnte **Reise** vor Beginn des Studiums. Eine solche Reise macht nicht nur Spaß, Du lernst auch eine Menge.

Im Grunde hast Du beim Reisen zwei Möglichkeiten: Du bist als purer Tourist unterwegs oder Du machst »Work & Travel«.

Bei **Work & Travel** schlägst Du zwei Fliegen mit einer Klappe: Du siehst viel, lernst viele Leute sowie ein neues Land kennen und Du kannst **Geld verdienen**, wenn Du welches brauchst. Typische Arbeitsorte für Leute, die Work & Travel machen sind Bars, Jugendherbergen, Farmen oder Hotels. So lernst Du auch einfache Einheimische kennen und gerätst nicht in die Falle, nur mit anderen Deutschen herumzuhängen.

Für Work & Travel gibt es **spezialisierte Anbieter**, die sich um Visa, Jobvermittlung und Vorbereitungstreffs kümmern. Einer der größten Anbieter ist dabei »StaTravel«. Je nach Programm und Umfang kann Dich das zwischen 700 und 3 000 Euro kosten. Die beliebtesten Ziele für Work & Travel sind übrigens Australien und Neuseeland.

Eine andere extrem verlockende Möglichkeit ist ein **Round-the-World-Ticket**. Bei diesem bezahlt man einmalig einen bestimmten Preis und kann dann innerhalb von sechs bis zwölf Monaten um die Welt fliegen. Die genauen Flugdaten kann man spontan wählen, die Ziele muss man – zumindest ungefähr – allerdings vorher buchen. Preislich starten die Tickets bei etwa 1 200 Euro und gehen fast bis unendlich. Für eine Strecke mit fünf bis sechs Stopps solltest Du mindestens 1 700 Euro einplanen. Am günstigsten ist hier meist StaTravel, die speziell auf junge Leute zugeschnittene Angebote haben.

Wenn Du richtig schlau bist, kannst Du Deine Reise als Studienreise deklarieren und dafür ein Stipendium einstreichen. Dafür musst Du meist einen Bericht schreiben, aber für ein paar hundert Euro sollte das kein Problem sein. Eine Übersicht über Reisestipendien findest Du bei »Rausvonzuhaus«.

@ Work & Travel:
www.auslandsjob.de

@ Rausvonzuhaus:
www.rausvonzuhaus.de

@ StaTravel:
www.statravel.de

Das Wichtigste auf einen Blick
- **Mit Work & Travel kannst Du Dir Deine Reise quasi selbst finanzieren und lernst viel vom Land kennen.**
- **Mit Hilfe eines Round-the-World-Tickets fliegst Du innerhalb von sechs bis zwölf Monaten einmal um den gesamten Globus.**

10.5 Praktika und Jobs

Praktika können vor dem Studium sehr sinnvoll sein. Gerade wenn Du Dir noch nicht ganz sicher bist, was Du studieren möchtest, kannst Du mittels eines Praktikums in einen **interessanten Betrieb reinschnuppern** und ein oder mehrere Dich interessierende Berufsfelder ausprobieren. In einem Praktikum kannst Du zudem wichtige Kontakte knüpfen. Außerdem bekommst Du Arbeitspraxis und gutes Material für Deinen Lebenslauf.

Praktika sind meist leider **schlecht bezahlt**: Staatliche Stellen und alles, was man unter Weltverbesserung zusammenfassen kann, zahlen in der Regel nichts. Ähnliches gilt für den Medienbereich, zumindest für Anfänger. Besser sieht es im Rest der freien Wirtschaft aus. Viel wirst Du als Abiturient allerdings nicht bekommen.

Auch Jobben kann sehr sinnvoll sein: Du verdienst Geld. Genauere Informationen dazu, wie Du einen **Studentenjob** findest, liefert Dir dieses Buch im Geld-Kapitel (► S. 173).

Hierzulande bieten **fast alle Firmen und Organisationen** Praktika an. Du musst Dich nur erkundigen. Und dies am besten direkt: Suche Dir interessante Firmen heraus und rufe sie an. Der direkte Kontakt ist immer besser und eine E-Mail kann leicht verloren gehen.

Daneben gibt es verschiedene Praktikumsbörsen, zum Beispiel vom Studentenmagazin »Unicum«. Tipps zu Praktika im Ausland gibt es bei »Rausvonzuhaus«.

@ Rausvonzuhaus: www.rausvonzuhaus.de

@ Unicum: www.unicum.de

Das Wichtigste auf einen Blick
- **Praktika können Dir helfen, in für Dich interessante Berufe hineinzuschnuppern.**
- **Gerade Abiturienten bekommen für Praktika selten mehr als ein kleines Taschengeld.**
- **Wenn Du Dich für einen bestimmten Job oder ein bestimmtes Praktikum interessierst, solltest Du direkt anrufen.**

10.6 Ausbildung

Wer Handwerker werden möchte, muss nicht studieren. Bei etwa 350 **Ausbildungsberufen** gibt es unendlich viele Möglichkeiten. Jährlich beginnen fast 90 000 Abiturienten mit einer Ausbildung. Besonders beliebt sind dabei vor allem kaufmännische und pflegerische Berufe.

Außerdem spricht nichts dagegen, **nach einer Ausbildung zu studieren.** Oftmals ergänzen sich Ausbildung und Studium sogar. Bei einigen

Studiengängen wird eine vorherige Ausbildung übrigens auf den Numerus clausus (NC ► S. 145) angerechnet, in der Regel jedoch nicht auf die Studienleistungen. Das heißt: Eine Ausbildung erleichtert mitunter die Aufnahme, verkürzt aber nicht das Studium.

Ausbildungen sind meist auf **drei Jahre** ausgelegt, wenn man besonders gut ist, geht es auch in zwei. Man arbeitet etwa drei Viertel der Zeit in einem Betrieb und verbringt den Rest – pro Woche ein bis zwei Tage – in der Berufsschule. Die Praxis steht also im Vordergrund. Man bekommt als Auszubildender zwischen 300 und 1 000 Euro im Monat, je nach Berufsfeld. Das reicht in den meisten Fällen nicht einmal fürs täglich Brot, daher ist das Geld eher kein Argument für die Ausbildung vorm Studium.

In manchen Fällen kannst Du mit einer Ausbildung und einigen Jahren Berufserfahrung auch ohne Abitur studieren. Diese Möglichkeit ist jedoch noch nicht sehr weit verbreitet. Einen genauen Überblick dazu bietet die Website der Kultusministerkonferenz.

@ Website der Kultusministerkonferenz: http://www.kmk.org/

Ob eine **Ausbildung vor dem Studium** sinnvoll ist, ist bei Experten umstritten. Ein klarer Nachteil ist, dass Du deutlich älter bist, wenn Du mit dem Studium fertig bist. Wenn Du Deine Jobmöglichkeiten verbessern möchtest, solltest Du in jedem Fall eine Ausbildung in dem Bereich machen, in dem Du später studieren und dann auch arbeiten möchtest. Gerade bei Banken und Versicherungen hast Du mit Ausbildung und Studium gute Karten. Andere Arbeitgeber schauen eher auf Topnoten und schnelle Studienzeiten. In diesem Fall schießt man sich mit einer vorherigen Ausbildung selbst in den Fuß.

@ Bundesagentur für Arbeit über Ausbildungsberufe: www.berufenet.de

@ Bundesagentur für Arbeit über neue Lehrberufe: www.neue-ausbildungsberufe.de

Buchtipp:
Reinhard Selka und Manfred Bergmann: Karrierestart für Abiturienten, W. Bertelsmann Verlag, 2008, 132 Seiten, 9,90 €

Das Wichtigste auf einen Blick

- In einigen Studiengängen wird eine Ausbildung auf den Numerus clausus angerechnet.
- Manche Hochschulen erlauben es Dir, nach einer Ausbildung ohne Abitur zu studieren.
- Eine Ausbildung kostet Dich viel Zeit – ob Ausbildung und Studium sinnvoll sind, ist bei Experten umstritten und hängt von der Branche ab.

11

Wie wohnen?

Dein Studentenleben wird durch drei Dinge entscheidend beeinflusst werden: Dein Studiengang, Deine Stadt und – Deine Wohnsituation. Eine nette WG kann Unisorgen und Heimweh vergessen machen, eine stinkige Wohnung mit ebenso stinkigen Nachbarn aber auch das Studium vermiesen.

Es gibt fünf verschiedene Wohnmöglichkeiten, die natürlich in sicher sehr verschieden sind. Laut 19. Sozialerhebung des deutschen Studentenwerks liegen Wunsch und Wirklichkeit leider dabei leider häufig auseinander (◘ Abbildung 11.1).

Wenn Du Dich für eine Wohnform entschieden hast, gibt es natürlich noch einige Details zu klären. Dazu gehört zum Beispiel die Frage nach dem der Anzahl der Mitbewohner, nach Deinen Rechten als Mieter (► S. 220) und die nach nervigen Problemen wie einer lauten Straße, undichten Dächern und dunkle Hinterhoffenstern.

11.1 Die Wohngemeinschaft

In Filmen, in denen Studenten mitspielen, wird man fast immer WGs sehen. In einer WG wohnst Du mit mindestens einer, meist aber mehreren Personen zusammen in einer Wohnung und teilst Dir Badezimmer, Küche, Waschmaschine und Geschirr sowie Zahnpasta, falls Du mal wieder vergessen hast, welche zu kaufen.

Die WG ist die klassischste aller Wohnvarianten für Studenten. Der Klassiker dazu ist der Film »L'auberge espagnole« über eine internationale WG in Barcelona – ein guter Einstieg für den ersten gemeinsamen Filmabend mit den neuen Mitbewohnern.

Für eine WG spricht die **Gemeinschaft**, die Dich erwartet. Vor allem in einer neuen Stadt kann das Studium Anfangs etwas einsam sein. Eine nette WG kann das erste Heimweh und die Unsicherheit zu Beginn gut auffangen. Viele **lebenslange Freundschaften** entstehen zwischen Mitbewohnern. Du hast immer eine Gemeinschaft, kannst aber auch Deine Tür zuziehen und bis alleine. Und die besten Partys finden in WGs statt.

Ein weiterer Vorteil ist finanzieller Natur, denn **Du bekommst für dasselbe Geld mehr Platz** und teilst Dir Ausgaben für Internet, Wasch-

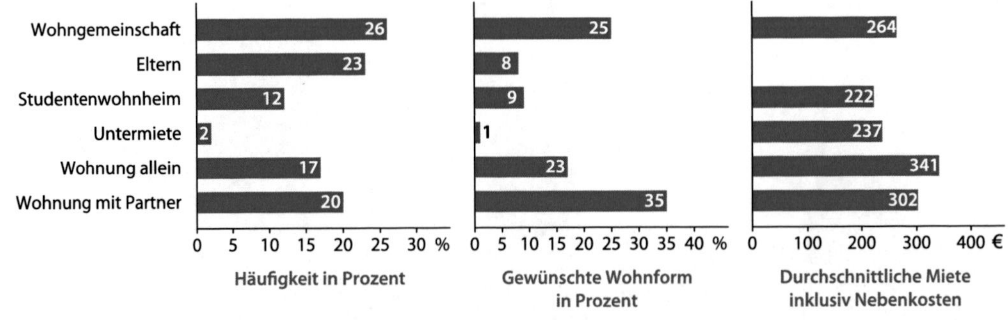

◘ **Abb. 11.1.** Wohnformen. (Quelle: Sozialerhebung des Deutschen Studentenwerks, 2010)

maschine, Geschirr, Zucker, Heizung und Müll mit Deinen Mitbewohnern.

Das Zusammenleben in einer Wohngemeinschaft birgt aber auch Sprengstoff: **Ein klassischer Konfliktherd ist das Putzen** der Wohnung, über das schon Freundschaften zerbrochen sind. Auch das Aufteilen von gemeinsamen Ausgaben ist nicht immer so leicht wie man anfangs denkt. Hinzu kommen Abstriche bei der eigenen **Privatsphäre**: Manchen stören anderer Leute Haare in der Badewanne oder die lauten Sexgeräusche aus dem Nebenraum.

Insgesamt sind die meisten WG-Bewohner aber glücklich mit ihrer Situation: **65 Prozent sind zufrieden** oder sehr zufrieden mit ihrer Wohnsituation.

Einige Tipps für die erfolgreiche WG-Suche:

- **Sei Dir im Klaren, ob Du mit Männern, Frauen oder mit beiden Geschlechtern zusammen wohnen möchtest.**
- **Geh nur in eine WG, wenn Du ausnahmslos alle Mitbewohner sympathisch findest. Kompromisse kannst Du an vielen Stellen machen, nicht aber dabei, ob Du Deine Mitbewohner nett findest.**
- **Gibt es klare Abmachungen zum Putzsystem? Wenn Dir Chaos egal ist, ist dies nicht so wichtig. Im anderen Falle schon.**
- **Fang früh mit dem Suchen an, denn in den Wochen vor und nach Semesterbeginn wird die Konkurrenz riesig sein.**

Wie nahe Du Deinen Mitbewohnern stehen möchtest, entscheidest Du selbst. Einige WGs sind wie eine Familie und machen alles miteinander währen auf der anderen Seite viele als reine Zweck-WG nebeneinander her leben.

Vorstellungsgespräch in der WG

Auf der Suche nach einer WG kommst Du normalerweise nicht um ein Vorstellungsgespräch herum. Meist sitzt Du mit Deinen möglicherweise zukünftigen Mitbewohnern am Küchentisch und sprichst über Dich, Dein Studium und die Putzpläne in der WG. Hier einige Tipps, damit Du das Gespräch gut überstehst:

- Begrüße Deine möglichen Mitbewohner locker und offen.
- Sei ehrlich – denn in einer WG wohnt man so eng zusammen, dass Lügen und Schummeleien immer auffallen.
- Ein Vorstellungsgespräch ist fürs beiderseitige Kennenlernen da – nimm die Wohnung nicht, wenn sie Dir nicht gefällt.
- Sei nicht zu traurig, falls Du nicht genommen wirst. Viele WGs sehen mehrere nette Kandidaten. Du findest etwas anderes.
- Frage nach Details: Wie läuft der Putzplan, wie laut ist es, wie teilt man die Kosten auf, kauft Butter und Eier getrennt oder teilt man sie sich? Nimm die WG nicht, wenn Dir die Antworten nicht gefallen.

Fahre zur WG-Suche in die Stadt, in der Du studieren wirst und schlafe bei einem Kumpel oder in einer Jugendherberge. Mögliche WGs von weit weg anzurufen bringt nicht viel, denn Deine zukünftigen Mitbewohner werden Dich kennen lernen wollen. Vor Ort hast Du auch eine bessere Chance, das jeweilige Viertel und die direkte Umgebung einzuschätzen.

@ Studenten-WG:
www.studenten-wg.de

@ WG Gesucht:
www.wg-gesucht.de

@ Craigslist:
www.craigslist.org

Für die Suche nach einem WG-Zimmer nutzt Du am Besten das Internet. Die größten Internestseiten für WGs und Wohnungen sind »Studenten-WG« und »WG Gesucht«. Du kannst dort Anfragen aufgeben und Angebote lesen. Auf beiden Portalen werden übrigens auch Wohnungen (► S. 218) angeboten. Eine andere Möglichkeit ist die Suche auf den Schwarzen Brettern der örtlichen Hochschulen, wo immer viele Angebote und Anfragen hängen. Manchmal finden sich auch Angebote in den Anzeigenteilen von lokalen Zeitungen und Magazinen. Eine internationale Seite mit vielen Angeboten in Großstädten wie Berlin, Hamburg, Paris und London ist »Craigslist«.

Das Wichtigste auf einen Blick

- **Wohngemeinschaften sind ideal, um von Beginn an Anschluss zu finden.**
- **Dadurch, dass Ihr euch viele Dinge teilt, sparst Du Geld.**
- **Du musst bei der Suche vor Ort sein - nur so kannst Du Wohnung und Leute richtig kennen lernen.**
- **Die meisten WG-Bewohner äußern sich zufrieden mit ihrer Wohnsituation.**

11

11.2 Hotel Mama

Zuhause bleiben ist die **einfachste Variante** – Du weißt genau, was auf Dich zukommt. Mancher ist aus Kostengründen gezwungen zu Hause zu bleiben, für andere ist Hotel Mama schlicht die praktischste Wahl. Man spart sich den Aufwand zu kochen, einzukaufen oder sauber zu machen.

Es gibt natürlich neben Geld und Bequemlichkeit noch weitere **gute Gründe** dafür, zu Hause zu bleiben: Heimatgefühle, die Liebe zu Deinen Eltern, Freunde und der Sportverein vor Ort. Wenn schon alles andere neu ist, ist es manchmal sehr angenehm, einen Fixpunkt zu haben, der sich nicht ändert. Außerdem kannst Du Dich so voll auf Dein Studium konzentrieren.

Dagegen spricht: **Du bringst Dich um die Chance auf einen Neuanfang** durch den Du eine andere Stadt und neue Menschen kennen lernst. Und hast weniger Freiheit. Denn Du musst auf Deine Eltern Acht geben und kannst Dich nicht so frei bewegen, so frei reden, so viel ungesundes Zeug essen und so laut sein, wie Du möchtest. Und für Jungs gibt es einen weiteren Grund: Wenige Dinge kommen bei Frauen so schlecht an wie als Student noch bei den Eltern zu wohnen.

Diese Probleme spiegeln sich auch in den Zahlen wieder: Etwa 23 Prozent der Studenten insgesamt und 33 Prozent der Studenten unter 21 leben bei ihren Eltern. Doch sie sind dabei von allen am **wenigsten glücklich**: Nur 48 Prozent äußern sich zufrieden oder sehr zufrieden.

Der Wegzug von Zuhause ist immer ein Sprung ins kalte Wasser. Es ist ein Wagnis, aber ein Wagnis, bei dem Du viel gewinnen kannst: Selbstständigkeit, Organisationstalent, neue Freunde und vor allem eine Studienzeit ohne Zwänge. **Zu Beginn des Studiums ist der ideale Zeitpunkt zum Auszug.** Sollten finanzielle Gründe nicht dagegen sprechen, rät der Autor Dir, diesen Weg zu gehen. Es muss allerdings nicht sofort sein. Du kannst mit dieser Entscheidung auch warten. Aber irgendwann musst Du eh auf eigenen Beinen stehen. Je früher desto mehr Zeit bleibt, Dich auszuprobieren und ohne Druck zu wachsen.

Das Wichtigste auf einen Blick

- **Bei den Eltern wohnen zu bleiben, spart bares Geld.**
- **Allerdings bringst Du Dich um die Chance eines Neuanfangs.**

11.3 Studentenwohnheim

Tür an Tür mit einem Haufen Studenten auf kleinem Raum: Das Leben in Studentenwohnheimen kann **eng** werden. Und schön, denn kaum irgendwo anders lernst Du so leicht Leute kennen. Der größte Vorteil ist aber der geringe Preis. Gerade in teureren Städten ist das Wohnheim schlicht die einzig bezahlbare Alternative.

Studentenwohnheime gehören meist einer sozialen Einrichtung wie dem Studentenwerk (▶ S. 21) und werden entsprechend staatlich bezuschusst. In den meisten Fällen (aber nicht immer!) zahlst Du **niedrigere Mieten** als auf dem freien Markt. Dafür bekommst Du in der Regel Einzelzimmer oder WGs mit wenig Platz. Küche und Waschmaschine teilt man sich immer mit anderen Bewohnern, die Bäder meist auch. Und in ganz günstigen Wohnheimen teilt man sich sogar das Zimmer.

Studentenwohnheime sind schwer zu generalisieren: Denn neben **riesigen Bettenburgen** aus den 70er-Jahren, in denen man sich die Küche mit 40 anderen teilt, gibt es auch gut ausgestattete kleine Wohnheime, die neu eingerichtet sind und qualitativ über vielem liegen, was man auf dem freien Wohnungsmarkt bekommt. Und es gibt wahre Perlen: Der Autor wohnte die ersten beiden Jahre seines Studiums in einem Studentenwohnheim, das nur aus zwei 3er-WGs bestand – in einem wunderschön renovierten Fachwerkhaus aus dem 14. Jahrhundert mitten im mittelalterlichen Herzen Erfurts.

Studentenwohnheime sind die **günstigste Alternative** nach den eigenen Eltern: Laut Statistik bezahlen Studenten deutschlandweit im Schnitt 222 Euro pro Monat inklusive Nebenkosten. Die Zufriedenheit liegt im unteren Bereich: Etwa 51 Prozent der Bewohner von Studentenwohnheimen sind zufrieden oder sehr zufrieden mit ihrer Wohnsituation.

Wohnheime sind häufig auch in der Hand von konfessionellen Trägern, privaten Anbietern, Vereinen oder in studentischer Selbstverwaltung. Eine Übersicht über lokale Wohnheime findest Du in der Regel beim Studentenwerk Deiner Hochschule.

Für Wohnheime muss man sich grundsätzlich **innerhalb bestimmter Fristen bewerben**. In vielen Fällen werden Zimmer nach dem Wer-zuerst-kommt-mahlt-zuerst-Prinzip vergeben. Vor allem bei kirchlichen Einrichtungen und Vereinen muss man allerdings eine schriftliche Bewerbung abgeben und sich direkt vorstellen.

Lies vor einer Vorstellung die Wohnheimswebsite. Meist soll neben allgemeiner Sympathie getestet werden, ob Du auch philosophisch in den Laden passt. Stimme Deine Antworten also ein Stück weit auf die Einrichtung ab. Erwähne in einem katholischen Wohnheim zum Beispiel nicht, dass Du Marilyn-Manson-Fan bist.

@ Deutsches Studentenwerk: www.studentenwerke.de/

Für Studenten, die im letzten Augenblick durch die Stiftung für Hochschulzulassung (▶ S. 144) oder durch das Losverfahren einen Platz bekommen haben, gibt es häufig noch Extraplätze in den Wohnheimen. Nähere Infos gibt es auch hierzu bei Deinem lokalen Studentenwerk.

Das Wichtigste auf einen Blick

- Die Mieten in Studentenwohnheimen sind meist günstiger als auf dem freien Markt.
- Die Bandbreite an Wohnheimen ist riesig – von Betonburgen bis zu kleinen schön gelegenen Häusern.
- Gerade in beliebten Städten kann die Warteliste sehr lang sein.

11.4 Eine eigene Wohnung

Du hast es lieber individuell? Niemand, der Dich stört, wenn Du alleine sein möchtest, niemand, der Dich davon abhält, nackt durch die Wohnung zu laufen, niemand, der außer Dir noch sein dreckiges Geschirr überall liegen lässt? Oder Du möchtest mit Deinem Partner zusammen wohnen? Dann ist die eigene Wohnung die beste Alternative.

Die Vorteile sind klar: Du kannst Dir Deine Wohnung nach Deinem **eigenen Geschmack** einrichten. Du putzt, wann Du willst und kein anderer trinkt Deine Milch aus oder nutzt Deinen Makeupentferner. Du kannst Dein Ding machen und wirst nicht von der Musik anderer Leute gestört.

Andererseits kann es in einer eigenen Wohnung – vor allem ohne Partner – recht **einsam** werden. Außerdem sind Einzelwohnungen häufig mikroskopisch klein und für denselben Preis könnte man mehr Platz in einer WG haben.

Alleine Wohnen ist **teuer**, denn Du musst alle Kosten alleine tragen: Miete, Strom, Gas, Wasser, Telefon, Versicherungen, Großanschaffungen wie Staubsauger und ähnliches. Das macht durchaus einen Unterschied.

Trotz der hohen Kosten – im Durchschnitt zahlen Studenten deutschlandweit 341 Euro für die eigene Wohnung. Wer mit seinem Partner wohnt, kommt auf 302 Euro. Diese Wohnform die mit Abstand beliebteste: 37 Prozent aller Studenten wohnen alleine oder mit Partner in einer Wohnung, 58 Prozent würden am liebsten so wohnen. Wer mit seinem Partner zusammen wohnt, ist im Schnitt am glücklichsten: 72 Prozent äußern sich zufrieden oder sehr zufrieden. Bei den alleine Wohnenden sind es immerhin noch 62 Prozent.

Wohnungen für Studenten werden häufig bei »Studenten-WG« und »WG-Gesucht« angeboten – auch wenn man das vom Namen her nicht denken würde. Weitere Möglichkeiten sind Webseiten wie »Immobilienscout«. Fast überall gibt es auch lokale Vermittlungsagenturen und Makler – deren Dienste sind aber nicht gratis. Weiterhin solltest Du die lokalen Zeitungen sowie Szenemagazine abklappern. In deutschen Großstädten und international findest Du darüber hinaus viele Angebote auf »Craigslist«.

@ Studenten-WG: www.studenten-wg.de

@ WG Gesucht: www.wg-gesucht.de

@ Immobilienscout24: www.immobilienscout24.de

@ Craigslist: www.craigslist.org

Es kann auch nicht schaden selbst eine Anzeige in der Zeitung aufzugeben: Viele Vermieter geben selber keine Anzeigen auf, weil sie nicht mit hunderten Antworten zugespamt werden wollen.

Das Wichtigste auf einen Blick

- **Eine Wohnung für sich alleine sorgt für Ruhe, wenn Du sie brauchst.**
- **Du musst mit höheren Kosten rechnen.**

11.5 Untermiete

Die zu Großvaters Zeiten noch häufigste Wohnform für Studenten ist inzwischen selten geworden: Die Untermiete. Dennoch ist sie die Vielfältigste – vom Dachboden im Reihenhaus einer Familie über ein Zimmer in der Wohnung geschiedener Paare bis zum kostenlosen Wohnen bei älteren Menschen im Gegenzug für Haushaltshilfe ist alles dabei.

Wohnen zur Untermiete kann **vergleichsweise günstig** sein – im Durchschnitt zahlen Studenten 237 Euro im Monat. Das Wohnen zur Untermiete kann auch eine spannende **Abwechslung** zu den gleichaltrigen Kommilitonen an der Hochschule sei. Der Umgang mit älteren Menschen kann Dir gedanklich neue Horizonte öffnen und lässt Dich als Person reifen. Außerdem lebst Du als Untermieter meist ruhiger und zurückgezogener.

Das Wohnen mit Menschen anderen Alters und in anderen Lebensphasen kann aber auch zu Spannungen führen. **Lebensentwürfe** von Leuten um die 20 und Leuten über 40 können komplett anders sein. Du wirst als junger Untermieter häufig Schwierigkeiten haben, als gleichberechtigt anerkannt zu werden. Wenn es schlecht läuft, musst Du damit rechnen, dass sich massiv in Deine Privatsphäre eingemischt wird, wenn Du zum Beispiel Freunde oder Partner mitbringen möchtest. Mit der Untermiete äußern sich nur 52 Prozent als zufrieden oder sehr zufrieden.

@ Deutsches Studentenwerk: www.studentenwerke.de/

@ Mitwohnzentrale: www.mitwohnzentrale.de

@ Home Company: www.homecompany.de

Häufig hat Dein lokales Studentenwerk Angebote zur Untermiete. Zimmer zur Untermiete sind häufig auch in Lokalzeitungen und -magazinen zu finden. Daneben findest Du auch Angebote bei der Mitwohnzentrale sowie bei »Home Company«.

Das Wichtigste auf einen Blick

- **Das Leben zur Untermiete bei Leuten anderer Altersklassen kann eine günstige Alternative sein.**
- **Die verschiedenen Lebensentwürfe und Erfahrungshorizonte sind oftmals hochinteressant – können aber auch zu Spannungen führen.**

11.6 Auf was Du als Mieter achten solltest

Das Mietrecht ist eine Wissenschaft für sich. An dieser Stelle erhältst Du ein paar Tipps, wie Du von vorn herein Fehler vermeidest. Mietrechtlich gibt es mehrere Vertragsarten, die für Dich relevant sein könnten.

Die erste Möglichkeit ist, dass eine Person **Hauptmieter** wird. Mögliche Mitbewohner oder Partner werden Untermieter (siehe unten). Für den Vermieter hat dies den Vorteil, dass er stets nur mit einem Ansprechpartner zu tun hat. Alle Ansprüche gehen gegen den Hauptmieter. Als Hauptmieter kannst Du nicht einfach gekündigt werden: Nur wenn Du 2 Monatsmieten nicht bezahlst oder jede Nacht laute Partys feierst, wirst Du irgendwann mit der Kündigung rechnen müssen.

Der Hauptmieter hat die volle Kontrolle: So nicht vertraglich anders festgelegt, kann er einem Untermieter innerhalb der gesetzlichen Frist kündigen. In einer WG solltest Du als Hauptmieter darauf achten, dass Du wasserdichte Verträge mit Deinen Untermietern hast. Wenn nicht, kannst Du am Ende auf hohen Rückzahlungen für Heizung und Wasser sowie auf Renovierungskosten sitzen bleiben.

Im zweiten Falle unterschreiben alle Mieter einen **gemeinsamen Mietvertrag** mit dem Vermieter und sind damit formal gleichberechtigt. Alle Risiken, denen man als Hauptmieter gegenübersteht, tragen die Mitbewohner gleichermaßen. Außerdem kann ein einzelner Mieter anders als beim Untermietvertrag nicht einfach ohne weiteres gekündigt werden. Das heißt, dass bei möglichen Schäden in der Wohnung alle gemeinsam haften.

Die Haftung für Wohnungsschäden, rückständige Mietbeträge etc. bleibt nach Auszug bestehen. Du musst daher eine schriftliche Haftentlassung vom Vermieter verlangen. Auch eine einseitige Kündigung ist unwirksam. Das heißt: Du kannst nicht einfach ausziehen. Kündigungen müssen von allen(!) Mietern gegenüber dem Vermieter gemeinsam erklärt werden. Der gemeinsame Mietvertrag birgt daher Haftungsrisiken. Ganz wichtig: Vereinbart vor Abschluss des gemeinsamen Mietvertrages mit dem Vermieter die Möglichkeit eines »vor-

▼

weggenommenen Mieterwechsels« mit Haftungsausschluss des Ausziehenden. Dies folgt aus der Erwägung, dass der Austausch der Wohngemeinschaftsmitglieder im Interesse der Mieter liegt. Mit dieser Klausel können einzelne Mieter die WG verlassen und setzen sich keines Risikos aus.

Jeder Bewohner kann auch einen **eigenen separaten Mietvertrag** abschließen. Damit bestünde keine gemeinsame Haftung mehr, jeder kommt für seine eigenen Schäden auf. Dafür kann allerdings der Vermieter entscheiden, wer der nächste Mitbewohner wird. Da diese Form für Vermieter meist mit vielen Scherereien verbunden ist, kommt sie auf dem freien Markt nur selten vor. Separate Mietverträge sind vor allem in Wohnheimen üblich.

Wenn Du neu in eine Wohngemeinschaft einziehst oder zur Untermiete wohnst, solltest Du einen **Untermietvertrag** abschließen. Falls Deine Vermieter meinen, das sei nicht nötig, solltest Du darauf bestehen. Denn ohne bist Du im Streitfall in gewissem Umfang den Launen Deiner Vermieter ausgeliefert. Im Vertrag sollten Deine Rechte und Pflichten geregelt sein, inklusive Haftungsfragen, Kosten und Kündigungsfristen. Schau Dir genau an, was drin steht - und was fehlt. Infos dazu findest Du in der Box.

Was in einem Untermietvertrag enthalten sein sollte
In einem Untermietvertrag sollte zu folgenden Punkten etwas stehen:
- **Vertragsparteien,**
- **Mietzins,**
- **Kündigungsfristen (-gründe),**
- **Nachweis der Zustimmung des Vermieters zur Untervermietung.**

Du wirst in jedem Fall eine so genannte Kaution hinterlegen müssen. Sie ist zur Absicherung des Vermieters da, falls Du nicht zahlst oder Teile der Wohnung kaputt machst. Eine Kaution beträgt häufig zwei Monatsmieten und darf gesetzlich maximal drei Monatsmieten betragen. Außer im Fall von Wohnheimen muss die Kaution verzinst sein.

Wohngeld bekommst Du übrigens nur, wenn Du »dem Grunde nach« keinen BAföG-Anspruch hast. Das heißt, dass Du eigentlich BAföG-berechtigt bist, aber aufgrund zu vieler Studiengangswechsel oder zu langer Studiendauer keines mehr bekommst. Solltest Du kein BAföG bekommen, weil Du oder Deine Eltern ein zu hohes Einkommen haben, gibt es auch kein Wohngeld. Solltest Du BAföG beziehen und noch bei Deinen Eltern wohnen, könntest Du allerdings unter bestimmten Voraussetzungen wohngeldberechtigt sein. Infos dazu gibt es beim Bundesbauministerium oder bei »Studis Online«.

@ Bundesministerium für Verkehr, Bau und Stadtentwicklung: http://www.bmvbs.de/wohngeld

@ Studis Online: http://www.studis-online.de/StudInfo/Studienfinanzierung/wohngeld.php

Als Student wirst Du in den vermutlich nur wenig Geld haben. Wenn Dein Einkommen inklusive den Transfers durch Deine Eltern weniger als 12 000 Euro im Jahr beträgt, kannst Du mit Hilfe eines so genannten **Wohnberechtigungsscheines** in eine Sozialwohnung ziehen. Sozialwohnungen werden von den jeweiligen Städten bezuschusst und sind häufig überraschend angenehm gestaltet. Den Wohnberechtigungsschein bekommst Du in der Regel beim Amt für Wohnungswesen an Deinem Studienort.

Viele Studienorte haben eine Zeitwohnsitzsteuer eingeführt. Die gilt, wenn Du Deinen Erstwohnsitz zuhause belässt und nur Deinen Zweitwohnsitz anmeldest. Die Steuer beträgt bis zu 10 Prozent Deiner Kaltmiete – das ist viel Geld. Du solltest Dich also so schnell wie möglich in Deiner neuen Stadt anmelden, so sparst Du Dir Geld und Ärger.

@ Deutscher Mieterbund: www.mieterbund.de/

Falls Du Probleme mit Deinem Vermieter hast, kann Dir der Deutsche Mieterbund weiterhelfen, ein Zusammenschluss lokaler Mietervereine. Du bezahlt zwischen 40 und 90 Euro pro Jahr, dafür bekommst Du kostenlosen juristischen Rat in Mietfragen und bei Problemen mit dem Vermieter.

Das Wichtigste auf einen Blick

- Achte auf einen detaillierten Mietvertrag, der Vertragsparteien, Mietzins, Kündigungsfristen und eine Regelung zur Untervermietung enthält.
- Falls Du weniger als 12 000 Euro im Jahr zur Verfügung hast (wie die meisten Studenten) kannst Du einen Wohnberechtigungsschein erhalten und in eine Sozialwohnung ziehen.
- Zweitwohnsitzsteuern können teuer werden – melde Dich daher am besten um.

11.7 Mieten in Studentenstädten

Um Dir eine Idee zu geben, was Du in welcher Stadt an Miete wirst bezahlen müssen, folgt nun eine Auflistung der Deutschen Studentenwerke (Tabelle 11.1). Diese haben im Jahr 2009 Studenten in den jeweiligen Städten befragt, wie viel Miete sie bezahlen – und das unabhängig von der Wohngegend und der Größe. Denn in Wirklichkeit sind die Unterschiede natürlich krasser: Während man in Dresden mit etwas Glück für 223 Euro eine hübsche halbwegs zentral gelegene 30-Quadratmeter-Wohnung finden kann, bezahlt man in München locker 348 Euro für 22 Quadratmeter in einer Vorstadt-WG.

Bei der Studie wurde unter anderem deutlich, dass man auch heute noch im Osten (► S. 227) deutlich günstiger lebt: Bezahlt der Durchschnittsstudent im Westen 276 Euro für sein WG-Zimmer, sind es im Osten nur 218 Euro. Bei anderen Wohnformen sind die Unterschiede ähnlich hoch.

@ Unicum: www.unicum.de/geld/lebenshaltungskosten/

Eine weitere gute Quelle das Studentenmagazin Unicum, das die Lebenshaltungskosten in den meisten Unistädten auflistet.

■ **Tab. 11.1.** Mietpreise

Rang	Stadt	Ausgaben für Miete und Nebenkosten
1	München	348 €
2	Hamburg	345 €
3	Köln	333 €
4	Düsseldorf	330 €
5	Frankfurt am Main	328 €
6	Darmstadt	321 €
7	Mainz	308 €
8	Stuttgart	306 €
9	Konstanz	305 €
10	Heidelberg	301 €
11	Bremen	300 €
12	Berlin	298 €
13	Ulm	298 €
14	Bonn	298 €
15	Wuppertal	297 €
16	Freiburg	294 €
17	Aachen	293 €
18	Duisburg	289 €
19	Lüneburg	288 €
20	Tübingen	288 €
21	Hannover	285 €
22	Saarbrücken	282 €
23	Münster	281 €
24	Mannheim	281 €
25	Kiel	280 €
26	Augsburg	280 €
27	Marburg	280 €
28	Rostock	279 €
29	Trier	278 €
30	Karlsruhe	276 €
31	Regensburg	275 €
32	Potsdam	274 €
33 ▼	Dortmund	274 €

Tab. 11.1 (Fortsetzung)

Rang	Stadt	Ausgaben für Miete und Nebenkosten
34	Braunschweig	273 €
35	Erlangen-Nürnberg	272 €
36	Würzburg	268 €
37	Bielefeld	267 €
38	Gießen	266 €
39	Göttingen	261 €
40	Kassel	260 €
41	Paderborn	259 €
42	Osnabrück	259 €
43	Bochum	258 €
44	Passau	254 €
45	Greifswald	252 €
46	Bamberg	250 €
47	Erfurt	249 €
48	Halle (Saale)	243 €
49	Oldenburg	242 €
50	Leipzig	236 €
51	Magdeburg	236 €
52	Jena	233 €
53	Dresden	223 €
54	Chemnitz	210 €

Quelle: 19. Sozialerhebung des Deutschen Studentenwerks, 2010

Was möchte ich sonst noch? Leben!

Lernen ist Teil Deines Studiums. Doch was wäre Deine Studienzeit ohne Freunde, Kultur und Feiern? Oder anders: Was wäre Dein Studentenleben ohne ein gutes Leben? Wenn Deine Eltern und Lehrer Dir vorschwärmen, dass das Studium die beste Zeit ihres Lebens gewesen sei, verklären sie die Studienzeit natürlich und vergessen all den Stress und die Unsicherheit. Und doch steckt viel Wahrheit dahinter. Deshalb geht es in diesem Kapitel auch darum, wie Du Deinen **Wohlfühlfaktor** maximierst.

Der »Wohlfühlfaktor« bezieht sich nicht allein aufs Partyleben. Viel wichtiger ist, dass Du Dich in Deinem gesamten Umfeld gut fühlst. Dies ist auch ein entscheidender Faktor für den Erfolg Deines Studiums. Wenn Du ein Großstadtmensch bist und die Wahl zwischen einem für Dich perfekten Programm in Ilmenau und einem eher mittelguten in Berlin hast, kann es das Richtige für Dich sein, trotzdem in die Großstadt zu ziehen. Denn das beste Studium macht Dich nicht glücklich, wenn Du Dich vor Ort unwohl fühlst und jedes Wochenende nach Hause flüchtest.

Dieses Kapitel stellt Dir einige Fragen vor, die Du Dir vor Studienbeginn stellen kannst. Verstehe sie als Anregungen, über die Du nachdenken kannst – nicht aber als Muss. Manches ist für Dich sicher irrelevant oder zumindest nicht wichtig.

Achtung: Aufgrund der Kürze dieses Kapitels folgt die Zusammenfassung ganz am Ende und nicht nach jedem einzelnen Abschnitt!

12.1 Wage etwas!

Du hast vermutlich Dein gesamtes bisheriges Leben am selben Ort verbracht. Du hast Deine Familie und Freunde dort. Daher ist es nur logisch, dass der Schritt, an einen anderen Ort zu ziehen, Dich erst einmal verunsichert.

Solltest Du zwischen Weggehen und bleiben schwanken, solltest Du über folgendes nachdenken: Natürlich könntest Du auch »später« noch weggehen. Doch selbst wenn Du dies tust, ist es doch etwas anderes. Nach dem Schulabschluss ist der **beste Moment**, sich neu zu orientieren. Denn ein Teil Deines Umfeldes geht eh weg. Und: Jeder hat Verständnis für einen Wechsel. Du bist jung, unabhängig und Du hast mehr Freiheit als jemals zuvor.

Wenn Du den Schritt weg von Zuhause erwägst, solltest Du ihn auch gehen. Anfangs ist es vielleicht etwas schwer, doch Du wirst am Ende froh sein, ihn gegangen zu sein. Die Erfahrung, auf eigenen Beinen zu stehen und sich ein **neues Umfeld** zu schaffen, wird Dein Selbstvertrauen stärken und Dich als Mensch wachsen lassen. Und wenn Du merkst, dass es doch nicht das Richtige war, kannst Du immer noch zurückkehren.

Entscheidend ist aber, dass Du Dich mit Deiner Wahl wohl fühlst. Wenn Du Dir Dein Leben ohne Dein bekanntes Umfeld nicht vorstellen kannst, bringt es nichts, Dich dazu zu zwingen. Wenn Dich aber der Gedanke des Weggehens reizt: Tue es. Es muss ja nicht weit weg sein.

Eine Übersicht über viele Studentenstädte bietet die Internetseite »Studentenpilot«.

@ **Studentenpilot:**
www.studentenpilot.de/studium/universitaetsstaedte

12.2 Stadtgröße

Einige Leute würden niemals in eine Stadt mit weniger als einer Million Einwohner ziehen, anderen missfallen Anonymität und schiere Größe einer Metropole. Beides ist verständlich. Mit der Anzahl der Einwohner sind allerdings viele Dinge verbunden.

In **kleineren Städten** – zum Beispiel Städte mit weniger als 200 000 Einwohnern – wirst Du nach ein bis zwei Jahren alle paar Minuten jemanden Bekanntes auf der Straße treffen. Und wenn Du gerne in Cafés sitzt, hast Du bald ein oder zwei Stammcafés, in denen Du die meisten Gäste von irgendwoher kennst. Dies hat große Vorteile – denn Du verlierst Dich nicht so leicht. Dein soziales Netz ist automatisch dichter und Deine Bäckerin wird Dich nach wenigen Monaten freundlich als Stammkunden begrüßen. Diese Geborgenheit hat den Nachteil einer größeren sozialen Kontrolle. Wenn Du Dich in einer Großstadt auf einer Party betrunken peinlich aufgeführt hast, wissen das danach höchstens noch die Partygäste. In einer Kleinstadt wird es sehr vielleicht gleich die halbe Hochschule sein.

In kleineren Städten sind die Mieten meist **günstiger** als in der Großstadt – wobei dies natürlich auf die Stadt ankommt. Siehe dazu die Mietpreistabelle im Finanzkapitel (▶ S. 223). Auch kommst Du in kleineren Städten meist leichter raus aufs Land. Die Wege sind kürzer, die Kriminalitätsrate ist im Durchschnitt geringer.

Große Städte stehen für andere Dinge: Die hast ein Überangebot an **Kultur, Clubs und Konzerten**. Auch lebst Du häufig internationaler, da Hamburg und Berlin als Städte mehr Leute aus dem Ausland anziehen als zum Beispiel Gießen und Osnabrück. Während man sich in kleineren Städten seine kulturellen Aktivitäten ein Stück weit suchen muss, findest Du in Großstädten zu jedem Zeitpunkt etwas Angenehmes zu tun.

In Großstädten besteht dagegen die Gefahr, dass Du Dich zum »**Einzelkämpfer**« entwickelst. Als kontaktfreudiger Mensch hat man natürlich nirgends Probleme, doch wenn Du etwas schüchterner bist, kann es länger dauern, bis Du Anschluss gefunden hast. Keine Angst, natürlich wirst Du Dir nach einiger Zeit ein gutes soziales Umfeld aufgebaut haben. Die Gefahr ist nur, dass dies länger dauert als an kleineren Orten.

12.3 Ost und West

Im Westen Deutschlands haben die neuen Bundesländer bei einigen Leuten ein schlechtes Image. Manche glauben, es würde dort von Nazihorden wimmeln und überall stünden Plattenbauten. Das ist natürlich Unsinn. Ein Studium in »Fern-Ost« kann im Gegenteil eine hervorragende Entscheidung sein. Denn viele Hochschulen im Osten sind deutlich **besser ausgestattet** als im Westen – was sich auch in **Rankings** widerspiegelt. Außerdem sind die **Mieten** im Durchschnitt deutlich niedriger.

Der Autor selbst ist im Bremer Umland aufgewachsen und ist fürs Bachelorstudium nach Thüringen gegangen – eine Entscheidung, die sich für ihn als goldrichtig erwiesen hatte.

Viele ostdeutsche Städte sind darüber hinaus **extrem hübsch**, deutlich schöner als die meisten westlichen Städte. Wie, hübsch? Natürlich kann man das Aussehen der ostdeutschen Städte nicht generalisieren. In großen Teilen Ostdeutschlands hatte der DDR-Führung allerdings schlichtweg das Geld gefehlt, sanierungsbedürftige Innenstädte in hässliche 60er- und 70er-Jahre-Ungetüme zu verwandeln, wie es fast überall im Westen geschehen ist. Nach der Wende war somit ein großer Teil der alten Bausubstanz noch vorhanden – wenn auch in schlechtem Zustand. Mittlerweile ist hier viel getan worden und die Innenstädte sind weitgehend saniert.

Für den Osten sprechen auch die **geringeren Kosten**: Wie du bereits im Wohnen-Kapitel (▶ S. 213) sehen konntest, sind die meisten ostdeutschen Städte am unteren Ende der Kosten für eine Wohnung. Im Schnitt zahlen laut Deutschem Studentenwerk Studierende im Osten 220 Euro für ihre Unterkunft, während es im Westen 280 Euro sind. Auch für die Ernährung gibt der Durchschnittsstudent im Osten monatlich 140 Euro aus, während es im Westen 163 Euro sind. Deshalb arbeiten Osten auch nur 55 Prozent der Studenten gegenüber 68 Prozent in den westlichen Bundesländern.

Zahlreiche Städte im Osten versprühen heute einen **ganz besonderen Charme**. Und was die Kultur- und Studentenszene angeht, stehen die meisten ostdeutschen Unistädte den westdeutschen in nichts nach. Wahr ist allerdings, dass es gerade in kleineren ostdeutschen Städten häufig einen unterschwelligen Rassismus gibt.

@ Studieren in Fern-Ost:
www.studieren-in-fernost.de/

@ Pack Dein Studium (Sachsen)
www.pack-dein-studium.de

Solltest Du also aus einem der Westbundesländer kommen, solltest Du definitiv Universitäten im Osten in Betracht ziehen. Infos gibt es unter anderem von den Imagekampagnen »Studieren in Fern-Ost« sowie »Pack Dein Studium«.

12.4 Kultur, Museen, Theater etc.

Generell gilt: **Je größer die Stadt, desto mehr Kultur.** Doch für jede Regel gibt es auch viele Ausnahmen – das kleine Weimar hat kulturell zum Beispiel wahnsinnig viel zu bieten. Doch es ist klar, dass Du in München mehr Auswahl an Kunst und Theater hast als in Bremen, in Bremen mehr als in Hildesheim und in Hildesheim mehr als in der kleinen Kreisstadt Diepholz. Je größer die Stadt, desto mehr Cafés, mehr Clubs, mehr Konzerte, mehr Kinos hast Du zur Auswahl. Allerdings hängt auch viel von der Anzahl der Studenten ab. Freiburg, Göttingen und Münster beispielsweise sind typische Studentenstädte – und Studenten sind sozial ziemlich aktiv, was sich natürlich auf das kulturelle Angebot der Städte auswirkt.

@ Übersicht über Theater in Deutschland:
www.theaterverzeichnis.de/

Staatliche Theater werden zwar nach Einwohnerzahl und politischen Kriterien verteilt, was bedeutet, dass Du nur aufgrund vieler Studenten nicht mehr Theater und Museen hast. In Studentenstädten entwickeln jedoch viele junge Leute kreative Projekte, die das Kulturleben enorm bereichern. Wenn Dir dies wichtig ist, könntest Du auch danach gehen, wo sich Theater- und Kunsthochschulen befinden – denn diese sind immer ein Brutkasten für neue Ideen.

12.5 Ausgehen

Als Student lässt sich gut ausgehen: Viele gleichgesinnte junge Leute, die (hoffentlich) ausreichend Freizeit haben, neue Erfahrungen machen wollen und in den meisten Fällen frei sind von familiären Verpflichtungen. Das sollte ein sehr **nettes Nachtleben** ergeben.

Wenig überraschend gibt es in größeren Städten mehr Clubs als in kleineren. Einen kleinen Unterschied gibt es jedoch noch: Von Stadt zu Stadt geht man vor allem anders aus.

Bei der Wahl Deiner Stadt kannst Du abwägen, welche **Art von Ausgehkultur** Du bevorzugst. Denn während München und Düsseldorf eher schick sind, hast Du in Freiburg und Oldenburg jeweils stärker alternativ geprägte Partys. Und in Berlin gibt es ungefähr alles, die Stadt tendiert aber auch eher ins Alternative. Und das macht einen Unterschied.

Klar ist aber: Überall, wo sich eine Mindestanzahl an Studenten zusammen findet, wirst Du entsprechend Leute kennen lernen. Also keine Angst: Du kannst auch als alternativ gesinnter Mensch nach Düsseldorf gehen – Deine Auswahl ist dort halt kleiner, aber sie ist vorhanden.

Auch die Beschaffenheit von Städten spielt eine Rolle. Wenn es wie in Berlin in der gesamten Stadt viele **Grünflächen** gibt, spielt sich im Sommer auch ein guter Teil des Nachtlebens im Freien ab – von nächtlichen Picknicks im Park bis zu Open Air Partys. Ist dafür städtebaulich kein Platz, wird auch im Sommer viel drinnen gefeiert.

Um die Ausgehkultur kennen zu lernen, hilft eigentlich nur ein **Besuch vor Ort**. Denn jeder tickt anders und Clubs, die Deine große Schwester cool findet, sind für Dich vielleicht eher furchtbar.

12.6 Lesben- und Schwulenszene

Das neue Studienumfeld erlaubt Dir meist, Deine **Sexualität offen auszuleben**. Du hast während der Schulzeit Deine Vorliebe fürs eigene Geschlecht geheim gehalten? Diese Zeit ist mit dem Studienantritt vorbei. Du kannst fast überall offen damit umgehen – kaum einer wird daran Anstoß nehmen.

An vielen Hochschulen gibt es auch Lesben- und Schwulengruppen. Hier hilft man Dir gern dabei, Dich in der lokalen Szene zurechtzufinden.

Die Größe der Schwulen- und Lesbenszene ist allerdings von Stadt zu Stadt unterschiedlich. Köln, Düsseldorf und Berlin sind besonders beliebt. Informationen findest Du auf den Dir sicher bekannten Seiten. Und falls sie Dir doch kein Begriff sind? Eine schier unerschöpfliche Übersicht über Webseiten und Diskussionsforen bekommst Du beim »Lesben- und Schwulenverband in Deutschland«. Bei »Gay-Web« findest Du Informationen zu regionalen Gaywebseiten.

@ Lesben- und Schwulenverband in Deutschland: www.lsvd.de

@ Gay-Web: www.gay-web.de/

12.7 Kriminalitätsrate

Du hörst Horrorgeschichten über die Gewalt in Berlin? Hamburg ist Dir zu gefährlich? Und Duisburg geht mal gar nicht? Ruhig Blut! Deutschland ist statistisch gesehen **eines der sichersten Länder Europas**. Und im internationalen Vergleich ist Berlin kriminalitätsmäßig sehr locker. Du solltest also keinesfalls eine bestimmte Stadt in Deutschland aufgrund von Angst vor Kriminalität meiden.

Doch es gibt **Unterschiede**. Niemand, der alle seine Sinne beieinander hat, würde sein Laptop unbewacht und ohne Schloss unbewacht in einer Frankfurter oder Hannoveraner Bibliothek stehen lassen – diese beiden Städte zählen zu den heißesten Pflastern Deutschlands. Ziemlich ungefährlich lebt es sich dagegen unter anderem in Jena, Leverkusen und Reutlingen – hier sind die Chancen groß, dass Dein Rechner auch Dein Rechner bleibt. Gänzlich unbeobachtet und unabgeschlossen sollte man ihn jedoch sicherheitshalber auch hier nicht stehen lassen!

@ Bundeskriminalamt: www.bka.de

Wenn Du Dich besser über die jeweilige Kriminalitätsrate informieren möchtest, kannst Du dies direkt beim **Bundeskriminalamt** tun. Auf deren Internetseite klickst Du auf »Berichte und Statistiken« und dort auf »Räumliche Verteilung«.

12.8 Hochschule – Innenstadt oder Vorstadt?

Die städtebauliche Lage Deiner Hochschule bringt gewisse Vor- und Nachteile mit sich. Eine Vorstadthochschule hat den Nachteil, dass Du dahin relativ lange unterwegs bist – außer Du hast auch Deine Wohnung in der Vorstadt. Da Du Dich in der Woche meist ziemlich lange an Deiner Hochschule aufhalten wirst, bekommst Du so am Tage vom **Stadtleben** relativ wenig mit. Das ist schade, denn es ist angenehm, sich mal schnell in das nette Café nebenan zu setzen oder seine Besorgungen zwischen zwei Vorlesungen zu erledigen. Der Vorteil ist, dass die abgelegene Lage meist mit einem großen Campus (siehe nächster Abschnitt) einhergeht. Du kannst Dich im Sommer auf die Campuswiese legen und bist weit von der Lautstärke und dem Stress der Innenstadt entfernt.

Ist Deine Hochschule zentral gelegen, profitierst Du entsprechend von den **Möglichkeiten der Innenstadt** – und leidest im schlimmsten Fall unter Hektik und der Lärm der Stadt. Du musst einfach selbst abwägen, welche Vor- und Nachteile für Dich überwiegen.

Wenn Du in einer kleineren Stadt studieren willst, ist diese Abwägung natürlich weniger relevant – selbst die Vorstadt ist dann nur 10 Minuten vom Zentrum entfernt.

12.9 Campushochschule vs. verstreute Gebäude

Du kennst das aus **amerikanischen Filmen**: Studenten kommen aus dem barocken Vorlesungssaal und schlendern in Gruppen lachend über den weiten grünen Campus direkt zu ihren ebenfalls barocken Wohnheimen. Man grüßt sich freundlich und genießt den lauen Sommernachmittag. In Deutschland findest Du solche Fernsehidyllen nur selten - allein architektonisch können wir da eher nicht mithalten. Selbst wenn Deine Hochschule überhaupt so etwas wie einen Campus hat, mit den USA ist das alles nicht zu vergleichen.

An einer **Campushochschule** sind, wie der Name es vermuten lässt, alle oder zumindest fast alle Hochschuleinrichtungen auf einem großen Gelände konzentriert. Oftmals findest Du auch gleich noch ein paar Wohnheime dort. Dies hat mehrere Vorteile: Deine Wege sind kurz. Du triffst Deine Kommilitonen leicht und musst für die nächste Vorlesung nicht durch die halbe Stadt hetzen. Außerdem kannst Du Dich auf dem Campus entspannen: Meist findest Du mehr oder weniger große Rasenflächen, die gespickt mit Bänken zum Ausruhen und Quatschen einladen. Gerade kleinere Hochschulen bestehen häufig aus einem einzigen Campus.

Verstreute Hochschulgebäude laden dagegen weniger zur Kommunikation mit den Kommilitonen ein. Auch wirst Du oftmals deutlich längere Wege zurücklegen müssen, im Extremfall von einem Ende der Stadt zum Anderen. Gerade bei sehr großen Hochschulen bleibt dies nicht aus.

12.10 Hochschulgröße

Die Uni Köln hat als **größte Hochschule Deutschlands** etwa 45 000 Studenten. Der Titel der kleinsten ist strittig, vermutlich ist es jedoch die Evangelische Fachhochschule für Sozialpädagogik in Hamburg, die pro Jahr nicht mehr als 50 Studenten aufnimmt. Das sind die Extreme, zwischen denen wir uns bewegen.

Die Hochschulgröße sagt einiges darüber aus, wie **persönlich oder anonym** Dein Studium wird. An der eben genannten evangelischen Fachhochschule wirst Du innerhalb kürzester Zeit jeden Einzelnen kennen. In Köln wird Dir das dagegen nie passieren.

Die Entscheidung ist ähnlich wie die zwischen großen und kleinen Städten. An kleinen bis mittleren Hochschulen gehst Du nicht so leicht verloren – dafür kannst Du Dich auch schlechter verstecken und es gibt nach einiger Zeit nicht mehr so viel Neues zu entdecken. Außerdem wird das Angebot an **studentischen Freizeitaktivitäten** deutlich geringer sein – Du hast weniger politische Gruppen, höchstens eine Theatergruppe und weniger Leute, die mit Dir Deinen Traum einer eigenen Elektro-Death-Metal-Band teilen.

An großen Hochschulen kann man sich dagegen schon mal verloren vorkommen – dafür aber stehen Dir viel mehr Möglichkeiten offen. Du willst Dich gleichzeitig einer anarchistisch-linken Gruppe und einer konservativen Burschenschaft anschließen? Das wäre zwar crazy, die besten Chancen dafür hast Du jedoch an großen Institutionen oder in Städten, in denen sich mindestens eine große Hochschule befindet.

12.11 Hochschulsport

Ba Gua Zhang, Wandklettern, Karate, Golf, Beachvolleyball, Bogenschießen und Trampolinspringen – dies sind nur einige von vielen Sportangeboten, die Du an Deiner Hochschule finden könntest. So gut wie jede bietet **sehr günstige Sportkurse** an. Der Unterschied liegt vor allem in der Auswahl.

Besonders vielseitig ist das Angebot natürlich an großen Hochschulen, sowie solchen, die auch sportwissenschaftliche Studiengänge anbieten. In den meisten Fällen bezahlst Du einmal pro Semester eine Grundgebühr und kannst den Kurs dann komplett mitmachen. Ausnahmen bilden Sportarten, die eine teure Ausrüstung oder Infrastruktur benötigen wie zum Beispiel Golf oder Tauchen.

Wenn Du also eine sportliche Natur hast, bietet Dir das Studium die einmalige Möglichkeit, für wenig Geld **in viele verschiedene sportliche Bereiche hineinzuschnüffeln**. Schau Dir also das Sportangebot vorher gut an. Du wirst es recht schnell auf der Homepage der jeweiligen Hochschule unter »Hochschulsport« finden.

12.12 Mensa

Keine Hochschule ohne eine oder mehrere Mensen. Galt Mensaessen vor 20 Jahren als Synonym für verkochte Essenspampe, hat sich der Anspruch an Mensen deutlich gewandelt. Die Preise für ein Gericht starten bei etwa einem Euro – und viele Mensen zeigen, wie gut man für wenig Geld kochen kann.

Dabei gibt es gute wie schlechte Mensen: In der guten Mensa bekommst Du täglich ebenso wohlschmeckendes wie gesundes und vielseitiges Essen – und dies zum Preis einer Fertigpizza. Luft und Atmosphäre sind gut. Eine schlechte Mensa dagegen kannst Du schon von weitem riechen – und zwar an der Kleidung der Leute, die dort gesessen haben. Du bekommst genug Kalorien, um auf dem Bau zu arbeiten, allerdings haben die täglich wechselnden Gerichte irgendwie immer denselben Geschmack – der Autor erinnert sich mit Grausen an seine frühere Mensa, die unter letztere Kategorie fiel.

Das Studentenmagazin »Unicum« startet seit 2001 einmal im Jahr eine Umfrage unter Studenten zur besten Mensa des Landes. Die Ergebnisse findest Du im Netz.

@ Unicum:
www.unicum.de Klicken auf Uni >
Mensa des Jahres

12.13 Die anderen Fächer

Du kannst mit Deinen Kommilitonen nicht ganz so viel anfangen? Gut, wenn es an Deiner Hochschule noch ein paar Studenten anderer Studiengänge gibt. Und schlecht, wenn das nicht der Fall ist.

Tatsächlich sind die angebotenen Studiengänge für die **Campuskultur** entscheidend. Partys an rein naturwissenschaftlichen Hochschulen werden anders aussehen als bei Medienwissenschaftlern oder Studenten künstlerischer Studiengänge. Denn bestimmte Fachrichtungen ziehen meist auch eine bestimmte Art von Leuten an.

Die meisten Studiengänge ziehen **bestimmte Typen** von Menschen an. Ärgerlich, wenn Du zu den wenigen gehörst, die mit dem Mainstream seiner Mitstudenten im selben Studiengang nichts anfangen kannst. Ein Besuch von Vorlesungen kann Dir da Klarheit bringen.

Ein weiteres Problem: Der **Geschlechtermix**. An technischen Hochschulen wirst Du deutlich mehr Männer als Frauen finden. Das Gegenteil ist an geisteswissenschaftlichen Institutionen der Fall und noch mehr an pädagogischen Hochschulen. Auch in künstlerischen Fächern sind Frauen immer stark vertreten.

12.14 Internationale Studenten

Du möchtest andere Kulturen kennen lernen? Idealerweise gehst Du dafür direkt ins Ausland. Doch es geht auch vor der eigenen Haustür – an jeder Hochschule studieren auch **internationale Studenten**. Gerade die größeren Städte sind sehr beliebt. In Berlin ist der Anteil ausländischer Studierender etwa dreimal so hoch wie in Thüringen. Viele machen bei uns ein oder zwei ERASMUS-Semester, andere verbringen ihr komplettes Studium in Deutschland. Immerhin bezahlt man in manchen Bundesländern (noch) keine Studiengebühren.

An jeder Hochschule gibt es Initiativen, die deutsche und ausländische Studenten zusammen bringen – durch regelmäßige Partys, Stammtische, Filmabende oder eine freiwillige ERASMUS-Studentenbetreuung.

12.15 Mobilität

Du möchtest schnell mal mit Easyjet nach Spanien fliegen? Deine Freundin wenigstens mit dem Zug schnell erreichen? Oder an Deinem neuen Wohnort alles mit dem Fahrrad erledigen können? Viele Fragen, die Du Dir vorher stellen kannst.

Die großen **Bahnknotenpunkte** dürften klar sein – von Frankfurt oder Hannover aus kommst Du besser in den Rest der Republik als von Kiel oder Jena. Interessant sind die Ansiedlungen von **Billigfliegern**: Denn wer diese vor der Haustür hat, kommt schnell und günstig nach ganz Europa.

Solltest Du nicht zu den glücklichen Studenten gehören, die ein Auto besitzen, wirst Du wohl auf Dein **Fahrrad** angewiesen sein. Wer jemals versucht hat, in südeuropäischen Innenstädten Fahrrad zu fahren, weiß, dass im Vergleich dazu Deutschland ein Paradies für Radler ist. Trotzdem gibt es viele Unterschiede – und diese wurden im so genannten »Fahrradklimatest« von ADFC und BUND im Jahre 2003 beleuchtet. Bei den größeren Städten landet Münster auf dem ersten und Wuppertal auf dem letzten Platz.

@ **Fahrradklimatest:**
www.adfc.de/507_1

Das Wichtigste auf einen Blick

- **Sei mutig in Deiner Entscheidung. Du hast jetzt die einmalige Chance, Dein Leben selbst zu gestalten. Nutze sie!**
- **Der Osten Deutschlands beherbergt einige wunderbare Hochschulen.**
- **Die anderen Fächer sind sehr bestimmend für die Kultur an der Hochschule.**
- **Je kleiner Hochschule und Stadt, desto eher findest Du Anschluss.**
- **Je größer Hochschule und Stadt, desto mehr Gelegenheit erhältst Du zur Selbstverwirklichung und zum Finden Deiner Nische.**

Campus-Wörterbuch – Was bedeuten die ganzen Fremdwörter?

Akademisches Viertel An Hochschulen beginnen Vorlesungen und Seminare meist 15 Minuten nach der vollen Stunde und enden eineinhalb Stunden später, also um Viertel vor. Siehe auch → c.t. und → s.t.

Akkreditierung (► S. 31) Begutachtungsverfahren für Studiengänge. Akkreditierte Studiengänge erfüllen bestimmte Qualitätsstandards, der Abschluss ist aber auch ohne gültig.

Asta/Studierendenrat Deine gewählten Studentenvertreter, die die Meinung und Belange der Studierenden vertreten. Der Asta wird entweder direkt oder über ein Studierendenparlament gewählt.

Audimax Abkürzung für Auditorium Maximum, dem größten Hörsaal der Hochschule. Neben normalen Vorlesungen finden hier häufig Versammlungen, Konferenzen und – im Falle von Studentenprotesten – Besetzungen statt.

BAföG (► S. 180) Zinsloses Studiendarlehen vom Staat; sehr knapp bemessen.

Credit Points / Leistungspunkte (► S. 13) Punkte, die Du für jede Veranstaltung erhältst. Pro Semester solltest Du auf etwa 30 Credit Points kommen.

c. t. Abkürzung für »cum tempore« – die Lehrveranstaltungen beginnt eine Viertelstunde später als angegeben. Man spricht daher auch vom »akademischen Viertel«. Wenn nicht anders angegeben, beginnen Vorlesungen cum tempore. Gegenteil von → s. t.

Dekan Der Vorsitzender einer → Fakultät. Er oder sie ist für die Verwaltung der Fakultät und für ihre Vertretung nach außen zuständig.

Dissertation/Doktorarbeit Bei der Doktorarbeit handelt es sich um eine mehrjährige wissenschaftliche Forschungsarbeit. Wer sie schreibt, erfolgreich in der Prüfung verteidigt und danach veröffentlicht, darf sich »Doktor« nennen.

Dozent Der Lehrende.

ECTS Durch das European Credit Transfer System sind die Standards für die Vergabe von → Credit Points in ganz Europa gleich.

Elite-Universität Eine Universität, die von der Exzellenzinitiative der Bundesregierung für ihre Forschungsleistung ausgezeichnet wurde und zusätzliche Gelder erhält (► S. 125).

ERASMUS (► S. 46) Austauschprogramm der EU – Du gehst für ein oder zwei Semester an eine andere Hochschule in Europa.

Exmatrikulation Falls Du Deine Beiträge nicht bezahlst, bei Klausuren wiederholt durchfällst oder einfach Dein Studium beendet hast, wirst Du exmatrikuliert. Das heißt, dass Du nicht mehr Student bist. Siehe auch → Immatrikulation.

Fachschaft Deine gewählten Studentenvertreter für Deinen Fachbereich.

Fachsemester Anzahl der Semester, die Du in einem bestimmten → Studiengang immatrikuliert bist. Wenn Du wechseln solltest, kann es sein, dass Du mehr → Hochschulsemester als Fachsemester hast.

Fakultät Grundeinheiten der Hochschulen, in denen halbwegs ähnliche Fachbereiche zusammengefasst sind und gemeinsam verwaltet werden.

Grundständiges Studium Studiengänge, die zu einem ersten Hochschulabschluss führen, also Bachelor, Diplom, Magister oder Staatsexamen. Der Master dagegen ist ein weiterführendes Studium.

Grundstudium Galt für die alten Abschlüsse Diplom und Magister (► S. 29): erster Studienabschnitt, der meist vier Semester umfasst. Für Bachelorstudenten irrelevant.

Habilitation Die Habilitation kommt nach der Dissertation: Es muss eine umfangreiche wissenschaftliche Arbeit angefertigt werden. Wer Professor an einer Uni werden möchte, muss habilitiert haben. Für die Juniorprofessur reicht allerdings der Doktor.

Hauptstudium Das, was bei Diplom und Magister (► S. 29) nach dem → Grundstudium kommt. Hier hast Du meist die Möglichkeit zur eigenen Schwerpunktsetzung.

Hausarbeit Schriftliche Arbeit, die wissenschaftlichen Standards genügen sollte.

Hochschulsemester Anzahl der Semester, die Du insgesamt bereits an der Hochschule bist. Siehe auch →Fachsemester.

Immatrikulation Die Anmeldung an der Hochschule. Das Gegenteil der → Exmatrikulation.

Institut Untereinheit der → Fakultät, die für eine bestimmte Fachrichtung zuständig ist.

Interdisziplinäres Studium Fächerübergreifendes Studium.

Klausur Der halbjährliche Schrecken am Ende jedes Semesters: die schriftlichen Prüfungen.

Kommilitone Anderes Wort für Mitstudent.

Langzeitstudiengebühren Musst Du in einigen Bundesländern zahlen, wenn Du über der → Regelstudienzeit liegst.

Lehrstuhl Das Königreich des Professors: Er steht an der Spitze eines Lehrstuhls, der meist mehrere Mitarbeiter und →studentische Hilfskräfte umfasst.

Leistungspunkte ▶ Credit Points (▶ S. 13).

Matrikelnummer Deine Hochschule sieht Dich nicht nur als Mensch, sondern auch als Statistik – jeder Student bekommt eine eigene Nummer, die er fortan auf jedes Hochschuldokument schreiben muss.

Mensa (▶ S. 232) Das Restaurant der Hochschule. Dort gibt es immer günstiges Essen; immer häufiger ist es auch gut.

Modul Thematische Baukästen, die aus mehreren zueinander passenden → Vorlesungen und → Seminaren zusammengesetzt sind.

Numerus clausus (▶ S. 145) Auch NC genannt. Wenn sich mehr Abiturienten bewerben als Plätze vorhanden sind, kommen diejenigen mit dem besten Abitur zum Zug. Der NC ist die Note, bis zu der Studienplätze vergeben werden.

Präsenzstudium Studium an normalen Hochschulen: Du muss anwesend sein. Zumindest hin und wieder.

Propädeutikum Eine Art Vorkurs – hier wird Dir das Wissen vermittelt, das Du fürs Studium brauchst, durch die Schule aber nicht bekommen hast.

Promotion Siehe → Dissertation.

Regelstudienzeit Festgelegte Zeit, innerhalb der Du Dein Studium abschließen solltest. Bei Überschreitung drohen Schwierigkeiten mit dem → BAföG sowie → Langzeitstudiengebühren.

Rektor Der akademische Leiter einer Hochschule. Er repräsentiert die Institution nach außen und ist für Lehre und Forschung verantwortlich.

Rückmeldung Du musst in jedem Semester erklären, dass Du Dein Studium im nächsten Semester fortsetzen möchtest. Dies tust Du, indem Du den → Semesterbeitrag überweist.

s. t. Steht für »sine tempore« – die Lehrveranstaltung beginnt pünktlich zur angegebenen Uhrzeit.

Scheine Waren nach dem alten Studiensystem die Nachweise, dass Du Deine Veranstaltungen erfolgreich besucht hast. Sie wurden im Bachelor durch → Credit Points ersetzt.

Semester Studienhalbjahr. Das Studium ist in Sommer- und Wintersemester eingeteilt. Das Wintersemester beginnt in der Regel am 1. Oktober, das Sommersemester am 1. April. Der Lehrbetrieb setzt ein wenig später ein.

Semesterbeitrag Muss man jedes Semester zahlen. Er besteht in der Regel aus → Verwaltungsgebühr, → Sozialbeitrag und → Semesterticket.

Semesterferien Die Zeit des → Semesters, in der keine Vorlesungen stattfinden. Leider fällt immer etwas für → Hausarbeiten und Prüfungen weg.

Semesterticket Bekommst Du meist automatisch – damit kannst Du den Nahverkehr gratis nutzen.

Semesterwochenstunden Anzahl an Stunden, die Du pro Woche in Lehrveranstaltungen verbringst.

Seminar Interaktivere Veranstaltungsform – im Gegensatz zur → Vorlesung wird stark auf Diskussion und Referate von Seiten der Studenten gesetzt. Aus diesem Grund finden Seminare meist in kleinerer Runde und mit begrenzter Teilnehmerzahl statt.

Sozialbeitrag Geld fürs Studentenwerk. Er wird mit dem Semesterbeitrag eingezogen.

Studentenausweis Nachweis, dass Du tatsächlich an Deiner Hochschule studierst. Er bringt Dir Vergünstigungen in Kinos, Theatern und Schwimmbädern. Besorge Dir fürs Ausland einen internationalen Studentenausweis.

Studentenparlament An vielen Hochschulen werden Parlamente mit entsprechenden Parteien gewählt.

Studentenwerk Große Behörde, die für Studentenwohnheime, → Mensen, → Semestertickets und Hilfe beim → BAföG sorgt.

Studentische Hilfskraft Student, der am Lehrstuhl arbeitet und zum Beispiel Literaturrecherchen unternimmt. Er wird auch »wissenschaftliche Hilfskraft« genannt.

Studiengebühren/-beiträge Eine Abgabe von maximal 500 Euro, die einige Bundesländer pro Semester erheben.

Tutor Höhersemestriger Student, der für jüngere Studenten Übungen abhält.

Verwaltungsgebühr Teil der Semestergebühren, die Du auch dort zahlen musst, wo es keine → Studiengebühren gibt.

Vorlesung Veranstaltungsform an der Hochschule, in der der Dozent zu einem bestimmten Thema referiert. Vorlesungen finden meist in Hörsälen statt, da viele Studenten teilnehmen.

Vorlesungsfreie Zeit Siehe → Semesterferien.

Vorlesungsverzeichnis Übersicht über alle Veranstaltungen im jeweiligen → Semester. Es ist entweder »allgemein« oder »kommentiert«, enthält also entweder nur Titel, Ort und Zeit oder zusätzlich Detailinformationen zu Veranstaltung. Du findest es in der Regel online.

Wartesemester (▶ S. 144) Falls die Abiturnote nicht ausreicht, kannst Du auch genügend Wartesemester sammeln, um für Deinen Studiengang zugelassen zu werden.

Wissenschaftlicher Mitarbeiter Meist Mitarbeiter eines Lehrstuhls, der gleichzeitig an seiner Doktorarbeit oder an seiner Habilitation arbeitet. Er oder sie forscht eigenständig und hält Lehrveranstaltungen.

Workload Die voraussichtlich notwendige Arbeitszeit für ein Modul. Die Anzahl der Credit Points hängt vom Workload ab.

Schlusswort

Nun hast Du es geschafft. Du bist am Ende dieses Buches angelangt. Und auch wenn Du sicher einige Teile ausgelassen hast, hast Du viel dazu gelernt. Natürlich ist es unmöglich, sich all die Fakten und Tipps zu merken. Aber das musst Du auch nicht. Du kannst das Buch bei allen aufkommenden Fragen immer wieder zu Rate ziehen.

Dein Leben wird sich mit dem Studium stark verändern. Du wirst viele neue Dinge lernen. Der Ortswechsel, den Du vielleicht durchführst, wird Dir neue Freunde, neue Erfahrungen, ein neues Leben bringen. Manche Entscheidungen, die Du nun treffen wirst, werden mit Ängsten und Unsicherheiten verbunden sein. Das ist normal. Ich möchte Dich ermutigen, diese Herausforderung anzunehmen.

Dieses Buch war voller Ratschläge und Tipps. Zwei besonders wichtige möchte ich an dieser Stelle noch einmal erwähnen:

Erstens: Sei mutig! Wage etwas! Studiere das, was Dir Freude bereitet. Auch wenn es nicht das »marktgängigste« Studium ist – denn oftmals sind es die krummen Wege, die wirklich ans Ziel führen. Hole Dir Rat bei anderen Leuten, doch entscheide am Ende selbst. Denn die Konsequenzen seiner Entscheidungen trägt am Ende jeder selbst. Der Arbeitsmarkt ändert sich, doch Deine Träume bleiben die gleichen.

Zweitens: Kümmere Dich früh genug um einen guten Studiengang. Die Entscheidung ist wichtig. Und je früher Du sie angehst, desto besser wird sie Dir gelingen – und desto weniger wirst Du im Nachhinein an ihr zweifeln. Du hast jetzt erstmals die Chance, Dein Leben aktiv selbst zu gestalten, während es vorher von anderen gestaltet wurde. Mache das Beste draus!

Ich schlage Dir vor, möglichst bald mit der Suche nach einem Studiengang zu beginnen. Am besten gleich heute. Die Welt steht Dir offen und die Möglichkeiten sind groß. Viel Glück dabei – und viel Spaß!

Anhang

Filia Neumann

Rudi-Dutschke-Str. 1
10969 Berlin
T: 0177 66 66 66 6
E: guapa1292@hotmail.com

Persönliche Angaben

Geburtsdatum:	20.12.1992
Geburtsort:	Berlin
Staatsangehörigkeit:	Deutsch
Familienstand:	Ledig

Schulische Ausbildung

08/2001 – 05/2010

Willy-Brandt-Gymnasium Berlin
Abiturnote: 2,0
Leistungskurse:
- Deutsch, Prüfungsthema „Das epische Theater von Bertolt Brecht", 11 Punkte
- Mathematik, 12 Punkte

Prüfungsfächer:
- Politik, Prüfungsthema: „Der Mauerfall", 12 Punkte
- Physik, 10 Punkte

08/2008 – 01/2009

Wellington High, Neuseeland
Halbes Jahr als Austauschschülerin in Neuseeland

1997 - 2001

Grundschule Stettiner Straße, Berlin

Praktika und Arbeitserfahrung

2007-2010

Nachhilfe in den Fächern Mathematik und Physik
Nachhilfe für Schüler bis zum Jahrgang 11

10/2008

Praktikum beim Tagesspiegel, Berlin
Zweiwöchiges Schulpraktikum in der Kulturredaktion des Tagesspiegels
- Verfassen von zwei Artikeln
- Recherchetätigkeit
- Einblick in die Funktionsweise einer Zeitungsredaktion

03/2006

Praktikum im Jüdischen Krankenhaus, Berlin
Zweiwöchiges Schulpraktikum in der Verwaltung des Jüdischen Krankenhauses Berlin
- Einblick in die Verwaltung eines Krankenhauses
- Teilnahme an Patientenvisiten

Engagement

08/2007 – 05/2010

Redakteurin bei der Schülerzeitung des Willy-Brandt Gymnasiums
Regelmäßiges Schreiben von Artikeln

Kenntnisse und Fähigkeiten

Englisch:	Fließend
Französisch:	Gute Kenntnisse
Windows:	Gut
MS Office:	Gut

Persönliche Interessen

Schreiben, Handball (aktiv im Verein), Gitarre

Filia Neumann

Rudi-Dutschke-Str. 1
D-10969 Berlin
T: +49 (0) 177 66 66 66 6
E: guapa1292@hotmail.com

Personal Information

Date of birth: 20 December 1992
Place of birth: Berlin
Nationaliy: German

Education

08/2001 – 05/2010

Willy-Brandt-Gymnasium Berlin, Germany
Abitur (Equivalent to British A-level), final mark: 2,0
Focus courses:
- German, final examination topic: „The epic theatre of Bertolt Brecht", 11 points out of 15
- Mathematics, 12 points out of 15

Further examination courses:
- Politics, final examination topic: „The fall of the Berlin wall", 12 points out of 15
- Physics, 10 points out of 15

08/2008 – 01/2009

Wellington High, Neuseeland, New Zealand
Half year as an exchange student in Wellington

1997 - 2001

Grundschule Stettiner Straße, Berlin, Germany
Primary School

Professional Experience

2007-2010

Giving private tuition in mathematics and physics
Private tuition for students up until the age of 17

10/2008

Internship at the daily newspaper Tagesspiegel, Berlin, Germany
Two week internship in the culture section of the Berlin daily Tagesspiegel
- Wrote and published two articles
- Undertook research
- Gained insight into the work environment of a daily newspaper

03/2006

Internship at Jüdisches Krankenhaus, Berlin, Germany
Two week internship in Jüdisches Krankenhaus, the Jewish hospital of Berlin
- Insight into the administration of a hospital
- Took part in doctor's rounds

Voluntary Activities

08/2007 – 05/2010

Author at the school newspaper of Willy-Brandt Gymnasium
Regular writing of articles

Skills

English: Fluent
French: Good
Windows: Good
MS Office: Good

Personal Interests

Writing, handball (actively in a sports club), playing guitar

Stichwortverzeichnis

A

B

C

D

E

F

G

H

I

J

K

L

M

N

O

P

Q

R

S

T

U

V

W

Z

Erfolgreich ins Master-Studium!

- Antworten auf alle organisatorischen Fragen rund um Studienwahl, Bewerbung, Finanzierung sowie Studieren im Ausland fürs Master-Studium
- Praktische Tools: Anleitungen zur Selbstreflexion, Checklisten, Webtipps, Glossar, Musterdokumente für die Bewerbung auf Deutsch, Englisch und Französisch
- Bewerbungstrainer: Das Bewerbungssystem einer Hochschule analysieren, verstehen und knacken

2. Aufl. 2010. 200 S. Mit Arbeitsmaterialien im Web. Brosch. € (D) **19,95**; € (A) 20,50; sFr 29,00
ISBN 978-3-642-13019-9

springer.de

Leistungsdruck, Prüfungsangst... – So überlebst Du das Studium!

- Der Studienratgeber, der alles abdeckt: Lernstrategien, Stressmanagement, Hilfen zur Prüfungsangstbewältigung
- Direkte, verständliche, einfühlsame, humorvolle Sprache
- Von erfahrenen Studierenden-Beratern
- Speziell für die Anforderungen des Bachelor-Studiums

2010. 220 S. 40 Abb. Brosch. **€ (D) 19,95**; € (A) 20,50; sFr 29,00
ISBN 978-3-642-12855-4

springer.de

Printing and Binding: Stürtz GmbH, Würzburg

Printed in the United States
By Bookmasters